三重県　青木恒男さん（詳しくは62ページ）
青木さんのご愛用は、県内産のカキ殻。果菜類には月に１度の追肥で効かせる。葉の上からバサバサとふりかけて、葉面吸収・根からの吸収の両方をねらう（撮影　赤松富仁）

〈こんな症状は石灰欠乏〉

石灰欠乏でキュウリの生長点がおかしくなった

青木さんは、うどんこ病にはとくに、葉の上にかかるようにまく（撮影　すべて赤松富仁）

ハクサイの芯腐れ病

ピーマンの尻腐れ

ストックの菌核病

カリフラワーの葉の展開障害

いもち病の出始めた田んぼにホタテの貝殻石灰をまく（青森県　兎内　等さん　56ページ参照）（撮影　すべて松村昭弘）

イネのいもち病にも効いた

貝殻石灰散布後の田んぼ

イネに直接ブワーッとかける

葉っぱの表面にうっすらと貝殻石灰の粉が付いている。午後にまくと、夕方から上がってくる葉露に成分が溶けてイネに吸収される。激しく出たいもちの斑点の広がりが止まり、周りのイネにも広がらない

株元に生石灰水をかん注（千葉県　福原敬一さん　42ページ参照）トマトの青枯れを抑える（撮影　2枚とも倉持正実）

水に溶かすとき発熱するので要注意！

株元山盛り散布（熊本県城戸文夫さん　26ページ参照）株元の接ぎ木部分に苦土石灰を山盛り散布（撮影　2枚とも赤松富仁）

灰色かびに侵された花がツルの分かれ目のところにひっかかっていたら、そこに指で塗りつける

ミスト機による散布（茨城県　大越　望さん　49ページ参照）
細かい霧状になって勢いよく吹き出すので、葉柄や葉裏にもかかりやすい（撮影　倉持正実）

石灰散布のやり方いろいろ

これが豚糞石灰
（グリーンパワー）

豚糞石灰にして施用（岩手県住田町　73ページ参照）生石灰と豚糞尿を等量で混ぜたもの。元肥みたいに使う

豚糞尿に生石灰を混ぜるとき激しく発熱するので要注意

タンクの中のケイカルと上澄液（撮影3枚とも赤松富仁）

滲みだしてきた液（pH6.8）

ケイカルの浸出液をかん注（千葉県　花沢　馨さん）
ケイカルとはケイ酸カルシウムのこと。それに苦土が含まれているのが苦土ケイカル。それをタンクに敷いて、上から水を入れて、その浸出液を利用する

入現場から

疫病。カルシウムを施用
入を抑制（杉本琢真先生
照）（写真はすべて杉本琢真）

高濃度のカルシウム処理で菌糸の侵入を阻止

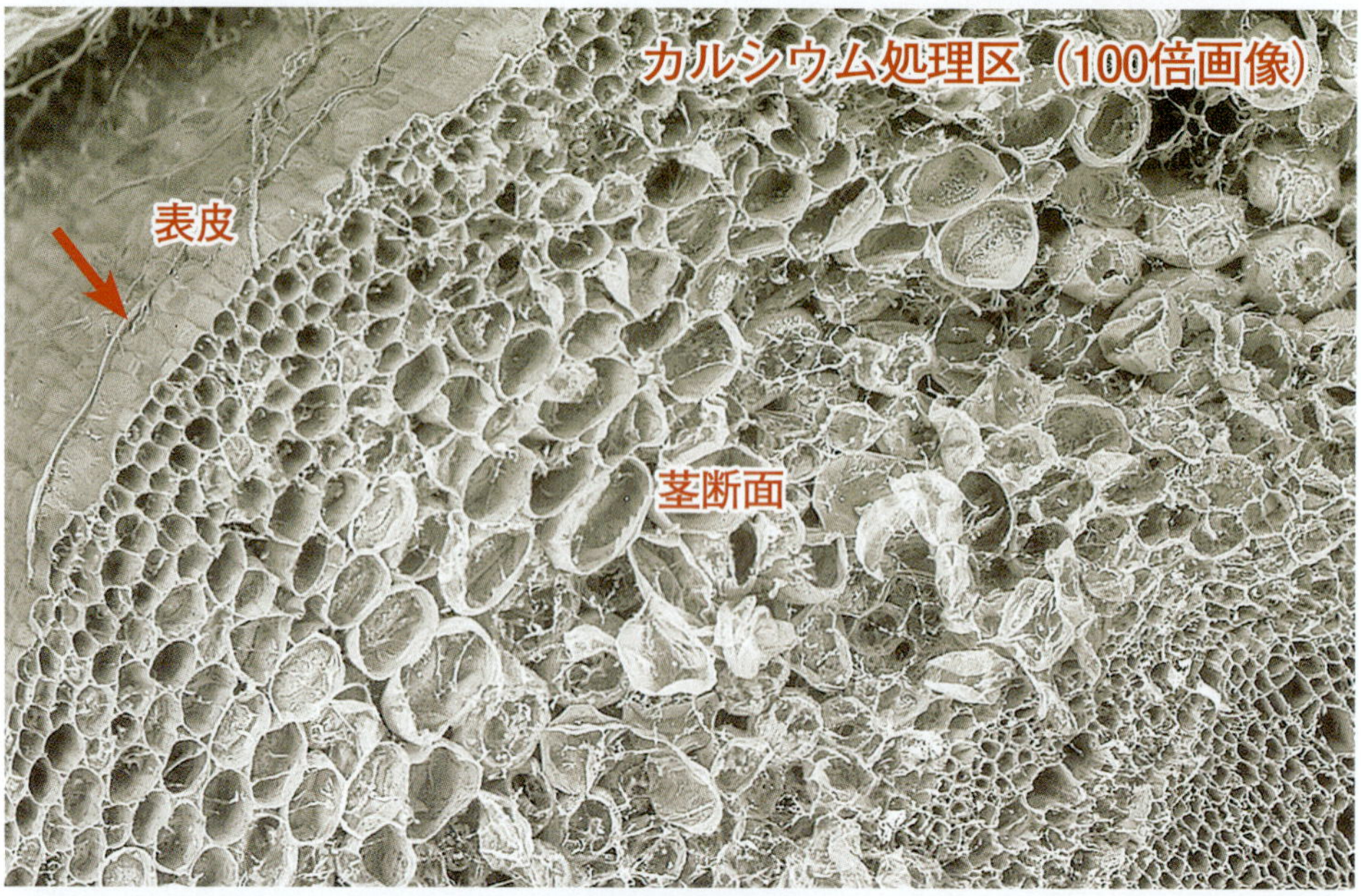

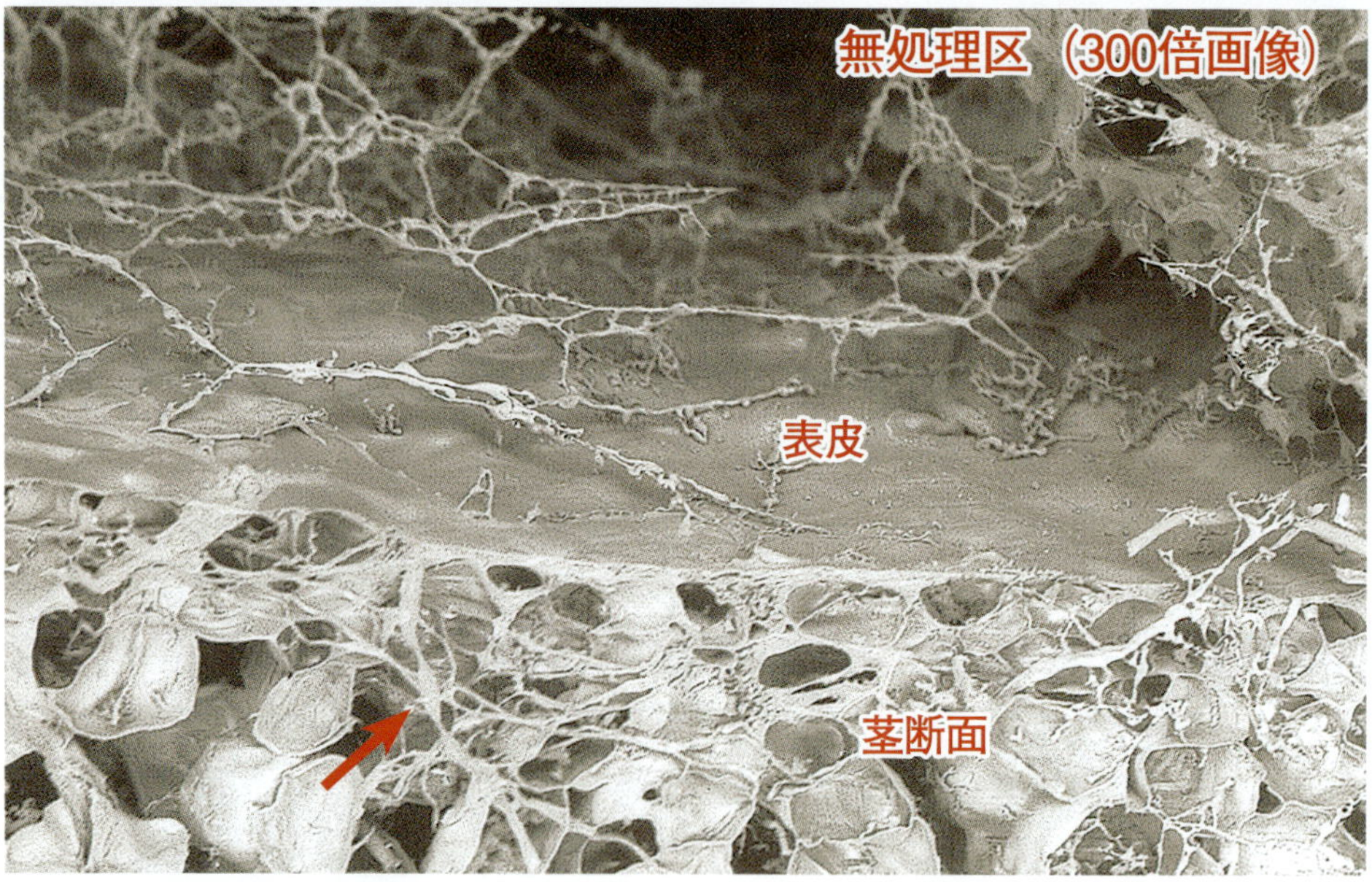

写真上の矢印：茎内部に侵入できないでいる菌糸
写真下の矢印：茎内部に侵入した菌糸

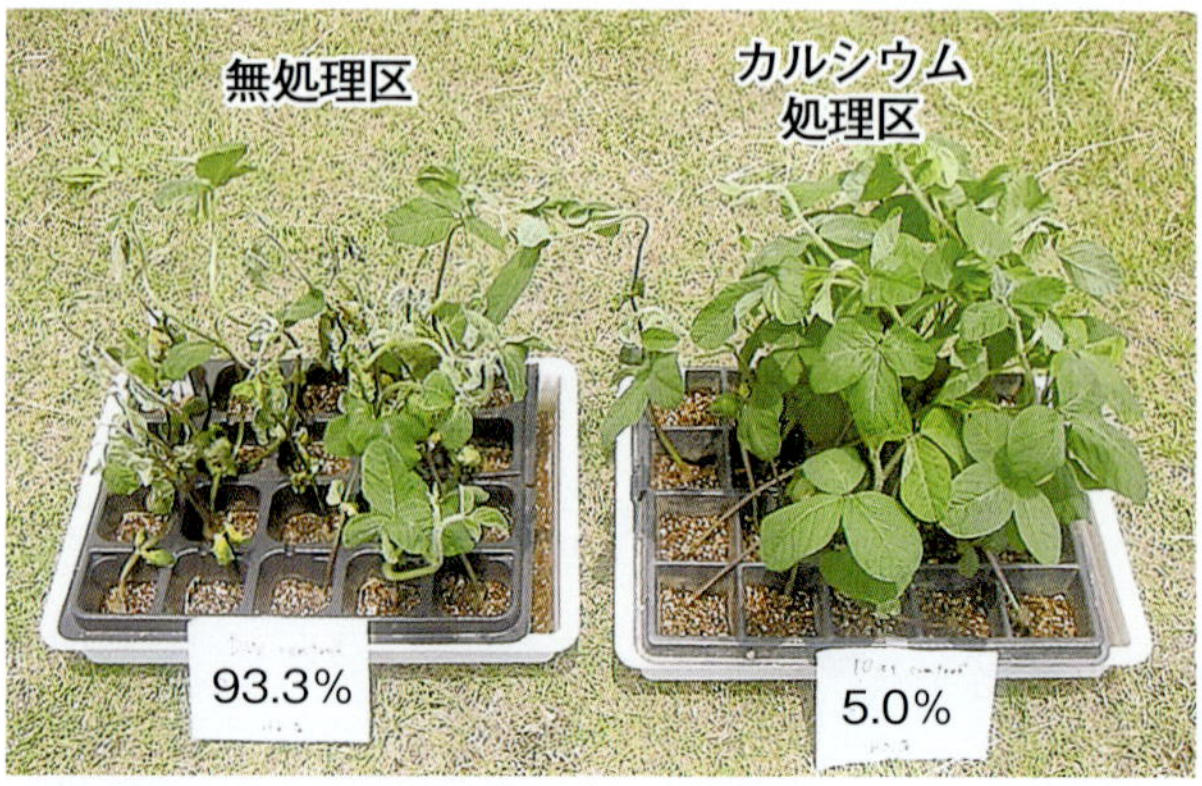

カルシウム処理で、播種後20日目にこれだけの差が出た

高濃度カルシウム処理で菌糸の活性も抑制

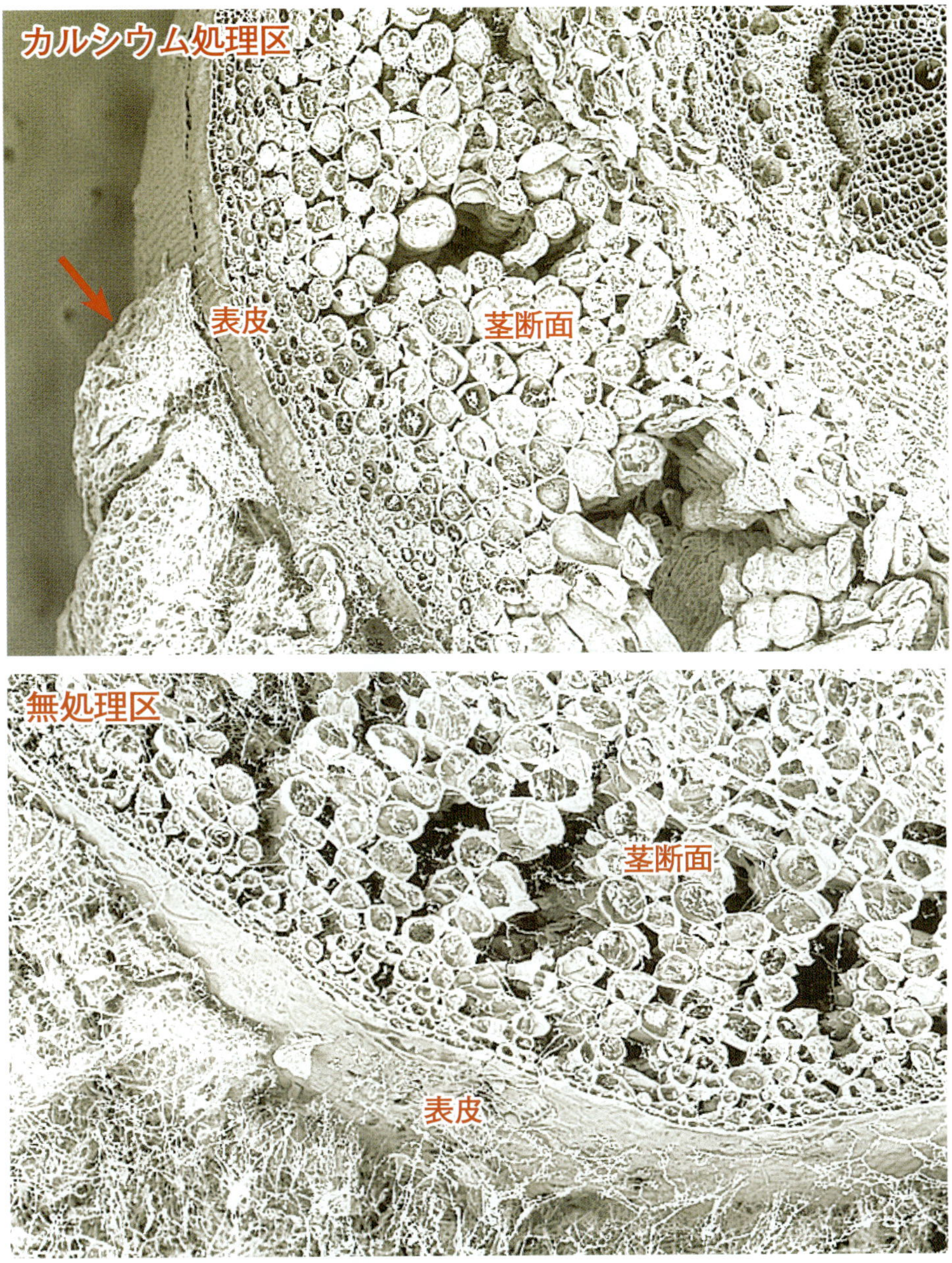

写真上の矢印：接種した菌糸は広がらないまま
写真下：菌糸が表皮全面に広がっている

感染後のカルシウム処理も発病を抑制した

病原菌の侵

難防除病害であるダイズ茎
すると、表皮への菌糸の侵
の研究から　108ページ参

石灰質資材のpH

（写真はすべて松村昭宏撮影）

〈石灰質資材のpH〉

生石灰・消石灰のpH

粒状消石灰（サラットCa）pH13.4

消石灰 pH13.4

生石灰（苦土生石灰）pH13.4

苦土石灰・炭酸石灰のpH

苦土石灰 pH9.7

炭酸石灰 pH9.4

過リン酸石灰

過リン酸石灰（過石）pH3.0

硫酸石灰（石こう）のpH

石こう（カルゲン）pH5.7

石こう（ダーウィン）pH6.4

有機石灰のpH

カキ殻石灰（苦土セルカ）pH9.7

ホタテ貝殻石灰（ラミカル）pH9.4

はじめに

石灰は、三要素肥料と呼ばれるチッソ・リン酸・カリに比べると地味な肥料だ。作物の吸収量は多いにもかかわらず、一般には「作物を植える前に取りあえずふっておくもの」であり、せいぜい「土が酸性だとまずいから散布しておく」といった程度の肥料と考えられてきたのだろう。

本書はそんな石灰の常識をひっくり返す。そのきっかけは、石灰の施用が、作物栽培にとって大変やっかいな病害虫防除に役立つという、月刊『現代農業』読者の声と豊富な経験であった。

「石灰防除」という特集が組まれたのが二〇〇七年六月号。その後、全国各地の農家から、科学実験でいえば追試ともいうべき取り組みが始まり、石灰の散布時期、散布方法、他の資材との組み合せ方などの報告が続いた。石灰硫黄合剤だとか石灰ボルドーなど、石灰を用いた一部の農薬はあるものの、石灰質肥料そのものを病虫害の防止に役立てようと考えた人は少なかったに違いない。

石灰防除の魅力は、いつも使っているなじみの資材で病気が防げ、しかも断然安上がりなことにある。だが、それだけではない。石灰資材の種類や使い方、作物や条件によって効果の表れかたも違ってくる。実は、なぜ、石灰がそんな力を秘めているのか、はっきりした答えは今のところ見つかってはいない。しかし、数多くの事実がある。本書はその事実をさらに多くの人に伝え、もっと効果的に生かしていくために、これまでの農家の取り組みと、石灰に関する科学的知見をまとめたものである。

石灰のもとは石灰岩。その石灰岩を作り出したのは海のサンゴたちである。紀元前に建設されたエジプトのピラミッドは石灰岩を積み上げたものだし、八世紀前後に造られた奈良の高松塚古墳の壁には、すでに石灰を用いた漆喰が塗られていた。江戸時代の農書『培養秘録』には、石灰がすでに流通していたことが記されている。

（社）農山漁村文化協会

イチゴに炭酸苦土石灰をふる茨城県　大越　望さん
（撮影　倉持正実）

農家が教える 石灰で防ぐ 病気と害虫 目次

粉をまく

液を注ぐ

粉をまく＋液を注ぐ

施　肥

〈編集にあたって参考にした本など〉
月刊『現代農業』、『農業技術大系　土壌施肥編』、『培養秘録』（佐藤信淵著・日本農書全集第六九巻）、単行本『ミネラルの働きと作物の健康』（渡辺和彦著）いずれも農文協刊
石灰工業会ホームページ、農文協ホームページ「ルーラルネット」、ぎふ学習倶楽部ホームページなど

レイアウト・組版　ニシ工芸株式会社

Part 1

石灰が病害虫に効いた!?

（撮影　赤松富仁）

石灰といえば、おなじみの白い粉。値段の安い石灰は、ホームセンターなどでも隅っこのほうに置かれている日陰の資材です。そんな資材が一躍脚光を浴びたのは、農家の間で人気の月刊『現代農業』誌に、「石灰防除」という特集が組まれたのが始まりでした。

作物の上から石灰の粉をパラパラかけたり、水に溶いてその上澄み液を株元に注いだり、上から散布したりすることで、やっかいなうどんこ病や疫病などの病気を、手軽にしかも安い価格で防ぐことができるという農家の挑戦の結果が続々と報告されています。

Ｐａｒｔ１では、全国のそんな農家の石灰防除の取り組みを集めました。粉で、水溶液で、両方あわせて、また、カルシウムの塊である自然の貝殻を木酢に溶かしたり、堆肥に混ぜたりなど、農家の石灰の使い方は独創的。

そんな取り組みから、見えてきたもの。それは石灰と作物の面白い関係でした。

図解　なぜ効く石灰、どう使う

石灰が効けば病気に強くなる。石灰のいろんな働きで作物が体内から強くなるからだ。石灰は作物の体内でどんな働きをするのかな？

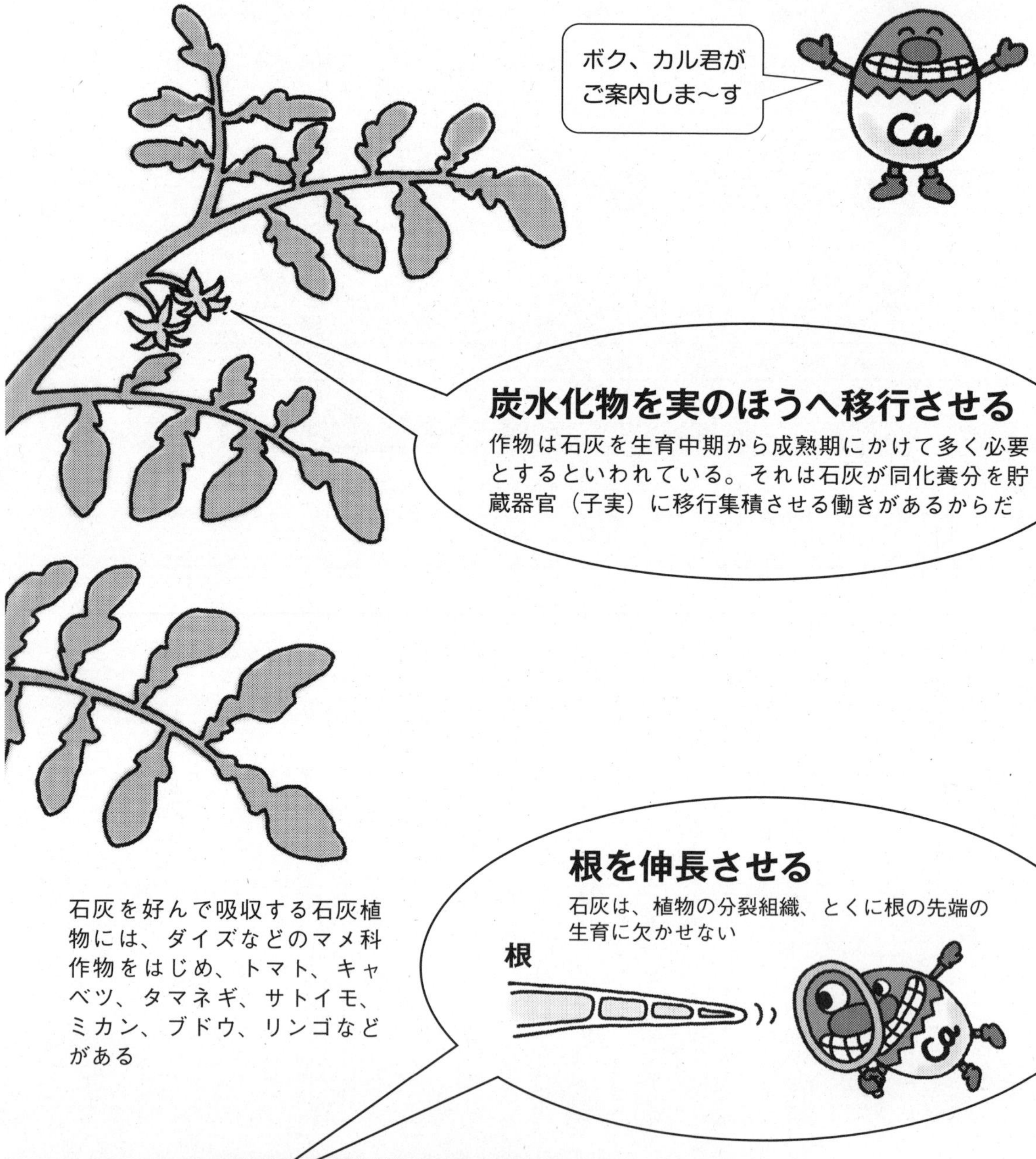

炭水化物を実のほうへ移行させる

作物は石灰を生育中期から成熟期にかけて多く必要とするといわれている。それは石灰が同化養分を貯蔵器官（子実）に移行集積させる働きがあるからだ

根を伸長させる

石灰は、植物の分裂組織、とくに根の先端の生育に欠かせない

石灰を好んで吸収する石灰植物には、ダイズなどのマメ科作物をはじめ、トマト、キャベツ、タマネギ、サトイモ、ミカン、ブドウ、リンゴなどがある

石灰は作物の生育に不可欠な肥料

細胞壁を強化する
ペクチン酸と石灰が結びついてできる作物体の細胞壁が丈夫になり、病気に強くなる
カ、カタイ…
Ca
細胞
いろいろなストレスに強くなる
石灰がよく吸われると低温や乾燥、病原菌の侵入などにあってもすぐ感知して対応できる
う～ん、石灰ってなかなかたいした「肥料」だね。土の酸性を中和する「土壌改良材」として使うだけじゃないんだ。では、次のページで石灰がどう吸われるか、見てみよう
Ca

吸われるしくみ

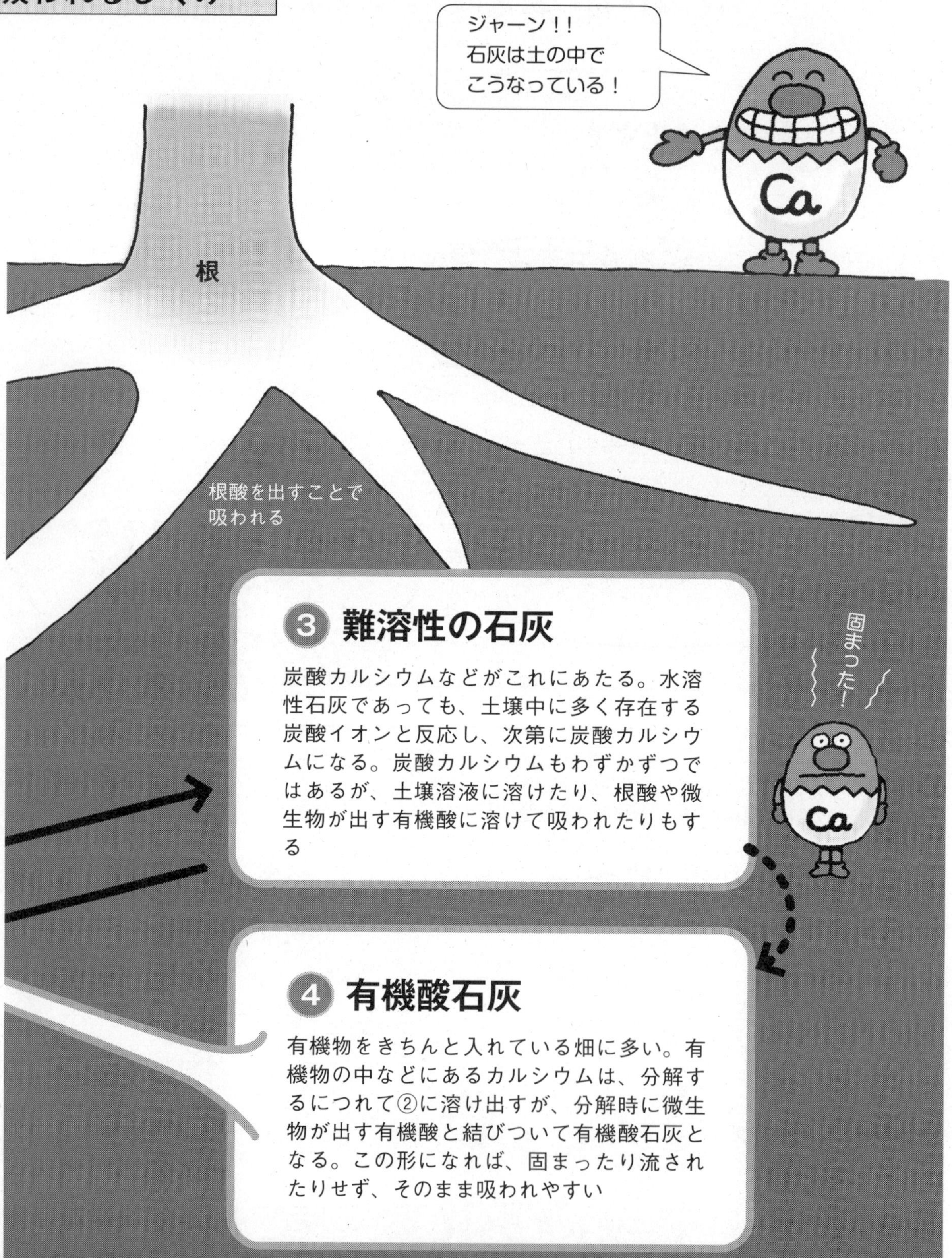

③ 難溶性の石灰

炭酸カルシウムなどがこれにあたる。水溶性石灰であっても、土壌中に多く存在する炭酸イオンと反応し、次第に炭酸カルシウムになる。炭酸カルシウムもわずかずつではあるが、土壌溶液に溶けたり、根酸や微生物が出す有機酸に溶けて吸われたりもする

④ 有機酸石灰

有機物をきちんと入れている畑に多い。有機物の中などにあるカルシウムは、分解するにつれて②に溶け出すが、分解時に微生物が出す有機酸と結びついて有機酸石灰となる。この形になれば、固まったり流されたりせず、そのまま吸われやすい

土の中の石灰と

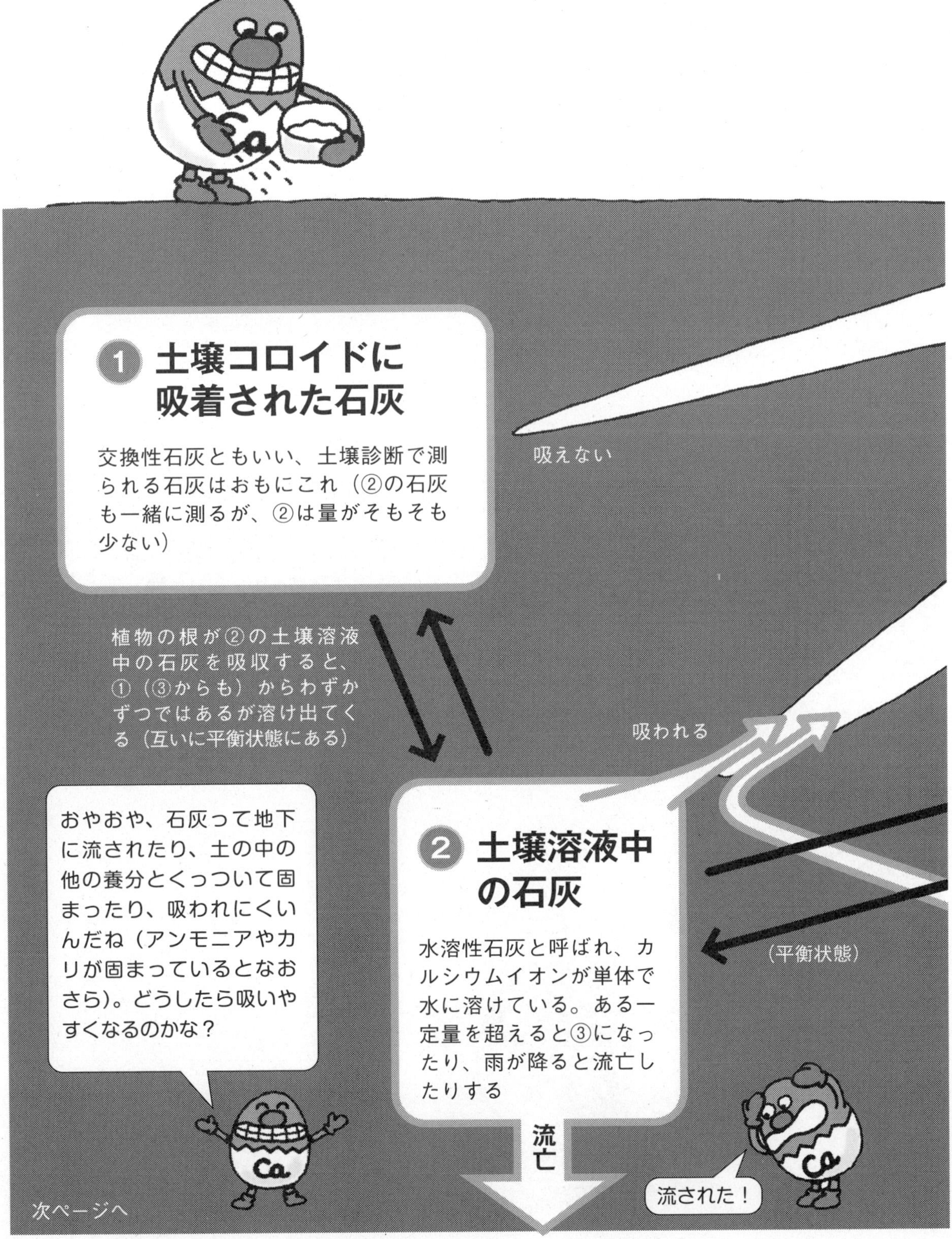

1 土壌コロイドに吸着された石灰
交換性石灰ともいい、土壌診断で測られる石灰はおもにこれ（②の石灰も一緒に測るが、②は量がそもそも少ない）
吸えない
植物の根が②の土壌溶液中の石灰を吸収すると、①（③からも）からわずかずつではあるが溶け出てくる（互いに平衡状態にある）
吸われる
おやおや、石灰って地下に流されたり、土の中の他の養分とくっついて固まったり、吸われにくいんだね（アンモニアやカリが固まっているとなおさら）。どうしたら吸いやすくなるのかな？
2 土壌溶液中の石灰
水溶性石灰と呼ばれ、カルシウムイオンが単体で水に溶けている。ある一定量を超えると③になったり、雨が降ると流亡したりする
（平衡状態）
流亡
流された！
Ca

次ページへ

❶ 追肥で与える

作物は石灰を生育の中～後期に多く欲しがっているのに、そもそも効かせづらい石灰を元肥だけに入れていては必要量をまかないきれない。必要なときに効きやすい形で与えるのがよさそう。方法は、左ページのように、ふりかけ、水や有機酸に溶かすなど、いろいろだ。

ちなみに、「塩基バランス施肥」（土壌分析をして、石灰・苦土・カリのバランスを整えるやり方）も、作の途中の石灰追肥を重視している

❷ 元肥なら、有機酸石灰で与える

石灰は土の中で作物に吸われる前に固まったり、逆に流れてしまったりしやすいが、微生物を仲立ちさせるとぐんと効きやすくなる。そこで堆肥の中に過リン酸石灰や消石灰、石灰チッソなどを混ぜたり、ボカシにカキ殻を混ぜたりすれば、有機物が分解するにつれて溶け出し、有機酸石灰となる。元肥に入れても長く効きやすい。石灰集中施用（63ページ）も、根酸で有機酸石灰化して吸わせる工夫だ

今どきの石灰の効かせ方

【ふりかけ】
生育中に上から粉をふりかけるだけの、ラクラク施肥法
【水に溶かして散布】
溶ける量はわずかでも不思議と効果あり
【木酢や竹酢に溶かして散布】
有機酸石灰にすれば、効き目がアップ
なるほど、土壌改良材としてそのまま元肥に入れても効きづらいんだ。効かせ方にもいろんな工夫があるもんだね。あと、石灰の選び方でも効き方に違いがあるみたいだ
Ca
Ca
Ca

『現代農業』2007年10月号　図解　もっと知りたい石灰の話

石灰防除　快進撃

病気が出てからも　出る前もいい！

文・編集部

キュウリの褐斑に苦土石灰ふりかけは タダもんじゃない

宮崎市　佐藤泰彦さん

あきらめムードだったキュウリが復活

苦土石灰のふりかけ、あれはよかったね。どうしようもないくらい褐斑病が進んであきらめムードだったキュウリに試しにやってみたら、ピタッと止まって新しい芽が出てきたからね。ビックリしたよ。

うちのほうでは十月に定植したキュウリを六月終わりまで引っ張ってとってるけど、五～六月になるとさすがに樹が疲れてくる。今までは肥培管理と換気でなんとか病気を防いできたけど、ここ最近は環境も変わってきたからか、このころに褐斑が入ったりするようになってきたんだ。

褐斑っていうのは、ヘタすると入ったら一週間でハウスが全滅することもある。だから見つけたらすぐに特効薬のスミブレンドで治療してた。でも一回の防除ですむってことはないから、四～五回かけることもある。だからコストも結構かかるんだ。

あとスミブレンドは散布回数も五回までって決められてるから、本当にひどいときにはいよいよ困る。二年前も最悪の状態でどうしようかって思ってたときに『現代農業』で石灰防除の記事を見て、「どうせダメになるなら」って感じでやってみたんだよ。そしたら治っちゃって、また収穫続けられたからね。仲間にも「これ、タダもんじゃないよ」って話して回ったよ。だいたい苦土石灰は土にふるもんでしょ。キュウリの上からふるって発想はなかったもんね。カルチャーショック受けたよ。

頭からバサバサふりかけた

まくときは、花咲かじいさんみたいに手でキュウリの頭からバサバサふったよ。一反弱で三分の一袋くらいかな。もちろん葉も花も真っ白。

苦土石灰は、農協で土壌改良用に売ってるやつ。ホントは粒子の細かい粉状のがあればフワッと広がっていいだろうなと思うけど、そんなに細かいのはここらじゃ手に入らない。でも効果は十分あるし、一袋数百円で買える。スミブレンドと比べたら、コストはそりゃーもうぜんぜん違うよ。
ただ問題は、収穫前の実も真っ白になっちゃうこと。一度まくと一週間くらいはキレイな実がとれない。上澄みならいいかなーと思って八〇〇倍くらいで試してみたけど、やっぱり直接ふりかけるのと比べると効果が劣るような気がしたんだよなぁ。

焼成ホッキ貝の上澄み液で　茶の炭そ病を克服

宮崎県川南町　梯《かけはし》　考一さん

品質が心配なほど葉っぱが硬くなる!?

二〇年近く無農薬のお茶づくりに取り組んでいる梯さん。土づくりに力を入れてきた結果、病害虫はかなり出にくくなってきた。ただ、それでもなくならなかったのが炭そ病。とくに雨の多い二番茶の刈り始めの時期になると、ポツポツと病斑が出始めるのだ。

何か対策がないものかと考えていたとき、資材屋さんからホッキ貝の殻を高温で焼いて作った有機石灰資材（焼成ホッキ貝・商品名「サーフクラムカルシウム」）を紹介された。

ホッキ貝は、数ある貝殻のなかでもカルシウム濃度が非常に高く、とくに高温で焼いた焼成ホッキ貝は、一〇〇〇倍の水溶液にしてもpH一二以上の強アルカリになり、食品製造工程での消毒に使われるほど抗菌作用が高いらしい。そんな話を聞いた梯さん、かつてミカンの技術員をしていたとき、ミカンの病気はさんざん石灰硫黄合剤を使って退治させていたこと、同時にミカンの着色もよくなったことなどを思い出し、石灰の可能性を信じて試してみることにした。

焼成ホッキ貝二kgを上の図のようにして一〇〇〇ℓの水で薄め、炭その病斑がちょっと出始めた段階で散布。すると斑点はそれ以上広がらず、見事に抑えることができた。

図　梯さんの焼成ホッキ貝上澄み液の作り方

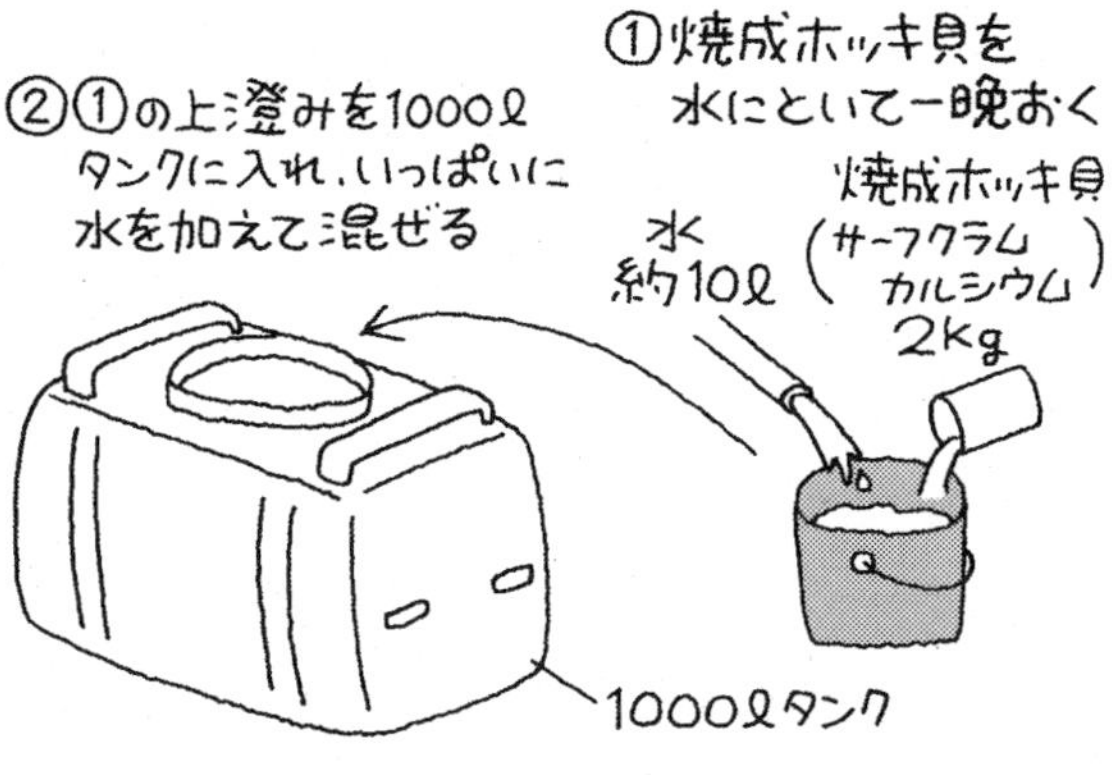

①焼成ホッキ貝を水にといて一晩おく
②①の上澄みを1000ℓタンクに入れ、いっぱいに水を加えて混ぜる
焼成ホッキ貝（サーフクラムカルシウム）2kg
水 約10ℓ
1000ℓタンク

茶葉が硬くて肉厚になるのは要注意

ただし注意点もある。散布すると、カルシウムが効くためか、茶葉が硬くて肉厚になる。だから病気が入りにくくなるという面もあるが、やわらかい芽を売りにするお茶では、あまり硬くなりすぎると品質が落ちてしまうのだ。

だからやたらに使いすぎないよう、茶樹の観察を怠らず、斑点がちょっと見えた時点ですかさず散布するようにしている。

「サーフクラムカルシウム」のお問い合わせは、（有）やまがたスリートップ（TEL〇二三八―四〇―三五七五）まで

石灰を効かせたらうどんこ病に強くなった

岡山市　近藤　糺《ただし》さん

予防で定植後四～五日からふり始める

「自分がつくってるあらゆるものに石灰ふってみた」というのは、イチゴ農家の近藤糺さん。

「石灰の種類、量とかをもっともっと把握せんと」とは言うものの、イチゴをはじめ、自家用のキュウリやカボチャ、スイカやナスなどなど多くの作物で、とくにうどんこ病に対する防除効果には確かな手ごたえを感じている。

図　近藤さんの苦土石灰ふりかけ道具

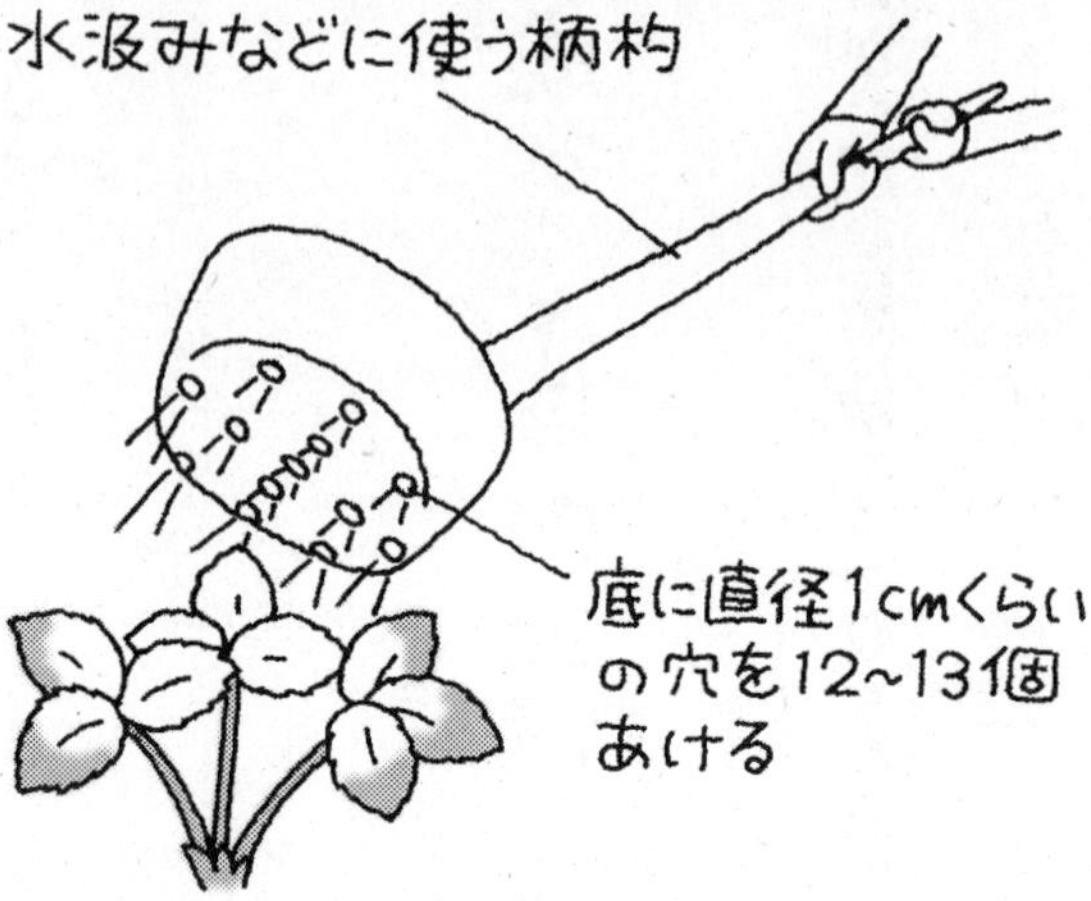
水汲みなどに使う柄杓
底に直径1cmくらいの穴を12～13個あける

ただし近藤さんの場合、病気が出てから石灰をふったわけじゃない。たいていの作物は、定植後四～五日たって新芽が動き始めたら、苦土石灰の粉末を図のような道具を使って「葉がかなり白くなるくらい」にふりかけ、さらに一週間から一〇日間隔で三～四回、同じようにふりかけたそうだ。上から水をかけたりもしなかったから、葉っぱはかなり真っ白け。

すると石灰が効いたためか、作物の葉が明らかに硬くなり、イチゴではうどんこ病の防除をする必要がなくなった。またほとんど農薬を使わないため「必ずうどんこ病が出る」キュウリ・カボチャやスイカなどでも発生が一か月くらい遅くなり、「いいものがよーけとれた」。ダイズでは不思議と虫も来なかったという。

土にはたくさんあったのに……

もちろん土にも石灰は入れていたが、「土壌診断では毎年石灰が多少残っていると言われる」ため、積極的には使ってこなかった。近藤さん、「結局石灰は、土にあっても作物はなかなか吸ってくれんのかもしれん」と気がついた。

ただし「たとえば同じキュウリでも、四月植えの品種には石灰が効くけど、七月植えの品種にはあんまり効かない」という現象もわかってきた。石灰を効かせることで作物自体の体質が変わって病気に強くなるということは、農薬と違って効果は作型や品種に左右されるのかもしれない。

今後も、作物に合った使い方を検討しながら石灰防除を続けていくつもりだという。

「体内カルシウム濃度が高い作物は、まず病気にならない」って言ってる人は多いよナ（PART2参照）
Ca

苦土石灰上澄み液でイチジクにダニが寄り付かなかった

大分市　永松頼雄さん

芽が動き出した直後から定期的に散布

「前はしょっちゅうダニの消毒してたけど、今年は殺虫剤も殺菌剤も、ひとっつもやってない」

そんな永松さんの秘密は、苦土石灰の上澄み液だ。

たいていのダニ剤は、高いうえに各種年間一回しかかけられない。ダニが出るたびにとっかえひっかえダニ剤を使って防除するのは、コスト的にも大きな負担。

そこで永松さん、『現代農業』の石灰防除特集を見ながら、「アルカリ性の石灰上澄み液をかけておけば、ダニも嫌がって寄り付かんのでは？」と思いついた。

さっそく五〇〇ℓのタンクに苦土石灰を一袋（二〇kg）入れてよく混ぜて作った上澄み液を、イチジクの芽が出だした直後から一〇～一五日間隔で収穫が始まる前まで定期的に散布した。

その結果、思った通りダニが寄り付かなかったうえ、以前よくあった雨が多いときの腐りなどもなかった。

一袋七〇〇円を何回も使える

ただし上澄み液とはいえ、沈殿が混ざると実が白くなるので収穫に差し支える。そこで永松さんは、五〇〇ℓタンクを上の図のようにちょっと工夫して、なるべく上澄みを動かさずに取り出せるようにした。

上澄みがなくなってきたらまた水を足して混ぜる。「一袋七〇〇円で何回も使える」うえ、ダニ除け以上の効果もありそうな苦土石灰。もちろん今後も続けていくつもりだ。

図　永松さんの苦土石灰上澄み液の作り方

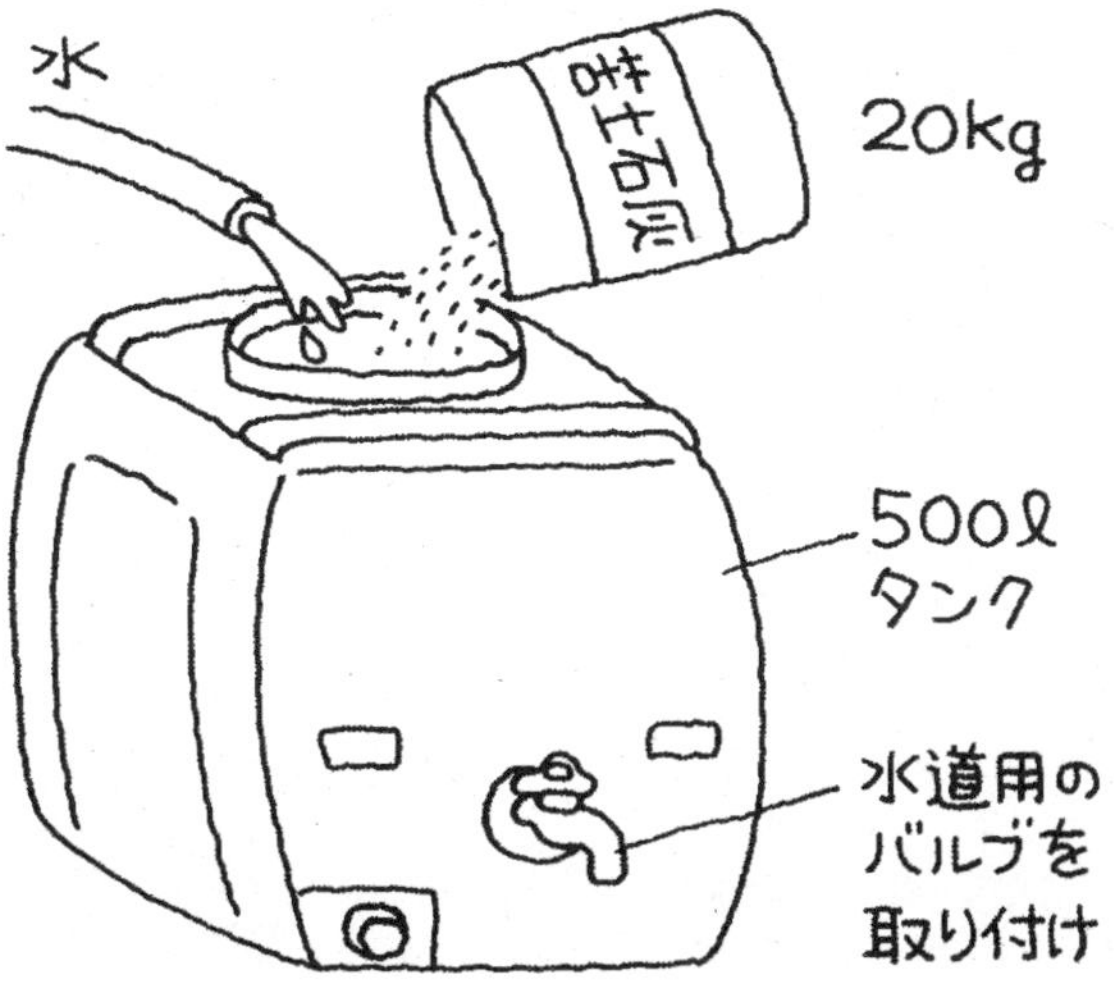
水
苦土石灰
20kg
500ℓ
タンク
水道用のバルブを取り付け

20kgの苦土石灰を500ℓの水でよく混ぜ、沈殿が落ちついたら水道用のバルブをあけて上澄み液をとる。最初の2ℓくらいは白い沈殿が混ざるので除く

なんとダニ除けにも!
石灰が効いて葉っぱが硬くなるから、ダニも食いつけないのかナ
Ca

『現代農業』二〇〇九年六月号　農薬代を安くする技　石灰防除　快進撃

粉をまく

苦土石灰のポイントがけでキュウリの灰色かび病・疫《えき》病を防ぐ

熊本県南小国町　城戸文夫さん

編集部

城戸文夫さん。手に持っているのが石灰をかけるときに愛用している柄杓。キュウリ15aで年2作（写真はすべて赤松富仁撮影）

「石灰は、私の常備薬です」

熊本県南小国町でキュウリを三五年つくっている城戸文夫さん（六三歳）。ハウスに入るときはいつも持ち歩く石灰は「常備薬」だ。なにせ城戸さん、灰色かび病と疫病は、どんなものより石灰が効くと確信しているからだ。おかげで農薬の散布回数はふつう一週間に一回のところが二週間に一回ですんでいる。

そんな城戸さんの石灰のかけ方がじつに面白い。

灰色かび病はツルの分かれ目に引っ掛かった花から出る

まずは灰色かび病。キュウリの定植が始まるのは三月下旬だが、五月ごろ暖かくなってきて雨が続くようなジメジメしたときに、必ずといっていいほど灰色かび病が発生する。雄花が落ちるとき、ツルの分かれ目の枝に引っ掛かったところから出る。灰かびは死んだ組織（花）からつくからだ。放っておくと、灰色のようなかびがツル元から先端のほうまで感染し、急に温度が上がったりすると、株が一気にしおれてしまう。

そこで城戸さんはツルの分かれ目にかびた花を見つけたら、すかさず石灰を使うのだ。パッと花を地面に落とし、そこに苦土石灰をほんの少しつまんでかけてやる。かかりが悪いと思ったら指で少々塗りつける。キュウリ

灰色かび病対策には、ツルの分かれ目のところに苦土石灰をひとつまみかけてやる。本当は株が大きくなって病気が出たところに石灰をかけているが、まだ定植したばかりの苗で再現していただいた

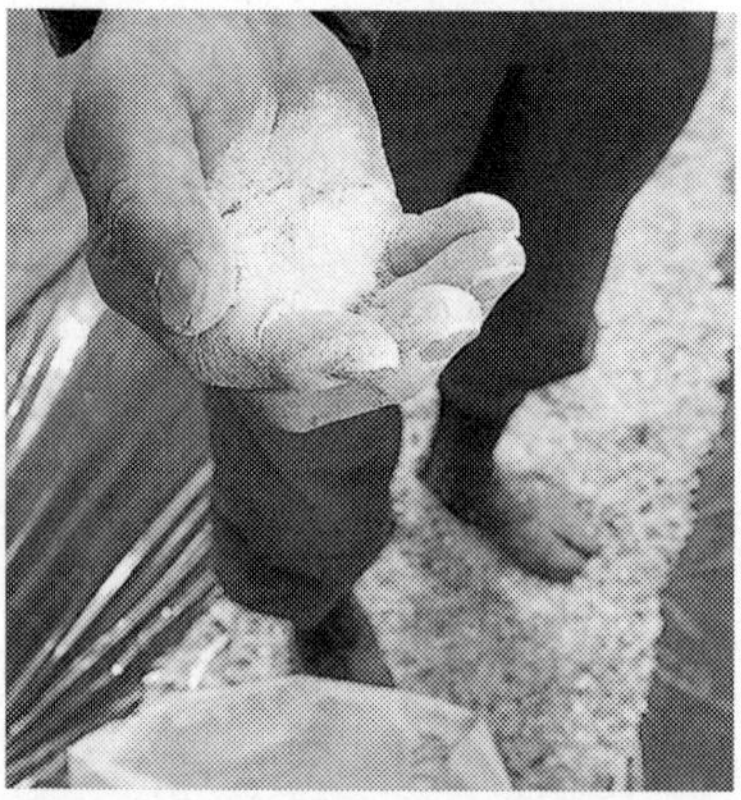

ひとつまみの量はこんなもの

の細かい毛に粉が乗ってしまうと効果が弱くなると思うからだ。こうして、農薬で全面散布しなくても、石灰の「ピンポイントがけ」で灰色かび病は抑えられる。

収穫台車にいつでも苦土石灰の袋

ただ、ツルに引っ掛かったかびた花を見つけるのは、きまって時間に追われている収穫中だ。

「あとでハウスを回って、まとめて落とせばいいと思っても、いったんハウスから出ると、もう一度見つけるのは不可能です」

そこで城戸さんは、収穫中も、かびた花を見つけたらすぐに石灰をかけられるように収穫台車に石灰袋を下げている。収穫以外の芽摘みや葉かきなどの作業のときは、台車ではなく石灰を少し入れた袋を腰に下げておく。「あぶないな」と思ったとき、いつでも石灰がかけられるわけだ。

疫病は株元から赤茶色の液が出る

疫病も暖かくなってジメジメしたときに発生するが、灰色かび病とは違って、地際の台木と穂木の接合部から赤茶色のドロドロとした液が出てきて発生する。

そこで、城戸さんはちょっとでも液が出ている株を発見したら、そこへ上の写真のように、今度は愛用の柄杓を使って一杯分ちょっとかけてやる。液が出てきた部分を石灰で覆ってやるような感じだ。出始めならこれで疫病が抑えられる。

「石灰をかけると乾くような感じになるんです。それで液も出なくなります」

手づくり柄杓なら腰を曲げずに株元へ

城戸さん愛用の石灰柄杓は、休憩中にひらめいて作ったもの。以前は腰を曲げて株元に一本一本かけていたのだが、それではとても疲れるし、時間もかかる。でも、この柄杓があれば腰を曲げずに、株間からスーッと差し込んで、ねらったところにかけられる。柄は裏山で切ってきた竹、先に付いている杓は以前メロンをつくっていたときに使っていたジベレリンのキャップ。それを針金でくっつけただけのもの。城戸さんはとても器用な人だから、その辺にあるものを活かして何でも作ってしまう。

「今は農協出しもありますけど、学校給食にも出しているんです。孫に食べさせるキュウリに農薬はかけたくなかでしょう。だから、石灰は私にとって絶対に手放せないものです」

『現代農業』二〇〇八年六月号　苦土石灰のポイントがけで、キュウリの灰色カビ・エキ病を防ぐ

疫病には、株元に柄杓で一杯の苦土石灰。これで病気が防げる

株元にかかった苦土石灰。少し時間をおくと乾いて湿気を吸収するようになる

粉をまく

コスモスの炭そ病・軟腐病には消石灰

熊本県南小国町　宇都宮　徹さん

編集部

散粉機で消石灰をかけたポピー。真っ白くなってしまわないかと心配したが、ほとんどかかったように見えない。「花の場合はこんなもんで十分です」（＊）

早朝、まだ風が吹かないときに、宇都宮さんは園地の見回りも兼ねながら、まるで散歩でもするような感じでかけている。「とにかく石灰はいいですよ。安いし、害にならないし、散粉機でまけばとてもラクですからね」（撮影　赤松富仁＊も）

観光農園で石灰愛用

前の記事の城戸さんに「石灰かけたら病気がとまる」と教えたのが宇都宮徹さん。農協の営農指導員を三〇年やり、その後「小国郷農協」の組合長まで務めた人だ。今は阿蘇の外輪山を開墾し、観光花園「小国・コスモス村」を経営する。そんな宇都宮さんは、自分の花園でも石灰を愛用している。

使っているのは消石灰。三万五〇〇〇㎡の広大な園地に、春はポピーやルピナス、秋はコスモスやマリーゴールドを植えているのだが、とくに困るのがコスモスの病気。七月に定植し、八月の暑いときに雨が続くと炭そ病や軟腐病が出る。

炭そ病は、花が咲く前、伸びてきた芯が折れたようになって、生育が止まってしまう病気で、数年前、突如として発生した。また、軟腐病は以前からよく出る病気だが、株元から腐ってしまう。

病気が出ても、被害は軽微。ちゃんと花を咲かせてくれるのだ。

「石灰は虫にも効きますね。アブラムシとかヨトウとか。死ぬわけじゃないけど、虫は石灰が嫌なんでしょうね。家のまわりに消石灰をまけばムカデも入ってきません」

コスモスにアブラムシがビッシリついていたのを発見し、消石灰をかけてみた。少したって、綺麗さっぱりいなくなっていた。

地面めがけてかけると葉裏にもかかる

秋のコスモスには七月の中旬から一〇日に一度、五〜六回ほど散布する。一〇a当たりにかける量は一〇kgほど、散粉機で地面めがけてかけていく。

消石灰の粉が下から巻き上がるように舞うので、葉の表面だけでなく葉裏にもしっかりつくのがいい。

『現代農業』二〇〇八年六月号　苦土石灰のポイントがけで、キュウリの灰色カビ・エキ病を防ぐ

三〇年以上前から石灰防除はやっていた

病害虫防除のために宇都宮さんが石灰を使い始めたのは、なんと三〇年以上も前のことなのだそうだ。

昭和四十年代後半、米増収の時代、宇都宮さんは若き営農指導員として奔走していた。南小国といえば標高六六〇mで山間の田が多く、日照不足になりがちなうえ、水が冷たいので、いもち病がひどかった。

なんとか米を安定的にとれないかと最初に始めたのが土壌調査。八八〇戸の農家の畑を一枚一枚三年かけて、すべて調査した。阿蘇の外輪山で火山灰土壌の地域だからpHは四・五くらいと低い。まずは酸度矯正に石灰を入れるように指導した。

（撮影　赤松富仁）

当時のイネの品種は「農林二二号」。穂重型の品種だから倒伏も多かった。でもカルシウムを効かせれば組織がしっかりして、倒伏を抑えられるかもしれない。

「下から吸わせても足りないなら、頭からぶっかけてみよう」と農家と一緒に石灰をかけてみたのだった。

石灰でいもちが止まった

たまたまその田んぼはいもち病が多発するところで、すでに葉いもちの症状が出ていたのに、石灰をかけたらそのイネは病気が止まったのだ。

倒伏防止という当初の目的に加え、石灰でいもち病が抑えられるという大きな発見だった。

「まぐれ当たりというか、奇跡です」。

他の圃場でも試してみたら、やった農家から次々にいもちが止まったという報告が寄せられた。

石灰はいくらかけても害にならないし、農薬代に比べれば格段に安い。これはいけるぞと確信した。各集落で農事座談会をやった後の、一杯やって本音が飛び交う「飲《のう》事《じ》座談会」のたびに、

「石灰かけたらいもちが止まる」と言って回った。気づくと石灰をふる農家が急増していた。

キュウリでも効果。「石灰かけろ」が合言葉

その後、野菜でも試してみた。すると、キュウリでは疫病や軟腐病などにも効果があった。やがて「石灰かけろ」がこの辺りの合言葉になった。

このことが一つのきっかけとなり、小国郷農協は、熊本県下でいちばん農薬を使わない農協になったという。

城戸さん（二六ページ）も、宇都宮さんの薫陶を受けた一人で、石灰防除は二〇年以上前からやっている。阿蘇の山麓では、城戸さんのように、今でも石灰を多面的に使う技術が脈々と受け継がれている。

『現代農業』二〇〇八年六月号　三〇年以上前から石灰防除はやっていた

粉をまく

暖地ラベンダー苗の病害虫をゼロにした石灰

岡山市　岩部弘幸

チッソやめて石灰にしたら防除が皆無に

私は岡山県でラベンダーの苗を生産している。むかしからラベンダーの栽培には苦労していたが、あらゆるラベンダーの本に書いてある方法ではどうしても夏が越えられずに困っていた。

そこで思い切ってまったく逆の発想にして、花後のチッソの追加をやめて石灰の散布を始めたところ、結果として病害虫の防除が皆無となり、葉が硬くなり、花が美しい色で長持ちするようになったのである。私の石灰散布試験の積み重ねが何かの参考になればと思い、ペンをとった。

暖地のラベンダーづくりはむずかしい!?

「こんなに暑いところでラベンダーをつくるほうが間違っている」と、夏が来るたびにぼやいていた。

とにかく肥料をやれば枯れる、水をやれば蒸れる、ガの幼虫には片っ端から食われる、とどめは真夏の水切れでまた枯れる。

当時は農業試験場にも参考にする資料はなく、ハーブの本には「暖地での栽培はむずかしいでしょう」と書いてあった。そんな植物のポット苗での生産を今から一〇年前にまかされたのである。

有機石灰のみで育てたラベンダー（デンタータ）をもつ筆者。岡山の生産農家で責任者として勤務している。写真の花は咲いてもう３週間になる

まず始めたことは原産地である地中海沿岸の土壌に近づけることで、苦土石灰を多めにしてpH七の土をつくってみた。これがけっこううまくいき、プラグ苗の鉢上げあたりまでは順調だったのだが、その後は冒頭で書いたとおり、枯れが連続した。

次の年はパーライトの粒を大きくし、元肥を減らして挑戦するも効果なし。ひたすら予防のための農薬散布と、細心の注意を払ったかん水に明け暮れる日々が続いた。それでも出荷時期になると二、三割は枯れていたが、暖地なのでしかたないと思っていた。

消石灰をふりかけるようになるまで

そんな私が消石灰を散布するようになったのは、翌年からの石灰散布試験の積み重ねから。

１年目　苦土石灰を土に混ぜる

２年目　水はけをよくするために土の配合を

変える

3年目　かん水のたびに流れてしまっているのではと考えて、苦土石灰を途中で追肥

4年目　苦土石灰と同時に有機石灰（カキ殻石灰）を試す。非常に重い苦土石灰に比べ、有機石灰は軽くふりやすい。吸収を早めるために株元だけでなく葉に直接ふりかけてみる

5年目　有機石灰に切り替える。葉に全量ふりかけるようになる。より効き目の早い消石灰を試す

6年目　有機石灰の散布の回数を増やす。消石灰を病害虫に散布してみる

7年目　ほぼ栽培方法を確立する

思えば長い時間がかかったが、「イネを硬くし、米をうまくする」と言って石灰（過石）をこよなく愛した井原豊氏などの先人の知恵に間違いはないとの確信があったので、今では非常にラクにラベンダーをつくれるようになった。

石灰をふるようになってから、灰色が濃く、ピンと立つ硬い葉になり、株元は木質化している

春に消石灰ふりかけ＋かん水、新芽が出たら有機石灰か消石灰ふりかけ

では、二〇〇八年現在の石灰散布をご紹介する。

まず、秋植えのラベンダーの鉢に春先、化成と消石灰を同時に散布、すぐかん水して石灰を効かせる。石灰以外にチッソなども含む有機石灰は肥効が読みにくいので、ここではまずシンプルな化成と消石灰を使っておく。これで春の病害虫が止まるので、後はゆっくり肥料分が効いてくるのを待つ。

暖かくなって新芽が出たら葉に触ってみる。硬ければ有機石灰を、やわらかいようなら消石灰を散布してすぐにかん水して洗い流す。

これを年間くり返すだけ。よほどでなければ病害虫は来ないが、もし来たらその場所をめがけて消石灰を散布する。翌日には葉がカチカチに硬くなる。

石灰はたっぷりと一五〇坪に一〇〇kg

またプラグ苗は挿し木でつくるのだが、これも発根したら根がまわる頃に消石灰を散布。軟弱徒長するようならさらに散布する。

このように、いつでも季節を問わずに、触ってやわらかければ石灰を散布している。

硬さの目安は、水圧の強い噴口を使い、普段の水圧でかん水しても倒れないこと。

散布する量は一五〇坪のハウスで一〇〇kgくらい。見た目で白くなればよしとしている。メーカーは問わない。有機石灰だけは含有チッソ量を見て散布量を調整している。

石灰の組織強化力は驚くほどで、二年間チッソ（化成）なし、有機石灰のみで育てたラベンダーは、しっかりかん水しても三〇cmはある花穂を立てて弓のようにしなっている。

風下からバックでふる

消石灰の散布で気をつけることは二つ。

一つは、完全防備で風下からバックでふる

こと。大量に散布するので体につかないことが大事。少々多くかかっても枯れたためしはないから、気にしない。足りなければまたふればよい。

二つめは、かん水するときも完全防備のままでいること。鼻から吸うと痛いし、髪がボサボサになる。

なお、消石灰はラベンダーには欠かせないが、私が同時に育てているローズマリーには向かない。ローズマリーはアルカリ性を好まないようだ。しかし生育に石灰は欠かせないので、ローズマリーには過石を散布している。もちろん完全防備の必要はない。

消石灰を散布するときは完全防備で風下からバックでかける。このあとすぐかん水

心配することが減ったなぁ

石灰をふり始めて感じるのは心配することが減ったなぁということ。肥料も減ったし、かん水もラクになったし、病害虫の心配もない。

そこで誰がやってもできる証明として、実家の七〇歳になる母に休耕田で個人用のラベンダー園をつくってもらっている。三年目で防除ゼロ回、肥料は年一回のみで有機石灰をたまに散布する。田んぼなのでかん水はせずにウネ間に水を入れる。それでも毎年ちゃんとイングリッシュラベンダーが咲いている。むずかしい技術はない。母の草取りと少しの石灰のおかげだ。

石灰散布以前と現在のラベンダーポット苗の比較

	石灰散布以前	現在
主な管理について	病害虫と施肥とかん水に細心の注意を払っていた	石灰を散布する時期とかん水に注意している
病気と防除	冬から春に疫病が発生した。アリエッティ、オーソサイド、ユーパレン、リドミルMZ 等を散布	ほとんどなし。消石灰を散布してすぐにかん水する
害虫と防除(＊)	冬から春にキノコバエ、夏にコナガ、ハマキガ等が発生した。アドマイヤー、スミチオン、テルスタートアロー、カスケード等を散布	ほとんどなし。消石灰を散布してすぐにかん水する
肥料	化成肥料を定期的に散布していた	化成肥料は冬に一度だけ散布して、他に必要な時は液肥を追肥する
石灰	散布していなかった	年間4 ～ 5 回散布する
かん水	冬から春は過湿に気をつけて水圧のごく弱い噴口で慎重にかん水していた。初夏はラベンダーが折れないように水圧を下げてかん水していた。夏は毎日かん水していた	植付け時以外は水圧の強い噴口でいつでもたっぷりとかん水している
プラグ苗	植付け前に液肥を散布していた。大きくなって蒸れるのでプラグ苗のままでは長期間置けなかった	大きくなる前に石灰を散布している。生長が止まり硬くなるので1年くらいはプラグ苗のままで置けるようになった
ポット苗の姿	緑が濃く、軟らかな葉でいかにもハーブという感じの苗。すぐ徒長するので切り戻して出荷を調整していた	灰色が濃く、ピンと立つ硬い葉で株元が木質化している。徒長する前に石灰をふるのでそのままの姿を何週間か保っている
花について	花の色が薄い。花穂が垂れる	鮮やかな青い花が咲く。花穂がピンと立つ
その他		ナメクジ、マイマイがいなくなる

＊害虫の防除について
キノコバエの成虫が見えたら消石灰を散布すると近寄らなくなる。キノコバエの幼虫には発生後でも消石灰の散布とかん水である程度は防げる。ガの幼虫の小さなものは消石灰の散布で溶けてしまい、大きなものは逃げ出す（夏に雨ガッパを着ずに綿のズボンのまま消石灰を散布した時に、汗でふとももの表面が溶けて痛い目にあったことでこの方法を思いついた）

『現代農業』二〇〇八年六月号　暖地ラベンダー苗の病害虫をゼロにした石灰

粉をまく

野菜苗にも消石灰をかけてみた

岡山市　岩部弘幸

徒長苗に消石灰を頭からふりかけ

まだ小さい野菜苗に消石灰をかけてみるというとんでもないことを試してみました。

私は仕事として、野菜苗の生産を二年だけやったことがあります。当時は「こんなことだけはやってはいけない」と思っていたことを、今になってやってみたらやっぱりちゃんと失敗しました。

しかし思っていたこととは違うことがいくつか見つかったような気がします。専門外の素人がたまたまそうなったことをうれしそうに書いていると思われてもしかたないのですが、そこは大目にみてやってください。

まず四月下旬、なるべく軟弱徒長した安い実生苗をホームセンターで買ってきた。種類はピーマン、ナス、トマト、キュウリ、ペチュニア、マリーゴールド。自力では立っていられないような苗をわざわざ選んで買ってきた。

ラベンダー苗に過リン酸石灰を散布する筆者

そしてこれらに消石灰を頭から真っ白にふりかけて、何がどうなるのかを観察することにした。また消石灰が効かないことのないように、毎日たっぷりかん水することにもしたのである。

目的は「いつどうなって枯れるのか」を知ることだったのだが、なかなか枯れず、こんなに長い観察になるとはその時は思わなかった。

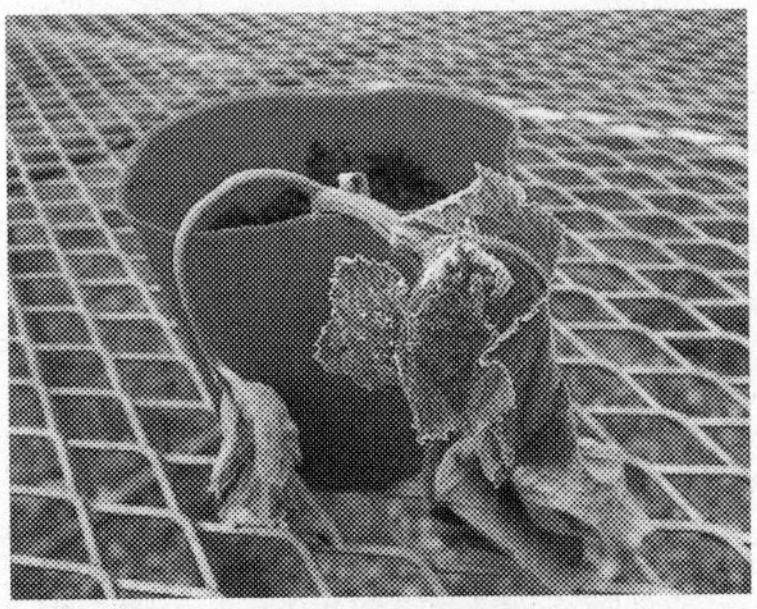

5月上旬（およそ20日後）、とうとう枯れてしまったキュウリ

消石灰をふった苗はどうなったか

▼キュウリは枯れたが、葉焼け後、復活したものも

まずキュウリの苗は二〇日ほどたって株元から腐って枯れた。あまりにもあっけなかったので、今度は別の新しい苗に過リン酸石灰をたっぷりふってみたら、葉がいきなり焼け

た。また枯れるかと思ったが、しばらくしたら下葉を落として硬くなり、見事に復活した。

▼ナス、ピーマン、トマトは葉が硬くなり茎が太くなった

続いてナス、ピーマン、トマトの苗は、葉が硬くなり翌日にはピンと上を向いた。その後は背丈が伸びずに茎が太くなり、軟弱徒長が止まった。ナスはわき芽が出てきた。

▼ペチュニアとマリーゴールドは花が咲き終わらなくなった

ペチュニアとマリーゴールドは見た目には何の変化もないが、花がなかなか咲き終わらなくなった。

水をやりすぎても軟弱徒長しない

このまま約二週間毎日たっぷりかん水しながら観察を続けた。

すると全部の苗が枯れる気配もなく、自分でつくろうと思ってもなかなかできないようなしっかりした苗に変化していった。

(上) いずれもホームセンターで売っていた苗でかなり軟弱徒長している
(下) 葉の上から消石灰を全面散布した野菜苗

何より驚いたのは、以前なら絶対にやらない量のかん水を続けているのに、全然大きくならないことだ。普通は水を切って生育を調整するので管理が非常にむずかしい。水切れで苗を枯らしてしまったり、やりすぎて大きくしすぎたりする。ところが消石灰をふった苗は水をどんなにやりすぎても軟弱徒長しないのである。

とにかくこれでキュウリ以外は消石灰をふっても枯れないことがわかった。せっかく苗がよくなったので、大鉢に植え直してもっと消石灰をふったらどうなるのか観察することにした。

散布8日後、ピーマンは茎だけが太くなった

少々のチッソでは全然効かなくなってしまった

五月三日、大鉢に定植した。バーク堆肥入りの自分で配合したpH六、EC一の土に、元肥を入れないですべての苗を定植した。

鉢なので追肥で様子を見ようと思ったのだが、そんな甘いものではなかった。それはあとからの話として、定植後、野菜の苗はかなりゆっくりと生長した。

花の苗はまったく大きくならずに花が咲き続けた。病害虫の被害は定植後一か月全然なかった。五月末になり、化成肥料を追肥した。この時に二回目の消石灰をふったのだが、ここから大変な目にあってしまった。

5月下旬、ペチュニアは節間がものすごく短くなって咲き続けた

ピーマン、トマト、ナスは葉が硬くなりすぎた

ピーマンは葉が硬くなり、どんどん黄色くなっていく。トマト、ナスは低温障害のような色になり、葉が大きくならずに硬い。消石灰をふると、少々のチッソでは全然効かないようなのだ。

泣き言は言わずにまだ観察を続けることにする。六月中旬、ピタッと生育が止まったので少し手を入れ、追肥として硝酸アンモニウムと硫酸カリと硫酸マグネシウム（いずれも酸性の肥料）を液肥で流し込み、もう一度散布しようとしていた消石灰をとりあえずやめた。

これで追肥が効き、新芽が出始め、葉の色が少し戻り、実も成り始めた。ようやく振り出しに戻ったようだ。

七月末現在の状況は、三回目の消石灰をふったら、それまで少しずつ

6月6日、ピーマンは葉が硬くなり、どんどん黄色くなっていった

成っていた実が成らなくなって、また困っているところである。

消石灰をふって考えたこと

▼購入苗を途中で仕立て直せる

さて、野菜苗にも消石灰をふってみて考えたこと。

7月上旬、過リン酸石灰散布後、復活したキュウリは、追肥が効いて実が成り始めた

自給用の野菜苗を買っている農家の人は案外多い。長雨や低温で種苗店になかなか行けずにシーズンを逃してしまい、軟弱徒長している苗をしかたなく定植したことはないだろうか。

この方法なら、そんな苗でも途中からしっかりした苗に変えられるのではないか。定植後に雨が続いても、チッソが効きすぎて病気がドンと出ることもないだろう。

▼やりすぎると他成分とのバランスが問題

だが、消石灰をやりすぎると、チッソ・リン酸・カリとのバランスが問題となる。たくさんの失敗をあとから考えると、やはり畑にはきちんと元肥が必要だとか、消石灰をやたらにふりまくるものではないということなのだろう。これはおそらく消石灰がいちばんストレートに植物に反応するからであって、有機石灰や苦土石灰ならよい結果が出るのかもしれない。たぶんそれはだれかがやるので、だれもやりそうもない消石灰の観察を続ける。

無農薬、まだ枯れていない

まだまだ消石灰の使い方はわからない。わかったことは消石灰をいくらふりかけてもウリ類以外は枯れないということ。効いているチッソを制御するということ。やりすぎると生長が止まるということ。

消石灰をふった野菜に病気と害虫はどういうふうに来るのかを調べるために現在まで無農薬栽培。まだ枯れる様子はない。

『現代農業』二〇〇八年十月号　野菜苗にも消石灰をかけてみた　失敗と発見の記録

今さら聞けない　石灰Q＆A

石灰をかけると果実が汚れるのでは？

編集部

石灰の汚れが気になる

石灰を手散布する場合は、粉でふりかけるのが作業としては断然ラクだ。それだけでハクサイなどの軟腐病の病斑は消えてしまうという農家もいる。

ところがトマトやイチゴやキュウリなどの果実は、粉で白く汚れてしまう。そこで収穫が始まってからは上澄み液のほうがいい。

読者へのアンケートでは、汚れ対策の知恵もいくつかあった。

上澄み液を使うなら時間をおいてから

七月末に定植の抑制キュウリに試した北海道の藤井悟実さん。苦土炭カル（苦土石灰）一〇kgを水二〇〇ℓで薄めた上澄み液をまいたところ、べと病には効いたが、キュウリの実に石灰分が付いて目立ってしまった。

そこで二回目のときは、タンクをもう一つ買って、前日から上澄み液を作っておいてからまいた。これだと果実が汚れることがなかった。

「上澄み液を使うなら、しっかり時間をおいてから使うべきだ」という。

白い汚れは一週間で消えた

夏秋ナスに、消石灰を三〇〇～五〇〇倍の水に薄めてかけたという栃木の斎藤勇次さんも、溶いてすぐにかけたらナスの実が白く汚れたが、一週間おいたら大丈夫だったそうだ。

また、収穫が始まったらもう無理をせず果実が汚れるのを防ぐため、上澄み液を株元に流すというのも一つの手だ。

粉は柔らかいハケで落とす

一方、粉ふりかけにこだわるキュウリ農家もいる。

石灰で葉を硬くする、樹をしめるためには、

「石灰分が流れてしまう上澄み液より、葉につねに付着させることができる粉がいいのではないか」

と話す愛知県の石川誠さん。だが、やはりキュウリは粉をふいたように白く汚れる。

そこで最初は濡れタオルでふいたのだが、イボがとれて見た目が悪くなってしまった。そこで、今では柔らかいハケで落として箱詰めしているという。

手間がかかるが、結果として難敵・褐斑病の進行が少しでも遅れればと思い、粉ふりかけを続けて様子を見ているそうだ。

『現代農業』二〇〇八年六月号　石灰防除の不安と問題　一〇〇人からのアドバイス

液を注ぐ

クスリ代1/90 アスパラ立枯病・株腐病は消石灰で回復

福島県喜多方市　芳賀耕平

農薬以上の効果 消石灰二〇〇倍濁り液をかん注

アスパラガスの立枯病・株腐病は、多発すると欠株になり、更新してもまた発生する厄介な病気です。昭和三十年代よりアスパラガスを栽培しているわが家でも、梅雨時期に記録的な降雨量があった平成十八年から発生してしまうようになりました。

一般的に指導されている発生後の対処法としては、ベンレート水和剤の散布、トリフミン水和剤のかん注等があり、私もそうしてきました。

しかし期待したほどの効果は上がらず、植え直さなければならない圃場もありました。

ところが『現代農業』の石灰防除特集号を見て試しに消石灰二〇〇倍濁り液をかん注してみたところ、驚いたことに立枯病・株腐病の進行が止まり、株が元気を取り戻しました。

もちろんクスリ代は、非常に安くなりました。トリフミンだと一〇a当たり二万一七六〇円かかっていたところ、消石灰ならたったの二三三円。わずか九〇分の一ほどです。

発病後の圃場で株が元気を取り戻した

石灰を試してみようと思ったのは、平成十九年に、立枯病・株腐病が大発生し、とくに促成用の一年株が六〇%以上も使いものにならないくらいになってしまったときです。

立枯病・株腐病の原因となるフザリウム菌は、未熟な有機物を施用した圃場ほど生息密度が高いといわれています。平成十九年は、モミガラ堆肥を予定より未熟なままで使用したため、発生を助長する結果になってしまったようです。

『現代農業』によると、石灰には有機物の分解促進をはじめとしたいろいろな効果があるということでした。

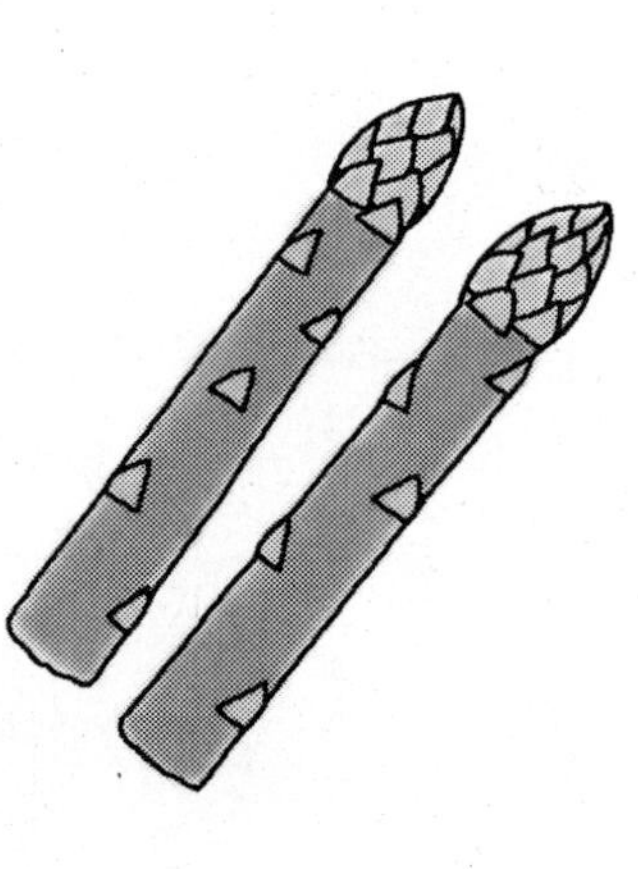

そこで「もしかしたら」と思い、被害が出た一部の圃場で粒状の消石灰を一〇a当たり四〇kgくらい、ウネの肩の部分にスジ状にまいてみました。すると株が元気を取り戻したようで、それなりに収穫を続けることができたのです。

平成二十年は圃場を替えて新植しましたが、やはり発生し始めました。そこで六月下旬、今度はさらに石灰の浸透をよくしたいと

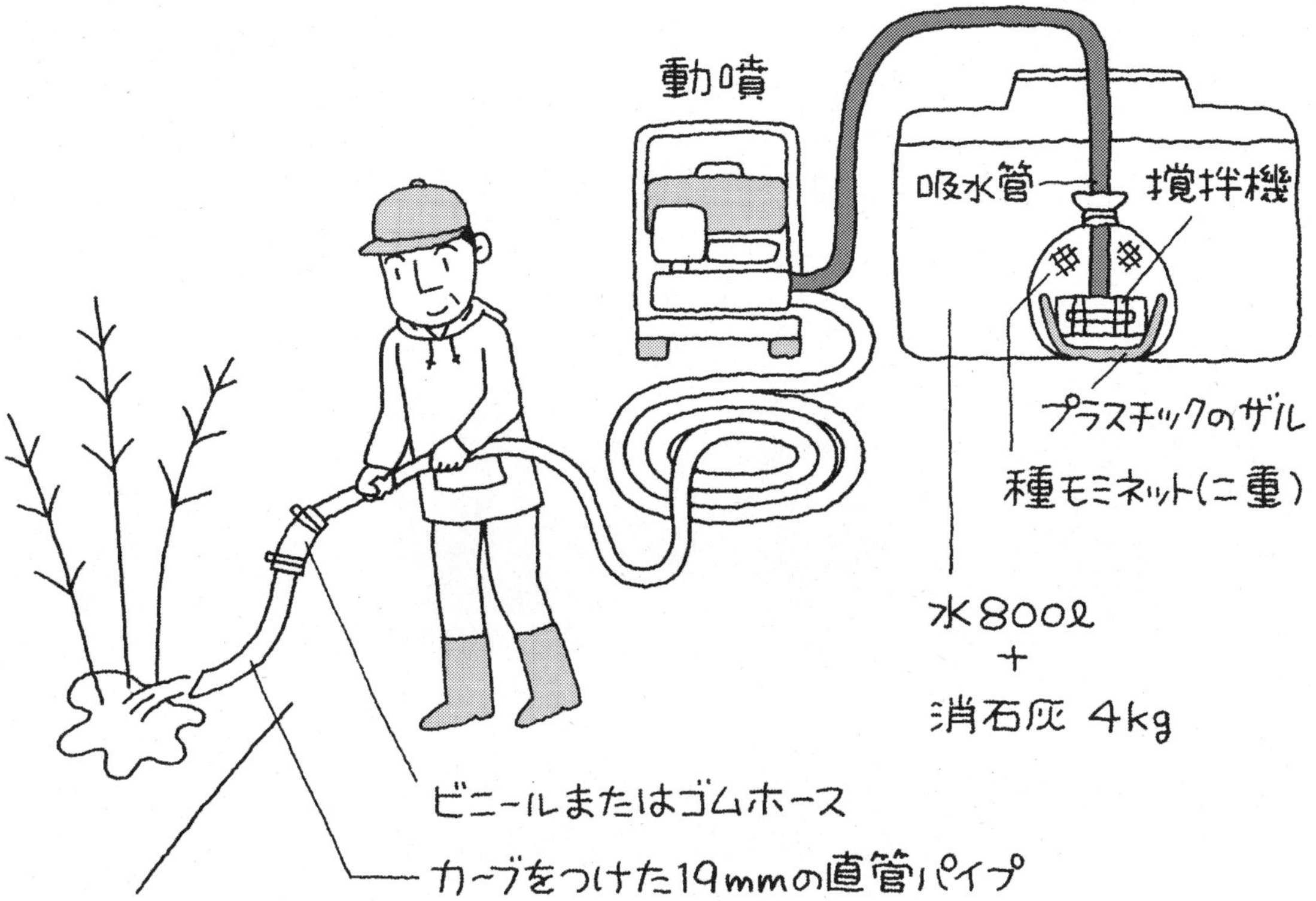

消石灰200倍の濁り液は、800ℓのタンクに4kgの消石灰を混ぜて作った。ただし、そのままでは沈殿してしまうので、かん注には攪拌機を付けた動噴を使用した。

さらに吸水管の先端がつまらないよう、図のようにひと工夫する。

また、マルチの上からでも株元へのかん注をやりやすくするため、ノズルの代わりに先端を斜めにカットした19㎜の直管パイプを接続し、先端から30㎝くらいのところにカーブをつけた。

作業にかかった時間は、動噴の圧力を50kg／㎠にして10ａ当たり約2時間。

思って、消石灰二〇〇倍の濁り液を作り、新植したすべての株元に一ℓ程度ずつかん注してみたというわけです。

再び青い新芽が出始めた

通常、立枯病・株腐病にかかった株は新芽が赤くなってしまって、どんどん弱ってしまいます。ところが、消石灰の濁り液をかん注した株は、一週間ほどで病気の進行が止まったのか、再び青い新芽が出始めました。

そして秋には促成栽培の伏せ込み用の株が、一株重二・五kg前後、糖度二五度前後（県の基準は一株重二kg以上、糖度二〇度以上）にまでなりました。今春はその株で促成ホワイトアスパラを出荷し、県の平均的な収量である四〇〇kgをクリアしています。

今後も続けていこうと思います。

『現代農業』二〇〇九年六月号　アスパラ立枯病・株腐病は消石灰かん注で回復する　クスリ代1/90!?

液を注ぐ

軟腐病に効く 苦土石灰上澄み液をもっと効かせる

三重県津市　岡田　侃《つよし》さん

編集部

こんなに薄くても
よぉ効くんですよー
300

イネ6反、畑2反。高原の麓でキャベツ、ブロッコリー、ダイコンづくり。昨年初めてやってみたが、軟腐病が少し出てからでも効いた。キャベツでは1作5～6回の防除が3～4回に（撮影はすべて赤松富仁）

ビニール袋で
フリフリ混ぜる

水と石灰を入れてフリフリ。少しおいてからまた振るとクスリがよくなじむ。バケツだと石灰が浮いて混ぜにくい。岡田さんは水和剤を使うときも同様にやる

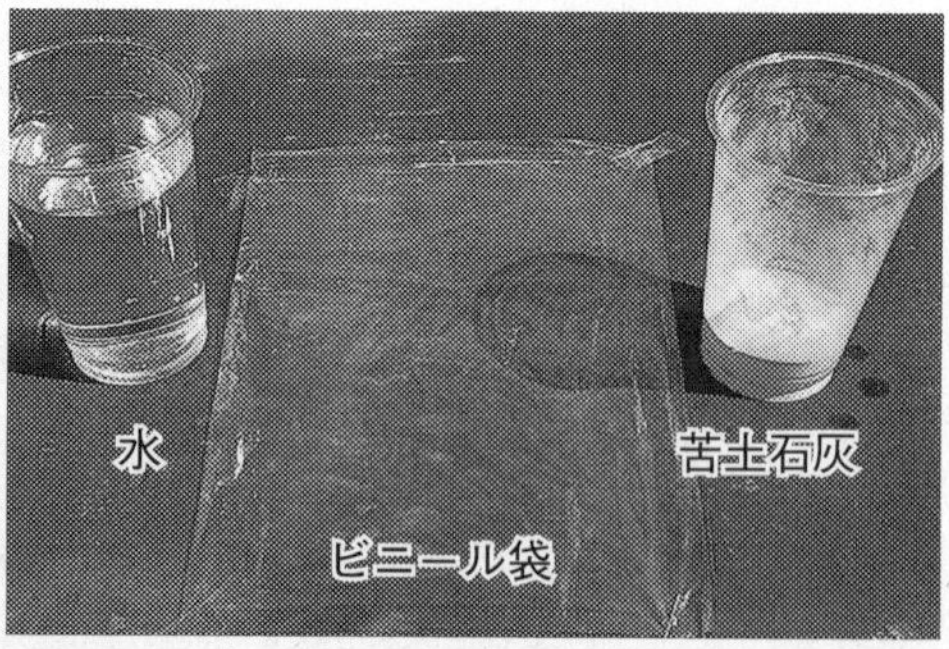
水
苦土石灰
ビニール袋

石灰はまずビニール袋でよく溶く。とくに苦土石灰は重くて沈殿しやすいので、溶解度を少しでも高めるためにきちんと混ぜる。岡田さんは300gの苦土石灰を1000倍の水（300ℓ）でうすめて上澄み液を作る。写真は撮影用に30gでやってもらった

霧なしノズルで ムダなくかける

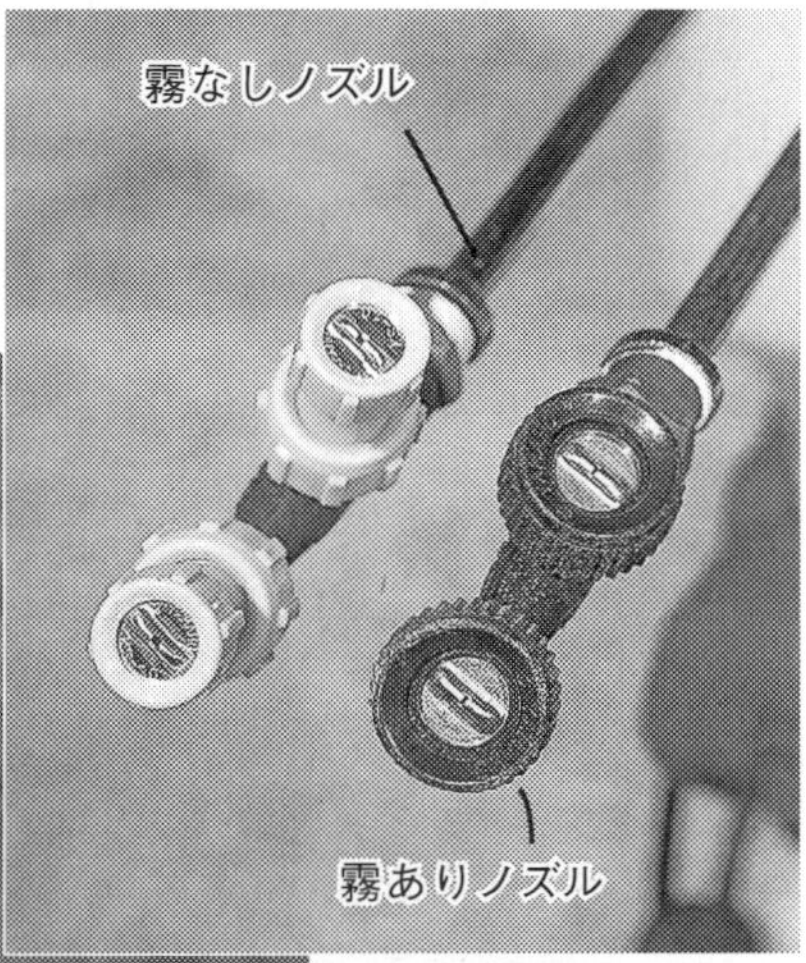

一般に使われている霧ありノズルだとドリフトしやすいが、霧なしノズル（ES）だと薬液粒子が粗いので、ねらったところによくかかる。軟腐などの病気には株元にしっかり石灰水を流し込むのが効かせるコツ

石灰水をかけるとキャベツは1週間くらい生育が止まったあと、ぐんと伸びるようだという

『現代農業』2008年6月号　軟腐病に効く　苦土石灰上澄み液をもっと効かせる

液を注ぐ

トマトの青枯病が生石灰水で止まる

千葉県鋸南《きょなん》町　福原敬一さん

編集部

福原敬一さん。北洋漁船の船長を18年勤め上げた。隔離ベッドで「とにかくあめぇトマト」をつくるほか、西洋野菜なども手がけ、道の駅や市場で販売

熱が冷めた後、再びよくかき混ぜて乳白色になった水溶液を、ハス口を取ったジョウロに移す

「ポツン、ポツンと毎日一株ずつ端から順序よく枯れてたのに、生石灰をやったその日から枯れなくなった」と福原敬一さん。

青枯病対策を普及所に相談に行ったときは、サラリと「土を取り替えなきゃダメですね」と言われて頭を抱えただけに、生石灰水の効果にはビックリ。「背広着た奴は机の上のことしか知らねぇ」と意気揚々だ。

1株につき1合くらいの目安で株元に注いで歩く。ハウスはメロン用の温室で隔離ベッド

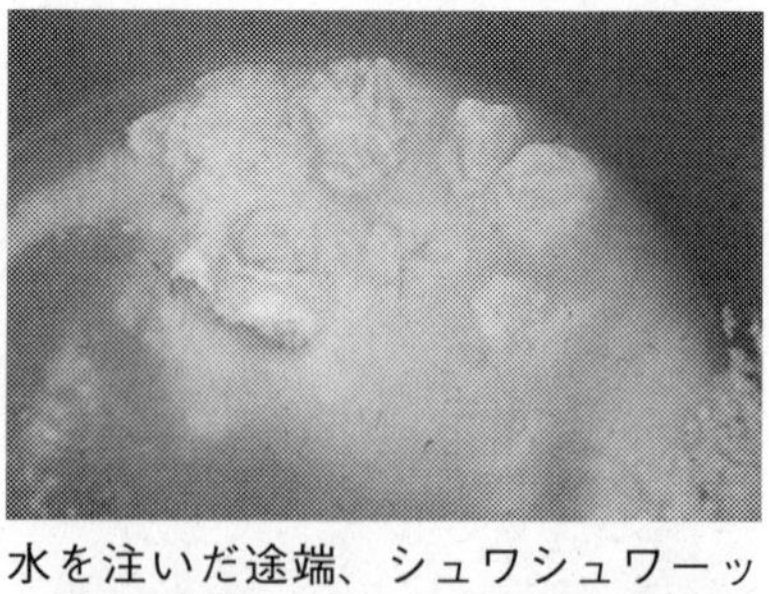

水を注いだ途端、シュワシュワーッと激しく蒸気を吹く生石灰。福原さんは大きなタルで水50ℓに生石灰1kgの割合で混ぜる（撮影はすべて倉持正実）

福原さんは、『現代農業』の記事を見て、実践。ただし、記事では「牛乳ビンで一株ずつ株元に石灰を流し込む」とあった。でも、いちいち牛乳ビンを使うのは面倒なので、ジョウロで「一株につき一合くらい」を目安に注いで歩いた。

昨年は、トマトが枯れ始めた十一月になってかん注した福原さん。今年は、もう少し早く予防的に石灰をやって、「一本も枯らさずにトマトを取り続けてやろう」と思っている。

『現代農業』二〇〇八年六月号　トマトの青枯病が止まる　生石灰水のかん注

液を注ぐ

ダイズ青立ちにカルシウム水溶液を葉面散布

富山県入善町　米原光伸さん
編集部

カルシウム資材の葉面散布が「青立ち」防止に効いた

「有機栽培実践の会」の米原光伸さんは元肥ゼロで出発、追肥・培土（土寄せ）を二回行なう中期重点のダイズづくりに挑戦した。

8月末の米原さんのダイズ。前年より草丈が高く大柄に育った（撮影　倉持正実）

一方で、米原さんはカルテックCa（液状）の水溶液を開花以降三回、葉面散布した。カルテックは石膏《こう》（硫酸カルシウム）主体の資材で、イネでは粒状を出穂一〇日前に施用している。

効きやすいカルシウムを含むカルテックは、「光合成産物の転流を促進し、登熟歩合を高める」効果があり、またイネを硬く丈夫にしてくれるという。

このカルテックの液をダイズに使ってみたのだが、効果はありそうだ。とくに、今問題になっている「青立ち」が出にくくなるという。

この「青立ち」は五年ほど前から増え始め、福井、石川県などで大きな問題になっている。富山でも発生しているが、カルテックを葉面散布した米原さんのダイズには確かに「青立ち」が出なかった。

養分転流の改善に作用したのか

五人の「実践の会」のメンバーの中で、もう一人ダイズをつくっている石橋甚吾さんは前年、「青立ち」でかなりの被害を出したが、カルテックを使ったせいか、被害が出なかったという。この「青立ち」、マメが実っても茎葉がいつまでも枯れずに青々しているもので、このまま機械で刈ると汚損粒になって売りものにならない。

茎葉の繁りぐあいが普通で実がある程度ついている株でも発生し、いわゆる蔓化とは違う。原因はよくわかっていないが、青立ちする茎葉にはタンパクが多く残っているという調査もあり、光合成とチッソとで作られる養分（糖やアミノ酸）が、マメへうまく転流しない、あるいは転流しようにも、その受け入れ先がすでに満杯になっているという事態が想定される。

「カルテックのカルシウムがこの転流の改善に作用したのかもしれない」と、米原さんは考えている。

『現代農業』二〇〇二年一月号「青立ち」にはCa散布、への字型施肥で増収

液を注ぐ

石灰上澄み液の作り方・使い方

編集部

石灰について編集部に寄せられる質問には、

「苦土石灰一〇〇〇倍液ってどうやって作るの?」

「石灰を水に入れるとわりとすぐ沈んでしまう」

「溶けていないように見えるけど、一〇〇〇倍になるように溶かすってどうやるの?」

などなどがある。

また、重量で「一〇〇〇倍」とか「一〇〇倍」とか表現していても、そもそも石灰は水に溶けにくく、この表現だけではわかりづらい。

石灰は「水に薄める」とでも言ったほうがわかりやすい。

「濁り液」がやがて「上澄み液」になる

石灰を水に薄めると白く濁る。けれども、それは決して溶けているわけではない。石灰が浮いて漂っている状態で、いわゆるこれが懸濁《けんだく》液。つまり「濁り液」だ。やがて時間がたつと石灰が沈み、上のほうは澄んでくる。これが「上澄み液」だ。

実際、石灰はどのくらい水に溶けるものなのだろうか。表は石灰資材の溶解度を表したもの。

たとえば、消石灰は一〇〇mℓの水に〇・一八五gしか溶けない。一ℓの水でやっと二g程度。石灰はこんなにも溶けにくいのだ。さらに炭カルはもっと溶けにくい。苦土石灰も炭カルの仲間だから、やはり同じくらい溶けにくい。

だが、それでも溶かした水のpHは確かに上がる。編集部で測ったら、苦土石灰の濁り液は九・三。二日後の上澄み液は八・八だった。苦土石灰上澄み液をかけた岡田さん（四〇ページ参照）は、キャベツの軟腐病に確かに効果を感じている。

上澄み液はどう使う

高pHによる静菌作用をねらうなら、上澄み液の葉面散布がいいだろう。しかし石灰防除で大事なのは、体内カルシウム濃度を常に高めておくこと。作物にカルシウムをたくさん吸わせるには、上澄み液を根に流すほうがいいのかもしれない。もしかしたら、濁り液ならもっとたくさん吸わせられるかもしれない。

和歌山県の実践に、炭カルの濁り液をハクサイの株元に定植直後にかん注したら根こぶ病を抑えたという報告がある（四七ページ囲み）。

この実験では、一二・五倍（一二・五倍の水で炭カルを薄めたもの）と二五倍と五〇倍とでは、濃いほうが病気をよく抑えたとのこと。浮いている炭カル量が多いほど効果が高いのではないかという。

もちろん、濃度や時期によって根を傷めたりすることに注意しなければならないが、石灰は水に薄めて株元かん注（チューブかん水）という方法もよさそうだ。

『現代農業』二〇〇八年六月号　石灰上澄み液のつくり方・使い方

表　石灰資材の溶解度

肥料名（主成分）	化学式	溶解度（g/100mℓ）
生石灰（酸化カルシウム）	CaO	0.140
消石灰（水酸化カルシウム）	$Ca(OH)_2$	0.185
炭カル（炭酸カルシウム）	$CaCO_3$	0.0015
硫酸石灰（硫酸カルシウム）	$CaSO_4$	0.16

石灰上澄み液がトマトの斑点病、灰色かび病に効果

赤松富仁

宮崎県川南町の植松正樹さんは石灰の上澄み液を葉面散布して、かなりの効果に喜んでいます。

ハウスの入り口付近に上澄み液を取るバケツ（一つ一八ℓ）が並んでいます。消石灰を三分の一ほど入れ、水を入れて攪拌し、そのままにしておくと、表面に膜を作るように石灰が再結晶化してきます。もう飽和状態なので、上澄み液を別のタンクに一〇〇ℓほど取り、四倍ほどに薄めて一四aのハウスに葉面散布します。今年は五回ほど葉面散布をしているといいます。斑点病にいちばん効いたようだし、灰色かび病にも効いたといいます。

今まで植松さんは地面のマルチに付いた葉や実は傷んでしまうので、五〇cmほどの高さに張った紐に引っかけていたのですが、石灰の上澄み液をかけることで、マルチの上にも石灰層ができたせいか、マルチにべったり付いた葉や実になんの障害も出ないのです。おかげでひと手間もふた手間も省くことができたと大喜びでした。

『現代農業』二〇〇八年九月号　大玉トマト　六本の側枝をUターンさせて二五tとる

液を注ぐ

苦土石灰の上澄み液利用のノウハウ

茨城県常陸大宮市　大越　望さんに聞く

編集部

茨城県常陸大宮市で「石灰防除」を実践している大越望さん（四九ページ）に苦土石灰上澄み液の疑問に答えてもらった。

Q　倍率はどれくらいがいいの？

「ダイコンの軟腐病に粉状の苦土石灰を水に溶いて五〇〇～一〇〇〇倍液で散布している人がいます。大越さんはキュウリの褐斑病やトマトの葉かび病は二〇〇ℓの水に二〇kg入れて上澄み液をかけると言っています。計算すると一〇倍液ですが、倍率がずいぶん違いますよね……。どれくらいがいいのでしょうか？」

A　重量比で一〇倍液を四～五回使っても効果あり

私は一〇〇〇倍液にして試したことがないからわかりませんが、問題は水に溶けにくい苦土石灰がどれだけ溶けるかでしょうね。

二〇〇ℓの水に二〇kgの苦土石灰を入れて重量比で一〇倍の水溶液を作ると、石灰はすぐに沈殿します。上澄みを散布に使ったあとは、もったいないのでまた水を入れ、四～五回は使いますが、それでも効果はあります。ただ、五回使っても石灰がすべて溶けることはまずないですね。かなりの量が沈殿して残ります。考えてみると溶けている量は数％かな。沈殿して残ったものは土壌改良で畑に入れるからムダにはなりません。

大越望さん

倍率によらず溶解度はきわめて低い

編集部でも、さっそく実験してみた。五ℓの水に粉状の苦土石灰を五g入れて上澄み液のpHを測ってみると九・七。一〇倍液でも同じ九・七だった。ちなみに、どちらもpH七・八の水道水で、竹村電機製作所の簡易pH計を使用。

結局は、二〇〇ℓの水に二〇kgの苦土石灰を入れて一〇倍液を作っても、二〇〇g入れて一〇〇〇倍液を作っても、苦土石灰が水に溶ける量は決まっていて微量だから、どちらにしても濃度は同じくらいになるのかもしれない。――ということは、石灰は微量でも効くということになりそうだ。石灰刺激で作物がシャキッとする感じだろうか。

Q 作物に害はありませんか？

A 農薬散布すぐ後にかけたら葉に害が出た

私も以前イチゴに上澄み液をかけたとき、葉にまだらが出たことがあります。原因は農薬をかけた後すぐに散布したからだと思う。農薬はほとんどが酸性。そこに超アルカリをかけるわけだから、植物もおかしくなるんでしょう。それと散布する時間が午前中の暑くなる時期だった。これもよくなかったと思います。

今は農薬をほとんど使っていないから害が出ることはないですけど、もし定期的に農薬をかけているような場合は、一度株を水で洗い流して中和させるとか、温度の上がらない夕方にやるとか、そのほうがいいでしょうね。ただ、粉をふりかけた場合は、不思議とまったく害は出ません。

Q 粉でふりかけるのと上澄み液どっちがいいの？

A 汚れが気になる作物には上澄み液

トマトやイチゴやキュウリなど、収穫が始まるまでは直接粉をふったほうがラク。でも、果実に石灰が付くと白く汚れてしまって、一～二度水をかけてもなかなか落ちない。一つひとつ拭かないといけないから大変です。収穫が始まってからは上澄み液のほうがいいですね。果実を収穫するわけではないハクサイやジャガイモだったら粉をふったほうがラクです。ハクサイの軟腐病には本当によく効きますよ。

『現代農業』二〇〇七年十月号　苦土石灰上澄み液Q&A　水に溶かして効かせる

80ℓの樽に8kg の苦土石灰（粉状）を入れて、水で溶かしているところ。石灰は2 ～3分で沈殿し、10分もすれば完全に沈殿して透き通ってくる。その上澄み液を使う（撮影はすべて倉持正実）

根こぶ病に炭カル懸濁液《けんだくえき》

編集部

和歌山県では、粒子の細かい炭酸カルシウムの懸濁液を定植後、株元にかん水するとハクサイの根こぶ病が抑えられると報告している。炭酸カルシウムを攪拌機を回しながら白く濁らせた懸濁液を使う。倍率は重量比で二五倍だ。

試験では、一二・五倍、二五倍、五〇倍希釈液を株当たり五〇〇cc苗の頭上からハス口かん水したところ、高濃度ほど発病度は低くなったが、一二・五倍と二五倍ではその差は小さかったという。水に溶くと炭酸カルシウムはほとんど溶けないで浮遊しているが、濃いほうが浮遊する炭酸カルシウム量は多くなるので、効果が高まるのではないかという。

ただし、濃すぎると、攪拌機を回していても、今度は沈む炭酸カルシウムの量が多くなってムダになる（大越さんはこれを畑に使う）。一二・五倍は、二五倍に比べて二倍量を入れたわりに浮遊する炭酸カルシウムの量はあまり増えない。そのため、最終的には一二・五倍より二五倍のほうが実用的だという。

この場合、ウネを立てるときの耕耘方法によっても抑制効果に差が表れるという。土壌水分の多いときに無理に耕耘すると、大きな土塊ができ、懸濁液が株元の土にムラなく混ざらないので効果が劣る。「適湿のときに耕耘することで根圏のpHがムラなく改善される。その結果、発病が抑制される」とみる。

定植直後の株元かん水の代わりに炭酸カルシウム懸濁液を施用するだけで、従来の作業を増やさない。実用的な施用法だ。

今さら聞けない　石灰Q＆A

葉焼けの心配はないのですか？

編集部

アンケートをとると農家がいちばん「やる前に心配した」というのが石灰による葉焼け。これまで土に混ぜ込んだことしかない石灰を、作物の頭からふりかけたり、上澄み液にしてかけたりするといいっていうんだから、葉焼けが気になるのは当然だよね。

石灰アンケートによる葉焼け回答から

葉焼けについては「やってみたら問題なかったよ」と答えた農家が大半だった。たとえば、「初めてなので心配でしたが、トマト五本とサツマイモに消石灰を三回かけたところ、ともに元気になり、効果はあったと思います」「ジャガイモの葉がほとんど白くなるほどふったが、葉焼けもなく、イモの肌がきれいで煮るとふわりとして美味しかった」など、安堵の声が多かった。

だが、「焼けてしまった」と答えた農家も数人いた。

危ない！　強アルカリ、葉の濡れ、新葉

石灰で葉が焼けるとしたら、どんなときなのだろうか。

「ICボルドー」で知られる石灰メーカーの井上石灰工業（高知県南国市）によると（カンキツの場合でと前置きしたうえで）、石灰で葉焼けが起こるのはごくまれなことだが、

▼pHが高い（アルカリ度が強い）
▼葉の濡れ時間が長い
▼葉が若いなどの条件が重なった

そんなときに起こることがあるという。

ごく簡単にいうと、石灰をかけると葉の上に脂肪酸カルシウムという物質ができ、これがまだ若い葉に刺激を与えることで細胞が死ぬのだそうだ。

もう少しくわしくいうと、まだワックス層がしっかりと形成されていない若い葉の表面には、これからワックス層になる脂肪酸もしくは脂肪酸エステルという成分がある。

これに石灰が反応してできた脂肪酸カルシウムは、実は石けんの仲間（石けんは脂肪酸ナトリウムまたはカリウム）。つまり、人間の肌がよく石けんで荒れることがあるように、作物の葉もこの脂肪酸カルシウムで傷むことがあるというわけだ。

当然、カルシウム濃度が高い（アルカリ度が強い）ほど葉は傷みやすく、その程度は葉の濡れている時間が長いほどひどくなりやすい。

成熟した葉のワックス層は安定した物質なのでカルシウムとくっつくことがなく、ワックス層の発達した健全な葉では傷むことはまずないのだそうだ。

『現代農業』二〇〇八年六月号　葉やけが心配

粉をまく
＋
液を注ぐ

苦土石灰ふりかけが、炭そも褐斑も葉かびも抑える

茨城県常陸大宮市　大越　望さん

編集部

イチゴを定植して約1か月たった頃に苦土石灰を手散布する大越さん。撮影日は2006年10月6日（撮影は＊以外、倉持正実）

大越さんが使っている苦土石灰。農協で取り寄せたもの

「いやー、すごくいいよ。石灰使ったらもうクスリなんて要らなくなっちゃうね」

大越望さんはイチゴの炭そ病対策に苦土石灰を苗の上からバサバサかける。おかげで約二万本の苗のうち、炭そ病が出たとしても多くて三〇本程度。今シーズンも苗はほぼ枯れることなく、イチゴもいたって快調だ。

ハクサイの軟腐病が苦土石灰で消えた

そもそも大越さんが石灰を防除に使い始めたのは二〇年も前のこと。

「最初はイチゴじゃなくて、いろいろな野菜で実験してきたんだよ。農薬も高いしね。石灰なら安くて、殺菌作用もあるでしょう」

大越さんはまず、自家用のハクサイの軟腐病に試してみた。

外葉が黒くとろけ始めた株の上から苦土石灰をバサッと一つかみかけた。すると、黒い部分がだんだんとなくなり、病気がピタリと止まった。いつもなら萎れてしまうところが、しっかり結球していいハクサイがとれたのだ。

近所でも同じように軟腐病で困っているお母ちゃんに話すと、さっそく試したそうで、やはり効果は絶大。大いに喜ばれたそうだ。

石灰をふりかけて株全体をしっかりガード

キュウリの褐斑病、トマトの葉かびも一発で止まる

次にキュウリ。大越さんは数年前まで夏は夏秋キュウリを出荷していたのだが、褐斑病やべと病にはいつも手を焼いていた。とくに褐斑病は発病すると農薬をかけても治まらない。ひどい時は一週間で全滅したこともある。そこで、やはり石灰。葉表まで病斑が見えている株に、葉の表面が白くなるくらい苦土石灰をかけてみた。するとやはり病気がピタリと止まった。褐色の病斑の跡は残るのだが、病斑のふちが硬く固まって、そこからは広がらないのだ。農薬よりも効きがいい!

ただ、一つ困ったことにキュウリの場合は収穫が始まってから石灰をかけると、実が白く汚れてしまう。一本一本拭いて出荷するのも面倒なこと。そこで石灰を水に溶かし、その上澄み液を使うことにした。やってみるとこれがまたバッチリと効いた。

以来、大越さんはキュウリを定植してから最初の花が咲き始める頃までは、苦土石灰を粉のまま散布し、実が成り始めてからは上澄み液をかけるようにした。予防を兼ねて一か月に一～二回を目安に散布したら、褐斑病やべと病はもう怖くなくなった。

キュウリの褐斑病。こんな葉にも苦土石灰をまけば広がることはない（＊撮影　赤松富仁）

キュウリで味をしめて自家用のトマトにもかけてみたら、なんと葉かび病も一発で止まった。キュウリの褐斑病と同じで、病斑の跡は残るが、その後、広がらずに治まってしまう。

そんな話を聞いた近所のトマト農家もさっそく試したのだが、やはり効果は同じ。それはビックリしたそうだ。

イチゴの炭そ病は予防のために常に散布

　こうして大越さんは、いろいろな野菜で実験を重ね、本業のイチゴにも使うようになった。

　イチゴでもっとも困るのが炭そ病などの苗の立枯れ。大越さんはナイアガラ方式で六〜七月頃に苗を採取して、雨よけハウスにビニールを敷いて土を入れ、隔離した地床に仮植して育苗する。

　九月上旬定植だから、それまでの二〜三か月間が育苗期間。この時期、大越さんは苦土石灰を最低でも四回はかける。二週間に一回くらいが目安というが、苗だけでなく、よく歩く場所やハウスの入り口、ハウスの外周りもグルリとかけておく。

「イチゴの炭そはおっかないからね。どこから飛んでくるかわからない。キュウリの褐斑とかトマトの葉かびだったら病気が出てからでも効くけど、炭その場合は株の内部まで菌が入るから、出てからじゃあ、石灰をかけてもダメだね。イチゴの場合は菌を入れないための予防だよ」

　大越さんは育苗中だけでなく、親株のときから石灰を定期的にまき、本圃に定植してからもまく。九月上旬といえばまだ暖かく、炭そ病菌も繁殖しやすい時期。本当は本圃でも年中かけたいところだが、マルチを張ってからだとイチゴが汚れてしまうので、十月下旬のマルチ張りまでに二回くらいかける。通路やハウスの外周りもきちんとかける。とにかく徹底的に石灰のバリア網を張りめぐらせて、炭そ病菌の侵入を防ぐのだ。

ミスト機で散布する場合もある

手散布とミスト機の両方使う

　粉でかける場合、たいていは手でバサバサとかけるのだが、ミスト機を使うこともある。細かい霧状で勢いよく噴き出るので、葉柄や葉裏にもかかりやすい。散布量も少なくすんで、手散布に比べると三分の一程度。ただ、ミスト機の場合はハウスの中で石灰粉が蔓延するのでマスクが必需品となる。少し面倒なので、その日の作業ぐあいや気分で使い分けるそうだ。

散布量は厳密に決めているわけではないのだが、かけたところの「表面がうっすらと白くなる程度」でいいと大越さんは考えている。

重要なことは石灰を散布した後、必ずかん水すること。葉の上にふりかかった石灰を、株全体や株元にも届かせたい。そこで、上からかん水してやると、水と一緒に石灰が流れ落ち、葉と葉の間や地際のクラウン部など、手散布ではかかりにくい部分にも付着してくれる。病気が入りやすい場所もしっかりガードできるというわけだ。もちろん石灰や苦土は、土にも染み込んで、よく吸われるはずだ。

粉状の苦土石灰

石灰を散布した後、ウォーターカーテンに使う頭上かん水機で散水。葉と葉の間やクラウン部まで水と一緒に石灰が流れ落ちてしっかり付着する

土壌診断しても問題なし

ところで、これだけ石灰をかければ、石灰過剰や高pHで、土や作物がおかしくなってしまわないかと心配にもなってくる。

昨年、ある資材屋さんが大越さんの話を聞きつけて、何度も苦土石灰を散布した育苗床の土壌診断をしたのだ。

結果はpHが六・五と適正範囲で、石灰成分は若干不足気味と出た。これには資材屋さんもビックリしたそうだ。

石灰は「表面がうっすらと白くなる程度」の散布であれば、pHが一時的に上がるだけで、土や作物をおかしくすることはないようだ。

安く使えて、気楽にかけられる

この石灰散布、農薬散布に比べると、なんといっても値段が安い。大越さんが約二反のイチゴで年間に散布する苦土石灰の量は一〇袋ほど。一袋で六〇〇円くらいだから、年間でも六〇〇〇円足らずだ。

さらに、散布するときの気持ちも違う。農薬の場合はカッパを着て、マスクをかけて、気合を入れる。でも石灰は、気楽に、素手でもかけられる。それでいて病気にも絶大な効果がある。

いいと思ったこと何でもやってみる

イチゴをつくり続けて四〇年になる大越さん。これまでも「ランナー挿し」を始め「高温管理」「鎮圧栽培」など、イチゴの力を最大限に引き出す独自の技術を数多く編み出してきた。

数年前には二〇年かけて育種した新品種「京虹」も誕生させている。

いいと思ったことは、どんどんやってみる。農業技術の教科書に書いてなくても、人がやらないことでもとにかくやってみる。当然失敗することもあるのだが、そこから見えてきたことは、新しい発見につながっていく。

「『失敗は成功のもと』っていうでしょう。でも『成功は失敗ののち』というのが本当のような気がするな」と大越さんは話す。

大越さんの名刺には「いちご栽培実験農業」と大きく書かれていて、そんな思いが込められている。石灰による防除も、こうした実験を重ねて生まれてきたことの一つだ。

『現代農業』二〇〇七年六月号　苦土石灰ふりかけが、炭そも褐斑も葉カビも抑える

上澄み液は一度作れば4～5回使える

上澄み液の作り方・使い方のポイント

上澄み液の作り方は、200ℓのタンクに苦土石灰を20kg（1袋）入れ、そこに水をタンク一杯になるまで入れる。苦土石灰はなかなか水に溶けないので10分もすれば沈殿する。大越さんは一度上澄み液を使い切っても、沈殿した石灰を捨てるのはもったいないので、また水を入れ4～5回は使うという。経済的だ。

ただ、この上澄み液を使うとき、作物や時期によっては薬害が出ることもあるという。とくに農薬を頻繁にかけている場合、農薬は酸性で、石灰水は強アルカリ性だから、その急激な変化で薬害が出るのではないかと大越さんはみている。だから、最初は用心のため、この割合で作った上澄み液を、まずは倍くらいに薄めて、確かめながら使ってみるのがいい。ちなみに、粉で散布する場合は、大越さんのこれまでの経験からいうと、薬害や障害が出たことはまったくないそうだ。

粉をまく
＋
液を注ぐ

いもちの悩み　消石灰ふりかけで解消

北海道深川市　松田清隆

「彩《あや》」のいもち病をなんとかしたい

年間七〇t余りのわが「まつだの米」のほとんどのお客様は、食の安全に神経を使っています。生産者の私としては、極力農薬を使用しない考えで米づくりをしていますが、今までの一番の悩みがいもち病でした。

いもち病は、発生すると「ずり込み」で風下に向かってどんどん広がり、油断すると甚大な被害を受けます。

収穫間近に病気が広がっていくのを手も出せずに見つめるときの悔しさといったら……。収量は落ちる、品質は悪くなるで収穫した米が完売するまでも気が重い日々を過ごさなければなりません。

「いもち病の心配がなければ米づくりはどれだけラクか…」

そんな思いをしている方も少なくないと思います。

とくに低アミロース品種「彩」は、お客様に人気があるもののいもち病にはめちゃくちゃ弱く、毎年これに悩まされていたのです。

平成十八年の「彩」は、いもち病に侵され予定収穫量の約六〇％の出来でした。そこで『現代農業』を参考に、まず彩のみに消石灰を使ってみることにしました。消石灰にしたのは記事に載っていた苦土石灰より安いからです。

家族や近所の人からは、

「石灰なんて直接かけたら枯れないかい？」と心配されました。

でも「葉っぱの広いイチゴに直接ふりかけても枯れないのだから、イネは絶対大丈夫」という信念を持って散布しました。

いもちの広がりを抑えた！反当たりわずか五五・九円

昨年は雨の日も少なく空気も乾燥していもちの出にくい条件だったので、七月二十九日・八月二十一日・八月二十四日の三回、写真のように全面散布しました。

それでも二坪ほどスポット的にいもち病が発生しました。

そこで動力散布機に一・五mほどの噴管を取り付け、さらに消石灰を被害の出たイネ株めがけて全体が真っ白になるほど散布してみたところ、いもちはまったく広がりませんでした。もちろんイネが枯れることもありません。

全体の散布量は一〇a当たり一・二五kg、経費はわずか五五・九円。驚異的なことです。ちなみに一般的に使われているいもち専用殺菌剤だと、一回の散布で二〇〇〇円あまりかかります。

「彩」以外の品種には、「炭酸苦土石灰」二〇kgを三〇ℓの水に入れて約二四時間おいた上澄み液三〇〇倍を、八月十七日の害虫防除時（忌避効果を狙って焼肉のたれなどを使用）に混ぜて散布しました。

その効果かどうかはわかりませんが、いもち病には侵されませんでした。

「彩」に消石灰。背負い式の動力散布機に長さ60mの多孔ホースを取り付けて全面散布。またいもちの発生したところにはスポット散布。全体の散布量は10a当たり1.25kg

必ず風のないときに散布する

ただし油断は禁物なので、今年は葉いもち予防に昨年より少し早めの七月中旬から消石灰を散布する予定です。以後は天候にもよりますが、穂が出揃う七月下旬、ダメ押しに八月二十日以降にも二回散布するつもりです。

注意点は、粉状の消石灰は軽くて飛散するので、空気の重い早朝、または夕方に散布することです。無風状態での散布が絶対条件です。吸い込むと喉に強い刺激がありますので、マスク等で防護して散布したほうがいいようです。住宅の近くではとくに注意が必要です。

こんなに安価な消石灰でやっかいないもち病が抑えられるなんて爽快です。試してみませんか？

『現代農業』二〇〇八年六月号　イネ　イモチの悩み　消石灰ふりかけで解消

粉をまく
＋
液を注ぐ

ホタテの貝殻石灰でいもち防除に自信

青森県七戸町　兎内《うさぎない》　等《ひとし》

冷害地帯、農薬を減らすのは大変なこと

私は青森県で農業をしています。私の住む県南は冷害が多く、なかでも旧天間林は山の麓で豪雪地帯です。米には銘柄がなく、増量米として取り引きされていると聞きます。

六年前から米の有機肥料栽培に取り組んできましたが、青森の米の価格や評価そのものが低いうえに、有機栽培に変えてから収量がかなり減ったり、農薬を控えたため病気が発生したり、町のラジコンヘリによる農薬散布を避けられなかったりなど、失敗が多かったです。

六年前、以前から交流のあった有機肥料会社「(有)ふくじゅ」の松本社長に、ある農法を教えてもらいました。また、米の販売についても協力してもらい、農薬を極限まで減らして、しかも美味しいお米をつくる農法に取り組むことになりました。

筆者。手に持っているのがホタテの貝殻石灰「ラミカル」

真っ赤な穂葉いもちも有機石灰でピタリ

農薬がほとんど使えないので、代わりになる安全な有機資材が必要でした。その農法で使用する資材の一つに、ホタテの貝殻を焼いて微粉末にした有機石灰「ラミカル」があるのですが、それがいもち病に効果があるのです。

ホタテの貝殻を焼いて微粉末にした「ラミカル」。パウダー状のためフワッと広がりやすく、成分も溶けやすい（撮影はすべて松村昭宏）

葉いもち病が出たときは、ラミカルを一反当たり一袋（一五kg）の半分をミスト機でイネに直接散布しました。散布したところがうっすらと白くなるくらいが目安です。また、穂いもち病が出たときは、ラミカル一袋を三〇～五〇ℓの水か湯に溶かして一昼夜置いてから、上澄み液を三〇倍くらいに薄めて

貝殻石灰は、よく晴れた日の午後にふるのがいい。乾いた葉にまんべんなく広がり、夕方からの葉露に溶けて吸収される

田んぼの一部でこんなにひどいいもちが出ていても、兎内さんは涼しい顔。ラミカルをふれば、これ以上には広がらないからだ

動噴で散布しました。

両方とも、散布するといもち病がピタリと止まりました。真っ赤になってから、もうダメだろうと思って散布しても効いたときはビックリ。以前は、いもち病が出てしまえば、農薬で三～四回はかけないと治まらなかったからです。周囲の仲間にホタテの貝殻石灰だけでいもちが止まったと言っても、最初は信用できないと言われたほどです。

出てからでも止まりますが、もちろん早めに散布すれば予防効果になることもわかりました。現在は、ほんの少し葉いもちが出たと思ったときに散布しています。一度散布しておけば、それ以降はもう出ることがありません。カメムシの被害も、今までより少なくなりました。

防除経費一〇aで八〇〇円

防除経費はラミカル一袋が一六〇〇円なので、粉のまま半袋まいた場合で一反（一〇a）八〇〇円です。以前は反当たり六〇〇〇円くらいかかっていたので七分の一ほど。とても安くすむようになりました。

散布直後に雨が降った場合は散布し直さなければなりませんが、それは農薬でも同じことなので、経費と体への害と残留する農薬の害を考えると、ラミカルのほうが実に使いやすいです。

ホタテには抗菌力がある!?

どうして効くのか。科学的な根拠はわかりませんが、製造元の松本社長に聞くと、ホタテは貝類のなかで抗菌力が強い。また、ホタテは他の貝に比べ殻が非常に硬いので石灰成分も多いのだそうです。

現在取り組んでいる有機栽

培は、ある種特殊な栽培ですが、出来上がった「あきたこまち」は反当たり収量八俵で食味値は八七、タンパクは五・七％。味も香りも最高の出来でした。社長の勧めでたくさんの方に試食してもらい、皆さんに褒められたお米でした。

有機栽培の仲間も増え、これからはより付加価値の高い米生産をしたいと思っています。

カメムシ害や倒伏も減り 野菜の尻腐れ・立枯れ・青枯れにも効く

編集部

微粉末だから微量で効く

ラミカルでカメムシの被害も減ったり、イネが硬くなるのか、倒伏もなくなったと兎内さんはいう。

ふりかける量は反当たり約七・五kg。「ふった」と言われなければわからないくらい微々たる量。たったそれだけでいろいろな効果が出るのはなぜなのか、兎内さんにラミカルを勧めた「(有) ふくじゅ」の松本社長に聞いてみた。

「量をやればいいってもんじゃない。イネの身体全体にキレイにかかればいいんです」と松本さんは言う。そのためにラミカルは、広がりやすくて葉に付着しやすい微粉末にしてある。

イネには、夕方から翌朝にかけて葉露が上がってくる。葉に付着したラミカルの成分は、この葉露に溶け出し、イネに取り込まれる。

松本さんが考えるラミカルの効果的な成分は、ホタテの抗菌物質とカルシウム。これらが吸収されることにより、「すでにあるいもちは止まるし、それ以上イネに入れなくなる」という。ホタテの抗菌効果はもちろん、カルシウムによってイネの身体が物理的に硬くなったり、イネ自身の抵抗力が高まるからかもしれない。

水に溶かせば吸収力が高まり、効果がアップ

効果は成分がしっかり吸収されるほど高まる。だから「ひと手間を惜しまなければ、水に溶かして散布したほうがさらに確実に効く」と松本さんは言う。兎内さんは、穂いもちが出たときにはラミカル一袋を三〇～五〇ℓの水に溶かして一昼夜置き、上澄み液を三〇倍くらいに薄めてまいている。そのほうが「粉末ではかかりにくい穂首まで染み込むから」。しかし松本さんによると、葉いもちのときも同じやり方でやれば、イネにラミカルの成分がよく吸収されて効果がより高まるという。また風呂の残り湯を使って溶かすと、さらに吸収されやすくなるそうだ。

野菜の尻腐れ・立枯れ・青枯れにも効く

松本さんは、イネだけでなく果菜・葉菜・根菜など野菜全般でも貝殻石灰上澄み液の使用を勧める。葉面散布したりかん水に混ぜて使うと、トマトやピーマンの尻腐れが一晩で止まったり、立枯れや青枯れが出ても広がらないなどの効果があるという。

カルシウム欠乏で出る尻腐れにはやはりラミカルの上澄みを使うが、濃度は一〇〇〇倍くらいで十分という。カルシウムの量は少なくてもスッと吸収されるので、すぐに改善される。

ただし青枯れや立枯れは、根がやられて弱りつつあるので、ちょっと元気もつけたい。

左が兎内等さん、右が㈲ふくじゅの松本社長

そこで、ホタテの貝殻に着く微生物を発酵処理した「プラスパワー」という資材を勧める。ラミカルほど粒子は細かくないが、発酵させる過程で有機酸石灰ができるためかカルシウムの吸収は同じように速く、かつ豊富な微生物と若干のチッソ分を含むため作物を元気づけることもできるという。

普通は元肥的に使う資材だが、青枯れ・立枯れが出てしまってからは、上澄み液を作って葉面散布やかん水に使う。反当たり一五kgを約三〇ℓの水に入れ、金魚のブクブクで酸素を入れてやると微生物が活発に動き、カルシウムやチッソ等の成分に加えて微生物も多い液ができる。これを一〇〇〇倍くらいに薄めて使うと作物は元気を取り戻すという。その結果フザリウム菌さえも「根にとりつけない状況になる」と松本さんは言う。

症状が出てからまくのが基本

ただしいずれの場合も症状が出てからまくのが基本で、予防的には使わないのが松本さんの指導方針。病気を出したくない農家の気持ちもわかるが、出ないかもしれないのに資材を使うのは、お金も手間ももったいないからだ。

確かに予防的に使って作物に吸収させておいても効果はあり、病気にかかりにくくなる。そもそも元肥に貝殻石灰を入れておき、ちゃんと吸収できれば作物は健康に育って病気にもかかりにくいのだ。とはいってもうまく吸収されていなかったりして病気が出てくることは往々にしてある。そこを補って健康な状態に戻すのが、貝殻石灰のふりかけや葉面散布というわけだ。

ラミカル・プラスパワーのお問い合わせは、(株)エム・エー興業(TEL〇二二―三四五―八三三九)まで

図　貝殻石灰上澄み液の作り方

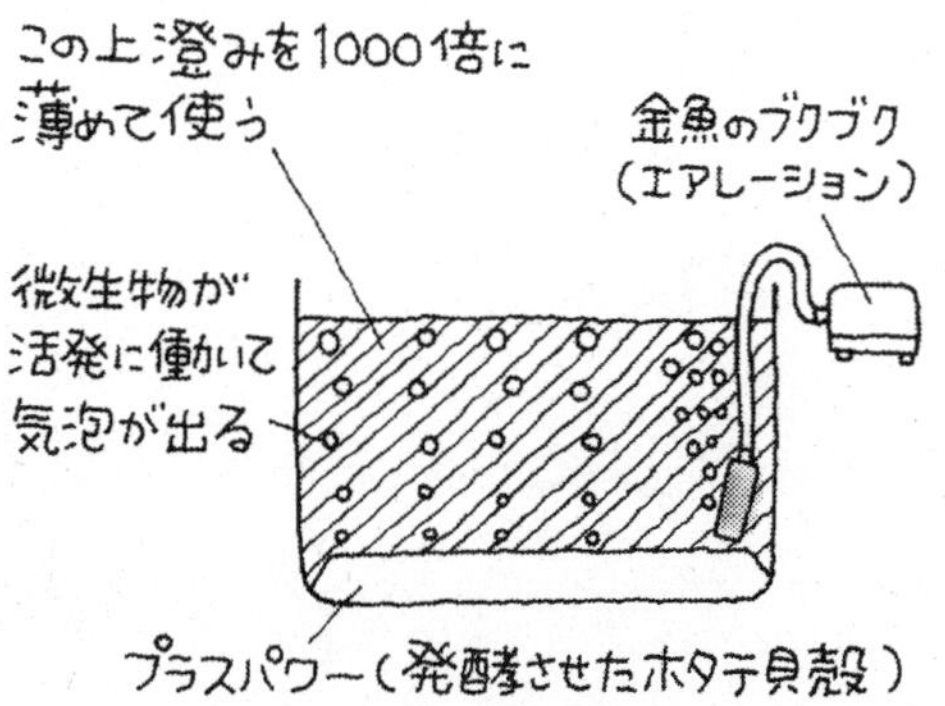
この上澄みを1000倍に
薄めて使う
金魚のブクブク
(エアレーション)
微生物が
活発に働いて
気泡が出る
プラスパワー(発酵させたホタテ貝殻)

プラスパワーと水を混ぜ、落ちついたところに金魚のブクブクを入れて一昼夜置く

『現代農業』二〇〇七年六月号　ホタテの貝殻石灰でイモチ防除に自信　二〇〇七年十月号　ホントにホタテの貝殻石灰だけでイモチが止まる

粉をまく＋液を注ぐ

裏技的な使い方 モグラを撃退、うどんこ病を退治

三重県松阪市　青木恒男

石灰に酸性肥料を出合わせない追肥法

チッソ肥料と石灰質肥料を近接散布すると、化学反応によってアンモニアガスが発生し、害を起こすことがあります。この反応を避けたり、また利用したりする私の施肥管理の一例を図で説明します。

「管理例1」はシンプルな一条植えの場合（果菜類やツル性のマメ類など）の施肥位置です。ウネ立て時にはカキ殻石灰など炭カル系の石灰質肥料だけをウネ芯に帯状に施し、作物の直根がこの層を貫通するような位置に定植します。

その後、カルシウム以外の肥料は作物の葉先の下あたりから、側根が伸びる先へ先へと追肥していきます。

これで石灰をごくわずかな量で効かせつつ、酸性肥料が接触するのを最大限防ぐことができます。

「消石灰＋チッソ」でモグラ撃退

「管理例2」は幅広のウネに密植タイプの作物を植える場合です。極早生ハクサイなど速効性のカルシウムを要求する作物や、畑周囲とハウスサイド際のウネなどには、あえて顆粒消石灰や生石灰など反応性のよい石灰をウネ裾に浅く帯状に施しておきます。

追肥はその位置からもっとも遠い条間や株間に行ないます。

ウネ裾の石灰はナメクジが嫌うらしく作物に近付かなくなりますし、モグラがウネに侵入したときにも、少し濃いめの尿素などチッソ液肥をモグラのトンネルと石灰層の交差部分に少量かん注すると、アンモニアガスがトンネルに一時的に充満するので、モグラが二度と近付かなくなります。モグラへのガス爆弾です。石灰を施用してない畑なら、ひとつまみの消石灰と尿素を混ぜ合わせて、トンネル内にパラパラまいてフタをしておくだけで

図　石灰肥料のやり方

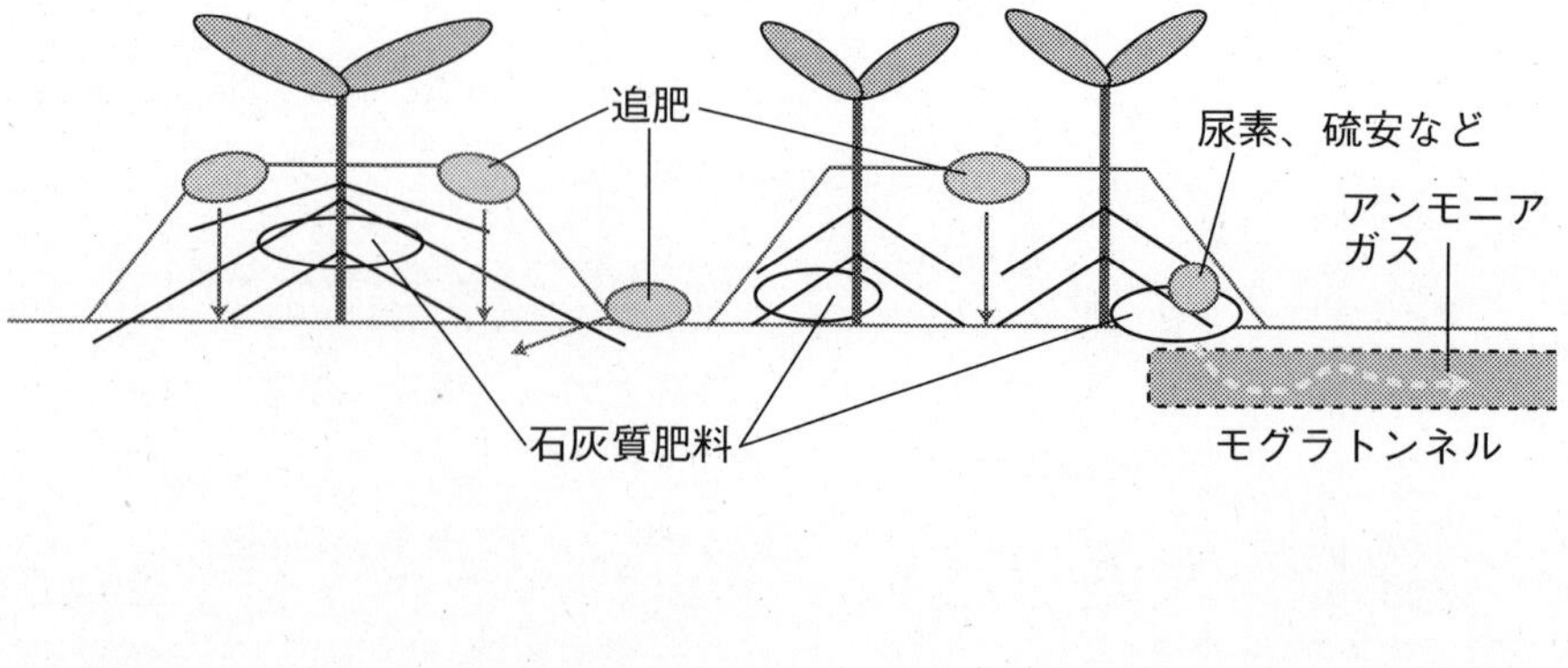

OKです。

過石の葉面散布でうどんこ病退治

過リン酸石灰は水溶性が高いのですが、実際に水に溶けるのは容量の約半分を占めるリン酸カルシウムだけで、溶解度は一〇〇ℓ当たり一kg（一〇〇倍）程度です。この飽和水溶液をさらに五倍程度に薄めれば薬害はありませんので、ジョロなどで葉っぱ上からジャブジャブかけます。

弱酸性なので、中性を好むうどんこ病菌に効きますし、イオン化したリン酸とカルシウムは、それぞれ肥料成分として効きます。

『現代農業』二〇〇九年十二月号　裏技的な使い方　除草、モグラ退治、ウドンコ病退治など

私の施肥についての考え
—自然の摂理に寄り添う形で

私の施肥についての考え方をお話しさせていただきます。

地球に生命が誕生したのは35億年前の原始の海の中といわれていますが、いまのように陸上に生物があふれるようになったのは4億～5億年前になってからです。それ以前の地上には有機物も豊かな土壌もなく、大気中に酸素もほとんど存在していませんでした。土壌中の無機物を栄養源にし、二酸化炭素と太陽光線から酸素と有機物を生産することができる植物が、長い長い時間をかけて海から上陸して初めて地球は緑に覆われるようになりました。

植物の後を追って海から上陸したわれわれ動物は、無機物をそのまま栄養源にはできませんし、酸素がないと呼吸もできませんから、植物が生産した有機物を食べ、植物が吐き出した酸素を呼吸することでなんとか生きています。植物は逆に、有機物に根を直接下ろして栄養源にする力はありませんから、動物や微生物が有機物を分解して生産した無機物と、その呼吸によって吐き出された二酸化炭素を栄養源にして生きています。

こうした何億年にもわたる持ちつ持たれつの食物連鎖と再生産の繰り返しの結果が現在の豊かな土と自然環境を作り上げてきたわけです。

農業は人類最古の産業であるといわれますが、それでもたかだか数百年、数千年の短い歴史。農業がこれまでどのように進歩し、これからどのような形をとろうと、この植物と動物、バクテリアや菌類を含めた根源的な共生関係や地球全体の自然環境を崩してまで成り立つとは思えません。

施肥という行為はあくまでも自然に育とうとする作物のお手伝いをしてあげて、あわよくばその土地からの余剰生産物をお礼としていただいてお金に換えてやろう、という虫のよい仕事です。どこまで人の技術が進歩しようと自然の摂理を無視して成り立つ商売ではないのですから、本で読んだ新しい農法を作物たちに教えてやろう、言うことを聞かせてやろう、と頑張ってみても、無理というものです。

自然や自分の畑の様子や作物の姿を観察し、そこから学んだこともとても大切な知識であり経営資源です。自分のやっているいま現在の農業に疑問を感じたときには、これら自然の営みの歴史から学び、それを教科書にすることも大切でしょう。

（青木恒男）

施肥

カルシウムが効けば病気はまず出ない
低pHの転換畑で石灰を効かせるワザ

三重県松阪市　青木恒男さん

編集部

カキ殻石灰をふりかけ追肥する青木さん。青木さんの使うカキ殻は県内産。流通経費がかからないのでわりと安い。カキ殻は高温で焼くと溶けやすくなるとよくいうが、このカキ殻は蒸してあるそうだ。タンパク質などの成分も残っていて栄養豊富。ハウスは不耕起で連続4 ～ 5作目。前作のインゲンの残渣があるネットに、そのままキュウリを這わせている（撮影　赤松富仁）

カキ殻ふりかけで病気なし

青木さんはカキ殻石灰をバッサバッサとキュウリやピーマンの葉の上と株元の両方にふりかけていく。

終わったら、土の上のみしっかりかん水（葉はそのままでもOK）。

これでカルシウムが効く。「カルシウムが効けば、病気はまず出ない」そうで、青木さん、建て一年半になる写真のハウスでは、いまだ殺菌剤をふったことがないという。

pH四・二のハウスだけど「つくれないものはないですよ」

石灰を「ちゃんと効かせる」のは大変だ。青木さんも、このやり方に行き着くまではいろいろ苦労を重ねたみたいだ。

何せ青木さんのハウスは田んぼからの転換畑で、pHが四・二〜四・五。これを石灰で毎作中和しようと思ったら、年間何トンと必要になってしまう。「野菜や花の適正pHは五・五〜六・五ですよ」などといくら言われても、ちょっと実現不能の数字なのだ。

じゃあそんな低pHのハウスでは作物は何も育たないのかというと、そんなことはない。何せ青木さんは、「一人経営、売り上げ一〇〇〇万円」の農家である。二〇aのこの低pHのハウスから、少量多品目でいったいいくら稼ぎ出すものやら……。その秘密の一つに、「石灰をちゃんと効かせられるようになったこと」があるのは、確実のようだ。

ふりかけ追肥で効かせる

青木さんの主力作物・ストックの場合、カルシウム要求量は十月末～十一月の発蕾期に最も高くなる。心腐れや病気などの障害が出やすくなるのもこの頃なので、なんとしてもこの時期に石灰を効かせたい。だが、作付け前の八月末に元肥で石灰をやっても、一～二か月後にはもうpHは五を切ってしまうのが現実なのだ。

「必要な時期に石灰を効かせるには、やはり追肥しかない」。さんざん病気や障害に悩まされたあげく、青木さんが追肥の研究を始めたのが五年前。葉面散布をやったり、消石灰をやったりもしたが、今は地元産の安い蒸製カキ殻に落ち着いている。マイルドな効きで、すぐ効いて後まで効く。葉の上にいくらかかっても絶対に障害が起きないし、ストックに必要不可欠なホウ素などの微量要素が入っているのも、気に入っているところだ。

消石灰や生石灰でも追肥は効くだろうが、シャープすぎて、その後にやった尿素などと反応し、アンモニアガスを出すことがあるので心配だ。

年内出荷のストックには、石灰欠乏の症状が現われかけたら一〇a五〇kgほど。元肥石灰を控えめにしてある晩生のストック（彼岸過ぎ出荷）のほうは、花芽を持った厳寒期に二回に分けて計一〇〇kg近くをふりかけることにしている。

春先からつくるトマトやキュウリ、ピーマンなどの果菜類には、月に一回ずつくらい一〇a三〇～四〇kgをふりかけてやる。石灰欠乏の症状が出やすいのは、二～三日雨が降った後にカッと照ったとき。雨のうちにそれを予測してまいておくと、うまく防げる。また、葉の表面にバサバサかかるようにまいたほうが効きはいいような感じがするし、うどんこ病などの「中性で出る病気」には明らかに効く。

層状元肥で効かせる

「石灰は追肥で効かせるのが一番」という青木さんだが、元肥にカキ殻を入れる作物もいくつかある。心腐れなどの出やすい（カルシウム要求量の高い）ストックとハクサイ、そして追肥するほど生育期間が長くないホウレンソウなどの葉物だ。

元肥に入れるといっても、不耕起・半不耕起が基本の青木さんの場合、全面全層にすき込むというわけにはいかない。

そこで編み出したのが層状元肥。これがまた、よく効く石灰のポイントのようなのだ。

次ページの図のように、不耕起層の上に三cmくらい層状にカキ殻を載せ、その上に作物が植わるくらいの二～三cmの土をかぶせてウネとし、定植。青木さんは野菜も花も「へ

図　石灰の層状元肥で、ホウレンソウがpH4の土でも育つ

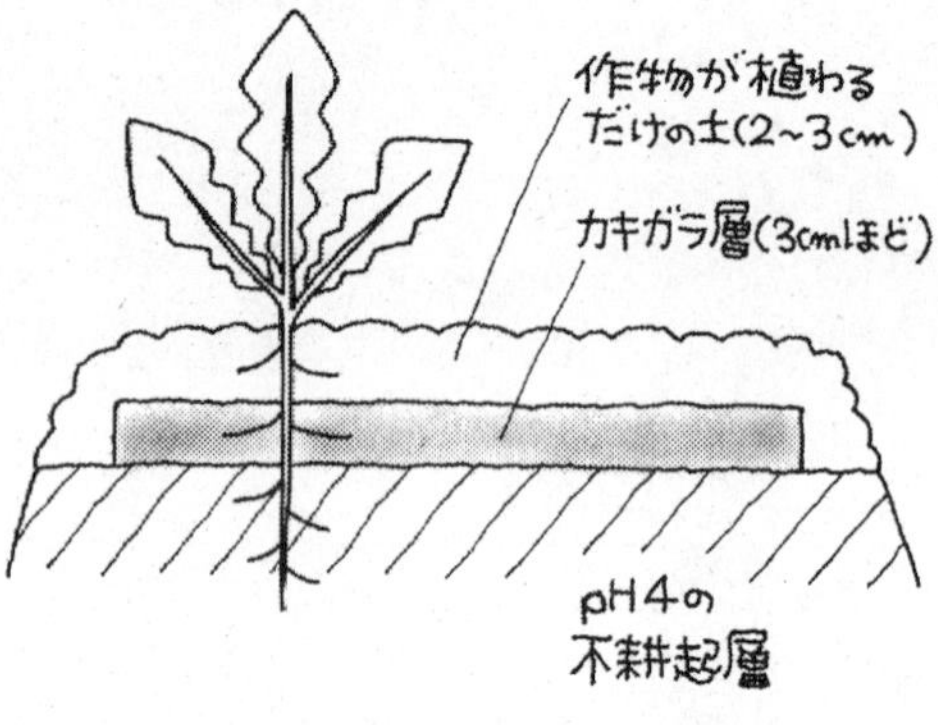

の字」で、他の元肥はいっさいなしの栽培なので、ウネ芯に入るものはカキ殻石灰のみだ。

　こうすると、なんとホウレンソウでも育つ。層状のカキ殻を突き抜けて、ホウレンソウの根はpH四の不耕起層にもズブズブ入って元気に育つ。「ホウレンソウはpHが七くらいの畑でないとできない」とまことしやかに言われるが、問題はpHなのではない。カルシウムさえちゃんと吸えれば、ホウレンソウは育つということだ。

　濃いカキ殻層で根は傷むことはないかな？とも思った青木さんは、試しにカキ殻一〇〇%のプランターでトウモロコシやピーマン、花苗をいくつか育ててみたことがあるが、障害はいっさい起きなかった。カキ殻集中層のなかでは、根は傷むどころか、石灰を一生懸命吸うことになるようだ。

ピーマン類の尻腐れなどは、葉が覆いかぶさっている辺りの果実には決して出ない。「石灰欠乏と日当たりの複合障害だと思います」（撮影　赤松富仁）

　石灰は土の中で不溶化しやすい。作土全体に混ぜてしまうと、せっかく溶け出しても作物に吸われる前にまたすぐ固まったり、逆に流れてしまったりすることが往々にあるという。他の塩基類と拮抗作用を起こすことも多い。カキ殻だけの層を作って根がそこを通るように仕組む層状元肥は、溶けた石灰を確実に作物に届けるための知恵でもあるようだ。

石灰欠乏の複合障害

「病気とか障害の一番の原因はカルシウム欠乏。そこにもう一つ何か条件が重なったとき、明らかに発症するようです」

　青木さんの観察によると、上の写真のようなピーマン類の焼けたような果実は、「石灰欠乏＋日当たり」の複合障害。葉がワサワサ繁っているようなところには出ないが、葉の密度が薄くて果実が露出しているところに多発している。「カキ殻まけば、次からの実には出なくなりますよ。なのに、この果実を指導機関とかに持っていくと、『うーん、これは疫病かな？　黒腐病かな？　クスリはこれにしましょうか……』ってなぐあいになるんです」。

　ストックの場合は、灰かびは「石灰欠乏＋気温激変」、菌核病は「石灰欠乏＋固形肥料の焼け害」の複合障害。原因がわかれば、農薬はいらなくなる。

『現代農業』二〇〇七年十月号　カルシウムが効けば病気はまず出ない　低いpHの転換畑で石灰をきかせるワザふたつ

施　肥

苦土と石灰で、トマトの葉かび、灰色かびが消えた！

和歌山県紀の川市　蓬臺《ほうだい》雅吾さん

編集部

マメハモグリバエの食痕は多いが、葉は厚くツヤがあって葉かびも見られなくなった、果形もよくなったと喜ぶ蓬臺さん。トマト（春と冬の2作）4反と水ナス1反の他、キュウリ、ホウレンソウ
（撮影はすべて赤松富仁）

苦土と石灰を効かせたらコロッと変わった

蓬臺雅吾さん（五九歳）は、堆肥の肥料成分を施肥量計算に入れるようにして、そこに足りない苦土と石灰を効かせるようにした。すると、それまで苦しめられていたトマトの葉かび病と灰色かび病が見事に減った。手入れは変わらないのに苦土と石灰でコロッと変わった。

平成十三年の春作から施肥改善に取り組んでいる。反収は冬作も入れて年間で一二tから一五tへと二割以上も増収したという。

その変わりようを見せていただいた。

ハモグリだらけの葉でも葉かびなし

蓬臺さんの冬作トマトは、パッと見ると、葉にマメハモグリバエの食痕がすごい。上のほうの葉にまで達している。でも蓬臺さんはたいして気にしていない。葉が元気だからだ。

「普通ここまで虫にやられると、葉が弱って、そこに葉かびが付いて下葉から枯れ上がっていきます。そしてそこへ灰色かびがつく。これが私のそれまでのパターンだったんです。ところが、今はこんな状態になっても葉かびがつかない。まったくといっていいほど葉かびが見られなくなったんです」

確かに目の前の葉には、葉かびらしき黄変症状は見当たらない。たまに葉表面の一部が黄変したものがあった。だが、裏返してみると、葉かびであればビロード状のかびが見えるはずだが、かびはない。ただ茶色く乾燥しているだけだ。葉かびが減って、枯れた葉がなくなったせいか、灰色かびも見当たらない。

連作障害!?　肥切れ!?

それまでの蓬臺さんのトマトは、「葉かびが上がっていくのと収穫が競争」の状態で、三段目をとる頃から下葉が黄変してきたという。有機栽培を目指す蓬臺さんは農薬をできるだけ使わないので、仕方なく葉かびのついた葉は発生次第かいていた。だが目の前のトマトは、下葉が青々としている。

蓬臺さんが「これまでだったら今頃こんな状態だったんです」と、葉をかいて見せてくれた。その葉の量を見て蓬臺さんが言う。

「今までこれだけの葉をムダにして、スタミナをそいでいたということですね。でも一四年連作してきていますから、連作障害だから葉かびで枯れ上がっても仕方ないと思ってたんです」

「しかもこのハウスの土はザル田なので、葉かびは肥切れが原因だと思って、チッソを増やしていたんです」

殺菌剤ゼロ、センチュウ害もなくなった

手を焼いていた葉かびと灰色かびが減った

おかげで、四〜五段収穫中の現在、農薬散布は殺菌剤ゼロ、殺虫剤も一回のみですんでいる。葉はまだまだ元気だし、七〜八段とったら収穫を打ち切って植え替える栽培なので、このまま農薬はかけずにすみそうだ。

散布した殺虫剤はオオタバコガ防除の「エスマルク」。蓬臺さんの地域では、ヨトウムシやオオタバコガなどの発生時期に、およそ八月二十日、九月十五日、十月十五日の三つの山があって、さすがに外からハウスに飛び込んでくる害虫には農薬を少し使う。コナジラミ類には「ラノーテープ」を使い、ヨトウムシ、タバコガ類には防虫ネットの他、黄色

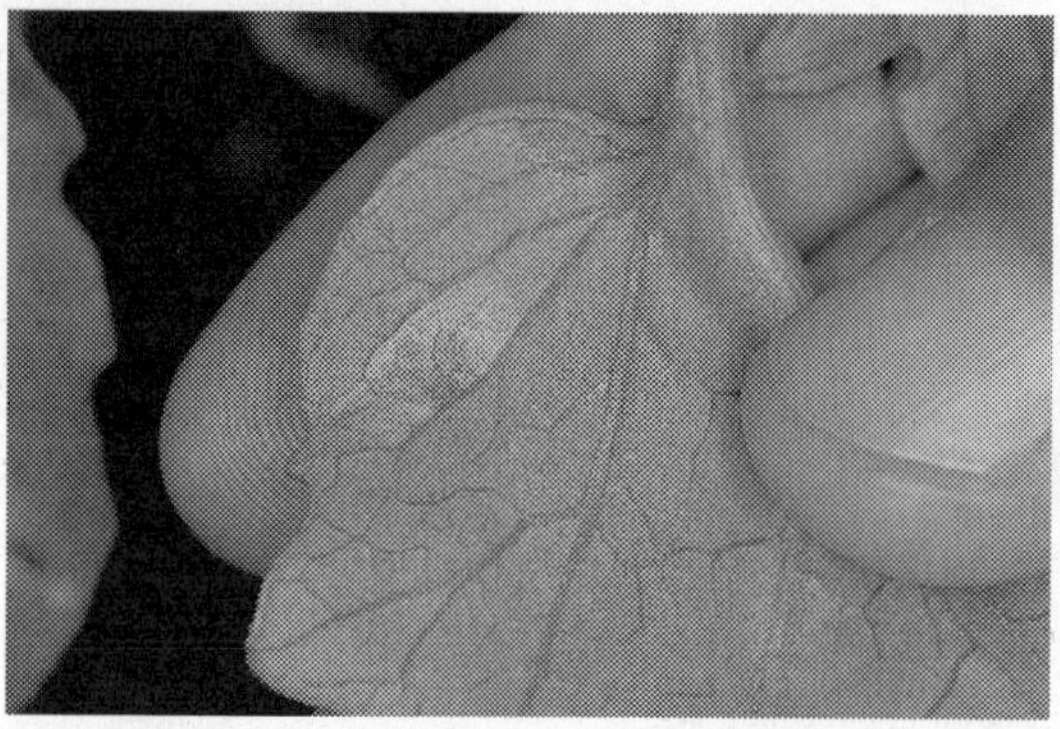

葉に葉かびらしき症状があったので裏返してみたがかびはなかった。葉かびであれば、葉表面の一部が黄変、裏返すとビロード状のかびが見える

4～5段収穫中の現在、「これまでだったら今頃こんな状態でした」と1株からかいた2段目から下の葉を並べてみた。今は青々としている。「今までこんなにムダにしていたとは！」

葉の長さ（葉柄から葉先まで）は30㎝くらいとコンパクト。マメハモグリバエの食痕がひどいが、葉は厚く、いたって元気だ

細めの茎が下から上まで同じ太さ。一番上の7段目も小玉にならない。苦土や石灰を含む肥効が最後まで切れていない証拠

蛍光灯も使っている。

施肥改善前と比べると、害虫の被害も多少は減ってきた気がするが、それが肥料と関係あるかどうかはわからない。

ただ、ネコブセンチュウの被害はなくなった。生に近い堆肥から完熟堆肥に替えたせいでセンチュウのエサとなる未熟有機物が減ったせいだろうか、ここ二作ほど出ていない。

後は多少問題になるとすれば、青枯病だけ。対策としてポリマルチをモミガラマルチに替えて地温上昇を抑えているせいか、少しずつ減ってきているが、一部にまだ出る。この青枯れさえなくなれば、病害虫の心配はほぼなくなりそうな勢いだ。

葉柄から葉先までが短い、顔が映るくらい葉にツヤ

蓬臺さんのトマトは、施肥改善後、葉全体がコンパクトで、ツヤと厚みが出てきた。

それまでは葉柄から葉先までが長く、下からかき上げるようにトマトを探したそうだが、今はその長さが三〇cmくらいと短い。葉先もダラーッとした形から光を受けるようにスプーン形になった。葉色も違う。それまではどす黒いような濃い葉色だったが、今では以前に比べると淡い葉色になったという。触ると葉肉に厚みがあり、ツヤもある。今作はマメハモグリバエの大発生でちょっと弱めだが、前作では「顔が映る」と人に言われるくらいツヤがあったという。

茎の太さも下から上まで同じになった。今までは最初にチッソが効いて、最後はスタミナ切れを起こしていたのだろう。下の茎は太く、上は細いのが普通だった。玉が角張ってきて空洞果が見え出すと水を控え、茎が細くなると水をくれたりしたことも原因だったようだ。だが、今のトマトは細めで下から上まで同じ太さだ。

リン酸が過剰、苦土、カリが不足

蓬臺さんの改善前と改善後の施肥は、次ページの図1のとおり。改善前は、土壌分析はせずに、生に近い堆肥を三t入れたうえに、元肥に配合肥料や骨粉、魚粉、蹄角、羊毛カスなどの有機質肥料を入れていた。その量も「六袋入れろと言われれば八袋入れると

図1 蓬臺さんの改善前と改善後の施肥（10a当たり）

改善前

バーク堆肥	3t
イナワラ堆肥	1t
苦土セルカ	100kg
Mリンスター	40kg
配合（6-8-6）	160kg
骨粉	60kg
硫加	15kg
FTE	4kg

⇐

改善後

完熟堆肥	1.5t
古代天然苦土	120kg
ハーモニーシェル	100kg
FTE（微量要素肥料）	6kg

※堆肥はkg当たりチッソ2.8、リン酸2.6、カリ2.3、石灰15.5、苦土0.9（すべてkg）のものを購入。

いうように、決められた量に一～二割増やして入れてた」と言うくらい多めだったようだ。

　平成十二年の秋に行なった土壌診断結果は次のようだった（同年夏に初めて施肥改善して一作栽培した後の分析値）。

　pH六・〇～六・四。リン酸七五～一八〇で過剰、石灰二〇〇～二五〇と基準範囲内で、苦土一一～一五で大幅に不足、カリ二〇～三〇で不足、塩基飽和度はおおむね一〇〇％近く、残留チッソも多かった（pH以外はmg／一〇〇gで、およそ反当たりkgに相当）。

　そこで、今までたまっているものを吸わせてしまおうと、試しにひとハウスを無肥料でつくってみた。すると、試験ハウスのトマトは、葉にツヤがあって葉かびが上がってこず、最後まで大きい玉がとれたので、翌年からぜんぶ施肥を替えてしまった。

　新たに加えたのは苦土と石灰。これについて蓬臺さんは「石灰は四大肥料だと思っていたが、苦土は微量要素肥料だというぐらいにしか考えていなかった」という。だが、施肥の成果が見え出した今では「苦土も石灰も、葉をつくり、光合成を助ける肥料じゃないか」と考えるようになった。

チッソをゆっくり効かせ、苦土で体をつくり、石灰で締める

　この施肥改善のアドバイスをしてくれたのは、小祝政明さん（ジャパンバイオファーム）。蓬臺さんの主な出荷先である有機農産物の流通団体「らでぃっしゅぼーや」の技術顧問をしている。

　施肥改善のねらいは二つ。一つは、完熟堆肥でチッソをつかまえて、ゆっくり放出してくれるようにすること。それまで使っていた堆肥はチッソの割合が高く、濃度障害で根が焼けたり、根腐れを起こしていたはずだった。そこで、炭素の割合が高い堆肥により、繁殖した微生物がチッソをつかまえてくれるようにした。

　もう一つは、その堆肥の肥料成分を施肥計算したうえで、苦土と石灰を効かせること。苦土は葉緑素の元となる成分で、光合成能力を高めて体づくりをしてくれる。石灰は細胞を締め、呼吸量を抑える成分で、できた体の身締まりをよくしてくれる。

　苦土は、「古代天然苦土」という、く溶性苦土五〇％となっているが限りなく水溶性に近く効きやすい資材を施用。当初は元肥に一二〇kgほど入れたが、今では少し減らし、代わりに追肥で「キーゼライト」という水溶性苦土二七％の資材を施用、苦土を早くかつ長く効かせた。

　石灰は、「ハーモニーシェル」というカキ殻を焼成したもので水溶性石灰五三％の資材を施用。石灰は土壌分析で基準範囲内だったが、腐れや病気が多いときには身締まりをよくしてくれる石灰を多めに施用して防ぐという考えから積極的に与えた。蓬臺さんがそれまで使っていた苦土セルカは、く溶性苦土が七％しかないので苦土の補給には間に合わないし、苦土を効かせようとすると大量の石灰

図2　施肥で病気を減らす考え方—ミネラルの働きと病気の関係

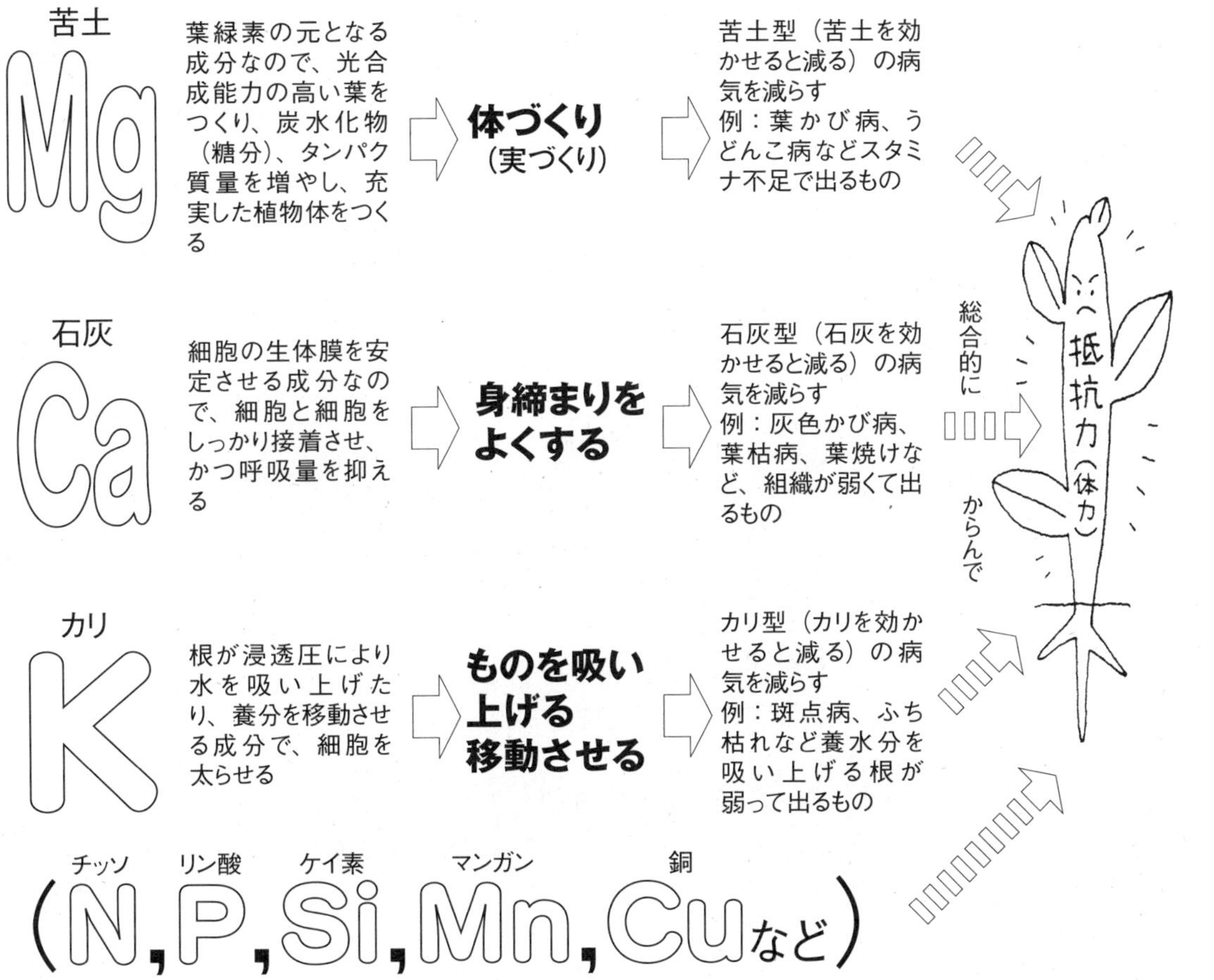
苦土
Mg
葉緑素の元となる成分なので、光合成能力の高い葉をつくり、炭水化物（糖分）、タンパク質量を増やし、充実した植物体をつくる
体づくり（実づくり）
苦土型（苦土を効かせると減る）の病気を減らす
例：葉かび病、うどんこ病などスタミナ不足で出るもの
石灰
Ca
細胞の生体膜を安定させる成分なので、細胞と細胞をしっかり接着させ、かつ呼吸量を抑える
身締まりをよくする
石灰型（石灰を効かせると減る）の病気を減らす
例：灰色かび病、葉枯病、葉焼けなど、組織が弱くて出るもの
カリ
K
根が浸透圧により水を吸い上げたり、養分を移動させる成分で、細胞を太らせる
ものを吸い上げる移動させる
カリ型（カリを効かせると減る）の病気を減らす
例：斑点病、ふち枯れなど養水分を吸い上げる根が弱って出るもの
（N《チッソ》,P《リン酸》,Si《ケイ素》,Mn《マンガン》,Cu《銅》など）
総合的に
からんで
抵抗力（体力）

※このうちカリはもっとも効きやすく、苦土と石灰は効きにくいという関係にある。よって苦土と石灰の効かせ方がポイントとなる。

が入ってしまうという理由からとりやめた。

　こうすると、チッソはゆっくり効き、苦土で充実した体がつくられ、石灰で体が締まることで作物の抵抗力がつく。病気に強くなる（図２）。

　つまり、かつての蓬臺さんのトマトは、肥料が多すぎて根が焼けたために、チッソは何とか吸えるが苦土や石灰などのミネラルが吸えなくなったか、もしくは必要量に足りなくて葉かびが大発生、そこへ死滅細胞に取り付く灰色かびが付いた。だから、根焼けを防いで苦土と石灰を十分に効かせたら、抵抗力がついて葉かびを寄せ付けなくなり、死滅した細胞もないので灰色かびもなくなった、ということではないだろうか。

　「このハウスはザル田だから、葉かびは肥切れが原因だと思ってた」と蓬臺さんが言うその肥切れとは、チッソではなく苦土や石灰だったのだろう。

　ちなみに肥料代は、もともとが高価な有機質肥料を多用していたせいか、改善後は改善前の半分以下。堆肥代も含めて一二万円ほどかかっていたのが、四万八〇〇〇円ほどですむようになった。

『現代農業』二〇〇三年一月号　苦土と石灰で、トマトの葉カビ、灰色カビが消えた！　施肥で病気を減らす

施肥

黄化葉巻病を「湿度・水・追肥」ではね返す

鹿児島県志布志市　野口実郎さん

山浦信次

写真1　湿度のあるところは黄化葉巻病に強い。雨が落ちる谷部は、すぐ近くに黄化葉巻病にひどくやられた株があるのに元気で、生長点がよく伸び、花房には花が多く付いている

写真2　黄化葉巻病にかかって萎縮した葉。縁が上向きにそり返るのはカルシウム欠乏の症状。黄化葉巻の症状は「水不足で石灰欠乏」が引き金!!

あきらめたトマトが一か月で復活

トマトの収穫が三段目に入った二月後半、タバココナジラミ（シルバーリーフコナジラミ）が増え始めた。すぐに、黄化葉巻病が広がって、葉が縮み、生長点が止まり、花が枯れ出した。コナジラミは三月にかけてマスクをしないと作業できないほどにわくので、もはやトマトを抜くしかないとあきらめた。ところが、そのトマトが、「湿度・水・追肥の改善」という意外な手を打ってから一か月、葉も花房も果実も元気になり、見事によみがえった。

鹿児島県志布志市の野口実郎さん（五七歳）のハウスだ。指導するのは、堆肥づくりと施肥設計コンサルタントの武田健氏（（株）ＡＭＬ農

萎縮が消え、葉も花も復活

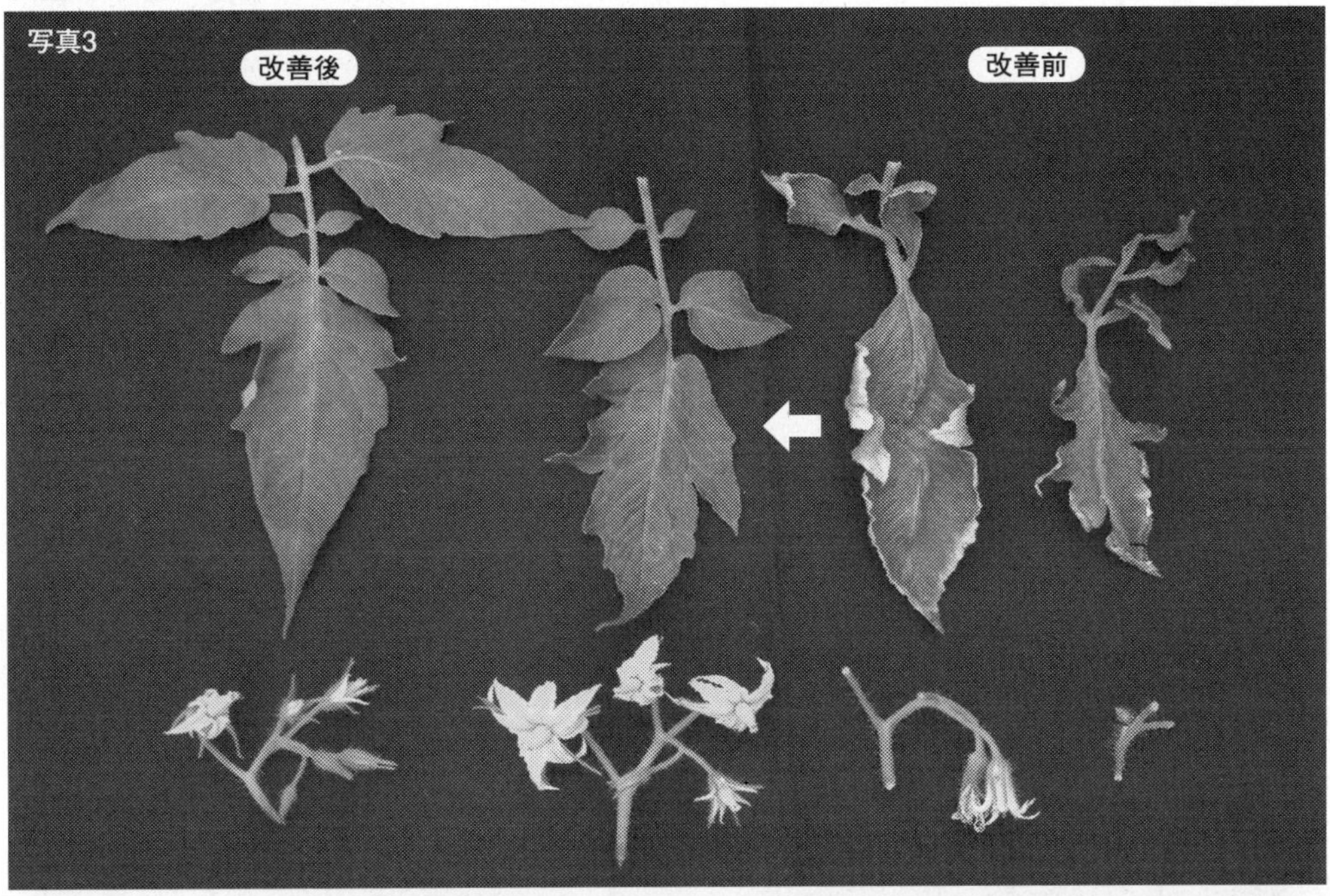

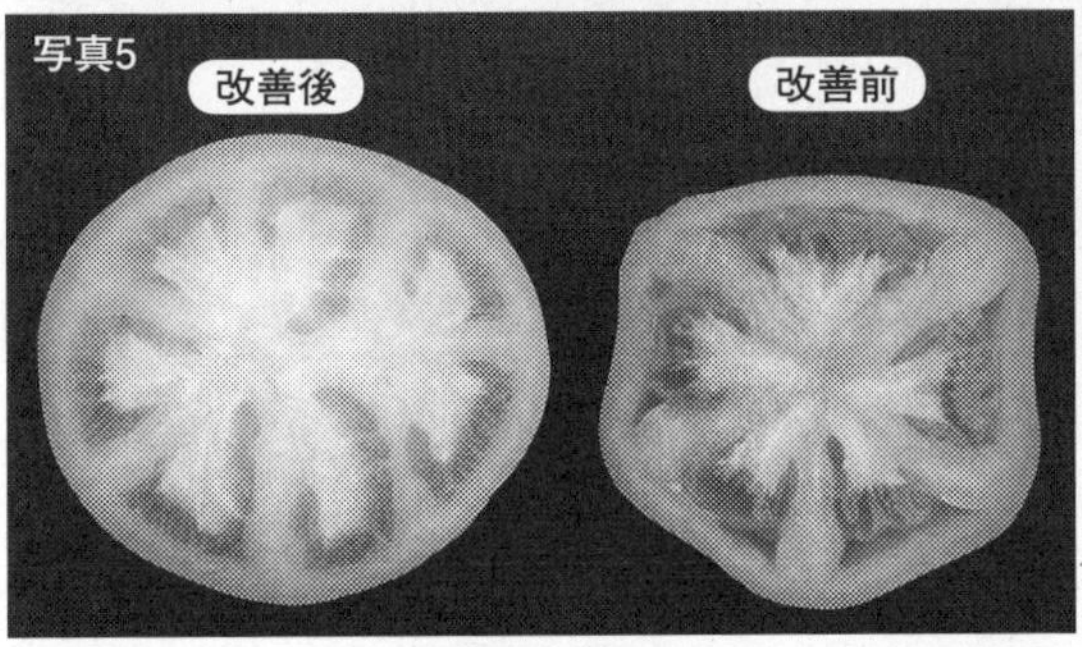

3枚とも、右は黄化葉巻病に負けていたときの節位のもので、左はその1か月後、新しく出た上段のもの（同じ株から採取）。葉と花房は形も大きさも正常な状態に戻り（写真3–左）、花房は着花が安定してきた。ガクが長く、緑鮮やかになってきた（写真4–左）。「果実の丈はガクの長さの3倍に伸びる」「石灰がガクを大きくする」と武田さん。
果実は、部屋が乱れて空洞があったもの（写真5–右）が、部屋数も多く種子とゼリーでよく満たされ、形よく肥大している（写真5–左）。萎縮が消え、葉も花も復活

業経営研究所所長）。

写真１は、四月初めまで何の改善策もとってこなかったハウスだが、こちらは黄化葉巻病が蔓延している。しかし撮影した日、コナジラミはいても、ワッと舞い上がらず葉の上でじっとしている。実はこの日は雨となり、湿度が八〇％以上。高湿度ではコナジラミは活動できないのだ。

写真の奥のほう、連棟の谷部の元気なトマトを見ていただきたい。雨が落ち、樹が茂るから日陰ができて、湿度もたまり土も乾きにくい。湿度のあるところは、コナジラミも寄り付かず黄化葉巻病にも強いのだ。

一方、写真２は武田氏が注目する黄化葉巻病の葉の状態。縁が上向きに反り、葉が小さくなるのは石灰（カルシウム）欠乏である。石灰欠乏が黄化葉巻病を助長しているのだ。しかし土の中に石灰がないのではなく、水不足と低湿度のため、石灰が吸収・利用できないのである。

「キュウリには水を充分やるがトマトにはやらない、水は品質を落とす

から」という常識があるが、野口さんもそのとおりに栽培してきた。それで火山灰のハウス土壌はカラカラだ。

黄化葉巻から立ち直らせたその手法とは？

ハウスの湿度は、春の晴れた日中は四〇％以下、時には二〇％という乾燥状態が続く。これを、一部のハウスで日中の湿度六〇％を目標に管理し、根の伸びと養分吸収がもっとも活発になる水分状態にするためにかん水量を増やし、堆肥マルチで土の水分を安定させた。

追肥は、土壌診断に基づいてチッソとともに「石灰の積極施肥」を行なった。黄化葉巻病が蔓延した二月末には、葉は萎縮し小型化して力がなくなっていたが、この改善策の後に出た葉は、写真3のように次第に元気を取り戻したのだ。

「ハウス内湿度六〇％」の管理の仕方

湿度管理は、先に述べたように日中の目標が六〇％（開花位置はこれより低い湿度とするのが手腕の発揮のしどころ）。春の時期だと、夜温は最低一五℃で管理され、湿度は明け方に一〇〇％近くまで上がる。そこで、朝いったん開けて湿度を下げる。これをしないと灰色かび病、下葉枯れなどが出る。すぐに三〇％台まで落ちてくるから、長く開放せず、自動換気で気温二五℃になったら換気するように設定する。これで午前中は六〇％前後が維持され、午後には五〇％を切るくらいになる。夕方には二〇℃くらいになって湿度が上がり、夜は一五℃で湿度がズーッと上がっていくというパターンだ。

このような湿度管理をしやすくするために、太陽光線の強い三月からは七〇％遮光の寒冷紗をかけること、通路のビニールマルチを外し土から湿気が上がるようにすること、などの手を打っている。

水分を安定・持続させる堆肥マルチ

水については、土の三相分布が、固相（粘土や砂や有機物）四〇％、液相（水）三〇％、気相（空気）三〇％であるのが水持ちと通気性のよい土である。

これを原則としつつ、武田さんは、根が集まり活発に養分吸収するのは気相率二四％であるとして、土をその状態にするよう、土壌診断に基づいてかん水量と堆肥施用量を決める。

野口さんの地域は火山灰土で、気相が多く乾きやすいのでかん水量は多くし、与えた水を長持ちさせたい。

そこで、この時期にもっとも根が伸びているウネ肩から通路にかけて、一〇a当たり二・八tの堆肥マルチをした。一株当たり一二〇〇gで、一条植えのため片側に六〇〇gずつ施用。

堆肥はＡＭＬ農業経営研究所製の保水性・通気性の改善に有効な完熟堆肥。堆肥マルチした土に、週一回のペースでたっぷりかん水。堆肥がスポンジ役をしてじわじわと土に水を供給して、理想的な土の状態を持続する。チッソ・石灰などの追肥は堆肥マルチの上に施して、元気な根が活発に吸収できるようにしている。

『現代農業』二〇〇六年六月号　黄化葉巻病を「湿度・水・追肥」ではね返す

施肥

味に効く 病気に効く 豚糞石灰「グリーンパワー」

岩手県住田《すみた》町から　編集部

豚糞石灰を生産するコツワルドジャパン住田種豚農場の鶴留一久さん（右）と、これを野菜に使う遠藤徳規さん

作物のカルシウム含量を増やす豚糞石灰

カルシウムがよく効く資材が豚糞でつくられる——。ここ住田町でそれが始まったのは、かれこれ二〇年も前のことになる。以来、養豚場の糞尿処理から生まれる石灰資材が、地元の米や野菜に使われてきた。

カルシウム（石灰）が効いている証拠ははっきりしている。できた野菜の成分に表われるからだ。

分析機関に調べてもらった結果を見ると（表1）、ものによって違いはあるが、日本食品標準成分表（五訂）の数値に比べてカルシウム含量が明らかに多い。とくに葉ものは顕著で、ハクサイやニラでは標準の五割増し。

調べる前には、「（標準成分表の数値より）カルシウムが多く出ることはまずありませんよ」と念を押していた分析機関の所長が、わざわざ結果を届けに来てくれたくらい、それは特別なことだったらしい。

水によく溶ける、作物によく吸われる石灰

資材そのものの分析を県内の業者に依頼したときは「この石灰は、やけによく水に溶けますね」と驚かれた。水に溶かしたときのpHは一二を超えるから、貝化石などの炭カル資材よりずっとよく溶ける。生石灰や消石灰並みだ。

豚糞尿の処理でできる豚糞石灰。もちろん、豚糞そのものに石灰がそんなに含まれているわけではない。

豚糞尿に生石灰を合わせたときに起こる反応が、水によく溶け、作物にも抜群によく吸われる石灰資材を作り出すというのだ。

豚糞尿と生石灰を混ぜるだけ

豚糞石灰を生産するのは、丸紅系の養豚会

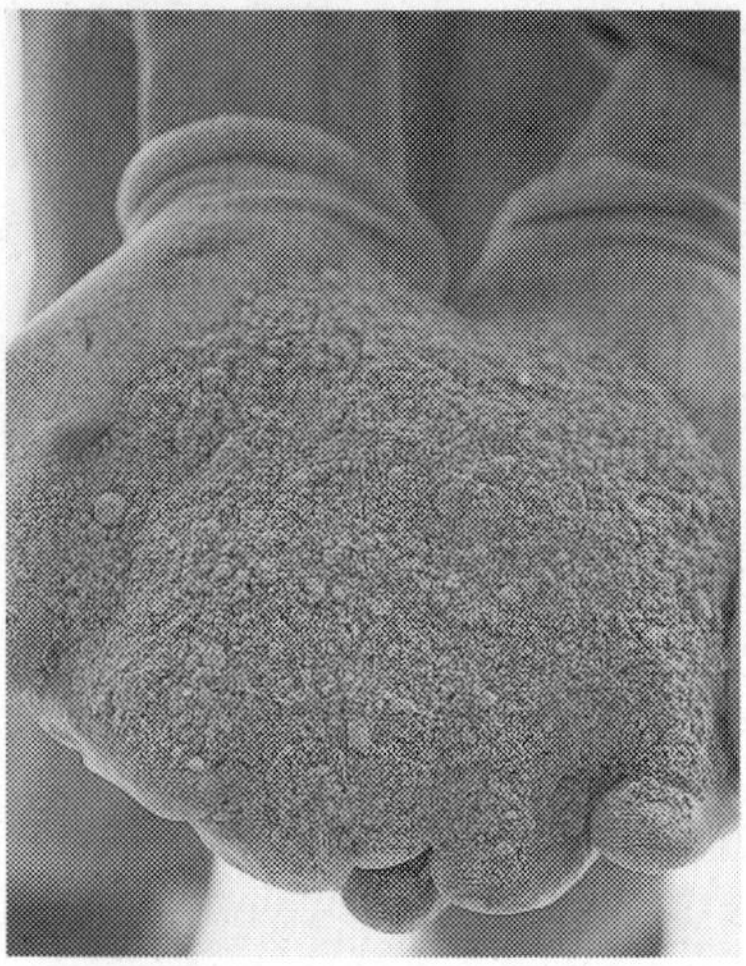

これが豚糞石灰「グリーンパワー」だ

表1　豚糞石灰施用で野菜のカルシウム含量が増える

	豚糞石灰施用 Ca(mg /100g)	対照区 Ca(mg /100g)	日本食品標準成分表(5訂) Ca(mg /100g)
ニラ	68.1	53.1	48.0
キャベツ	51.0	38.7	43.0
ハクサイ*	64.8	—	43.0
キュウリ	20.1	14.3	26.0
トマト	9.6	7.0	7.0
ダイコン	31.0	30.4	24.0
ジャガイモ	5.9	4.8	3.0

＊は茨城県での施用試験例

表2　グリーンパワー（豚糞石灰）の分析結果

項目	測定値*
水分 %	38.3
灰分 %	70.4 (43.4)
pH（水抽出）	12.40
EC（電気伝導度）mS/cm	7.60
全チッソ %	1.45 (0.89)
炭素 %	22.1 (13.6)
C/N比	15.2
アンモニア態チッソppm	96.7
リン酸（P_2O_5）%	2.37 (1.46)
カリ（K_2O）%	0.50 (0.31)
石灰（CaO）%	48.67 (30.0)
苦土（MgO）%	1.93 (1.19)
銅 ppm	105.3 (64.9)
亜鉛 ppm	275.2 (170)
発芽指数	88

＊水分以外の測定値（濃度）は乾物当たりの分析値。カッコ内が現物当たり。発芽指数は堆肥濾液で発芽した数÷水で発芽した数×100

社・コツワルドジャパン（株）の住田種豚農場。一九八八年に現在のプラントを導入した。

豚糞石灰の生産量は一日当たり約五tで、地元では「グリーンパワー」（旧称：グリーンマイティ）の名前で知られる。

町内向けには、フレコン単位の場合は一kg六円で、一五kg詰めの小袋は三〇〇円で売られている。

「施設を導入したときは、技術を提供してくれた会社側が、できた豚糞石灰を一t一万円で引き取る条件だったんですよ。だからこのプラントを入れたんです」

当初から現場の責任者を務めてきた同社の鶴留《つるどめ》一久さん（六一歳）によると、糞尿処理としてはそんな破格の条件で始まったらしい。逆にいえば技術提供した側は、農業資材としての豚糞石灰にそれだけ自信を持っていたということでもある。

だが、一日五tにもなる量はさすがにさばききれなかったようで、技術提供先との関係はやがて解消。コツワルドジャパンでは、地元住田町をはじめとした岩手県内の農家、東北各地の農協・肥料商などに独自に販路を開拓してきた。

大量の糞尿を処理するから施設がいるが、豚糞石灰の製造原理はきわめて簡単だ。豚舎から出た豚糞尿を生石灰と混ぜるだけ。種豚生産では水を多く使うため、豚舎から回収した豚糞尿の九割以上が水分だ。そこで生石灰を多めに、堆積で豚糞尿とほぼ同量混ぜる。

水を吸った生石灰は激しく発熱して、糞尿をブクブク沸騰させる。同時に、pHが上がるためにアンモニアが気化する。

そのため表2のように豚糞石灰のチッソの

豚糞尿と生石灰を混ぜるだけ　※少量ずつ混ぜて実験してもらった

容量で豚糞尿とほぼ同量の生石灰を混ぜる

混ぜているあいだも湯気が立つ

激しく発熱。水分が沸騰する勢いで生石灰が噴き上がった

含有量は少なめだ。乾物成分のほとんどは、石灰と豚糞尿に由来の炭素が占めている。

発熱で水分が飛ぶのと、混合後に乾燥ハウスに広げて風を送ることで、製品はわずか三〜七日で完成。出来上がった豚糞石灰にはアンモニア臭が残るが、見かけは薄茶色の土のようだ。

効果はまず米の食味に表われた

二〇年近く前、住田町内ではこの豚糞石灰がまずイネに使われた。一〇a当たり約三〇〇kg。石灰資材なら、ケイカルの代わりに使えばいいだろうという発想だった。

すると「一俵多くとれた」「(袋取りのコンバインの)袋が満杯になってチンと鳴るのが早い」「米粒が大きくてクズが出ない」「種モミにしようと塩水選をしたら、浮いてくるモミがなかった」と、登熟の良さを評価する声が続々聞かれるようになった。次は味についての評価で、豚糞石灰を使った「すみた清流米」は、広島県の米卸から生産量を上回る引き合いが来るほど人気が高まった。

一九九六年には、「すみた清流米生産者の会」代表者の米が、岩手県の良食味コンクールで県知事賞を受賞している。三年前、二〇〇六年に開催された「東京棚田フェスティバル」では、県内一関市で豚糞石灰を入れてつくった棚田（大東町の山吹棚田）のひとめぼれが、来場者四二人による食べ比べの結果、新潟のコシヒカリや長野の夢ごこちを上まわる高評価を得た。

おいしい米には、苦土やカルシウムが多く含まれるといわれる。豚糞石灰を使った米はカルシウム含量が増えているのだろうか。残念ながらそれを調べたデータはないが、冒頭の野菜の分析結果から想像するに、米で同じことが起きていても不思議ではない。

これは実際の乾燥ハウス。攪拌しながら風を送って乾燥させる生石灰を使った糞尿処理の方法は「生石灰処理」と呼ばれ、コツワルドジャパンに限らず全国にある。糞尿のほかに、リンゴの果樹の搾りかす・オカラ・海藻など、やはり水分の高い有機物を生石灰処理して販売している資材もある

有機態カルシウムが効く

では、作物によく吸われるカルシウムの正体は何なのだろうか。

生石灰に豚糞尿の水分が加われば消石灰ができる。消石灰も作物に吸われるのだろうが、鶴留さんはそれよりも有機態（有機酸）カルシウムの働きが大きいのではないかと見ている。

コツワルドの豚糞石灰を分析したものではないが、家畜糞尿と生石灰の混合物を分析したデータがある。これによれば混合物全体の約一割が酢酸カルシウムなどの有機態カルシウムとされている。生石灰が、糞尿中の有機物と反応してできるのだろう。

普通のカルシウム資材では、土壌中の炭酸イオンやリン酸イオンと結合して難溶性になりやすく、作物にも吸われにくくなってしまう。それに対して有機態カルシウムは、炭酸イオン・リン酸イオンと結合しにくいために、水に溶けやすく作物に吸収されやすい。また、豚糞石灰に含まれる腐植は、アンモニアやカリなどの陽イオンを吸着する。それによって、アンモニアやカリにカルシウムの吸収を邪魔させない効果もあるという。これらの働きによって、ニラやハクサイやトマトのカルシウム含量が増えたり、米がおいしくなったりするのではないかというのだ。

豚糞石灰を水に溶かせばpH一二の強アルカリ液だ。だが、堆肥と同じように発芽試験をしてみると発芽指数は八八％もある（表2）。石灰の一部が有機態であるために、pHだけでは評価できない機能が備わっているということだろうか。pHを測れば一二でも、そのなかには作物の根になじみやすいカルシウムが含まれているから、発芽には支障がないのだろうか。

ちなみに、「コンポテスター」という器具で腐熟度を見た結果では、豚糞石灰は、畑に施用してもほとんど酸素が消費されない「腐熟の進んだ堆肥」と評価されている。

pH七〜七・五で病気を減らす有機物を活かす

病害虫に滅法強い

「グリーンパワー（豚糞石灰）を入れるようになって変わったことは、樹が元気なこと、キュウリの味がいいこと。葉も丈夫なのか、うどんこ病や灰かびが出ても一回消毒すればピタッと止まるね。それに、つる割れのような土壌病害も出なくなった」

遠藤徳規《よしのり》さん（六二歳）が豚糞石灰を使うようになって一五年ほどになる。キュウリやトマトなどをつくるハウス二〇aとイネ二〇aの経営をする。現在は、豚糞石灰と豚

豚糞石灰を使うようになってキュウリの味がよくなった

遠藤さんのキュウリの葉。厚みがあって色が鮮やか

遠藤さんの施肥（10a当たり）

元肥：発酵豚糞（チッソ3％・リン酸5％・カリ1％）1t、バーク堆肥3t（原料の3 割は豚糞石灰）、豚糞石灰500kg、酸化マグネシウム（成分93％）30kg

追肥：発酵豚糞1t、ボカシ適量ボカシはナタネ油カスと米ヌカ、落ち葉、土を混ぜてつくったもの

◎ 豚糞石灰と発酵豚糞、バーク堆肥中心の施肥で肥料代は10a 3万円程度。農薬代も安いが肥料代も安い

糞堆肥、ボカシ肥などの有機肥料だけで野菜をつくる「土《ど》作《さく》の会」（会員一四人）の代表でもある。

遠藤さんが感じているのは、野菜の味をよくする効果に加えて、豚糞石灰が病気に強い作物をつくる効果だ。これは、苦土石灰をやっていたころにはなかった。そして、病気に強くなるのも、樹が元気になるのも、カルシウムが吸われているからだろうという。

四月下旬定植で九月いっぱいまでとる夏秋キュウリの反収は一〇t余り。収量は特別多いわけではないが、去年の防除は四回ですんだ。今年も七月初めの時点で、殺菌剤はうどんこ病の防除を二回やっただけ（一回はアブラムシの殺虫剤を混用）。病気にも害虫にも滅法強い。葉菜や根菜なら農薬はほとんど必要ない。

やっかいな土壌病害がピタッと止まった

もっとも鶴留さんによると、豚糞石灰が野菜の病気を減らす効果は使い始めのときほど劇的だそうだ。

「連作を続けてバタバタ枯れていたキュウリが、グリーンパワーを入れて一作目から枯れなくなるとか、ハクサイの根こぶ病が一本も出なくなるとか、次々そういう例が出てきました」

キュウリのつる割病、ホモプシス、トマトの青枯病、ハクサイの根こぶ病……。連作で出てくるやっかいな土壌病害が、豚糞石灰を一〇a当たり二tとか四tとか入れるとピタッと止まる。二年目からはもっと量を減らしていいそうだが、そういう事例を、この一五年ほどのあいだに鶴留さんは何度も見て

表3　「土作の会」農家の畑と一般の畑の土壌分析結果　（風乾土100g中）

	土色	土性	pH (H_2O)	EC dS/m	可給態リン酸 mg	CEC me	交換性石灰 mg	交換性苦土 mg	交換性カリ mg	硝酸態チッソ mg
遠藤徳規	黒	埴壌土	7.3	1.04	367	36.3	98.8	192	194	56.9
Aさん	黒	埴壌土	7.5		504	28.7	81.5	73	66	-
Bさん	黒	埴壌土	6.7		190	22.4	42.8	33	91	-
Cさん	黒	埴壌土	5.9	0.43	358	30.4	49.8	70	144	15.4

注）遠藤さんとAさんは「土作の会」メンバーで豚糞石灰を施用

カルシウムの効いた野菜は実がギュッと詰まるが、硬くなるわけではない。キュウリは、接ぎ木苗でも弾力性があって軟らかい

きた。一時は、七月に車で走っていて、枯れ上がったキュウリを見つけるたびに飛び込みで営業したこともある。それくらい効果には自信があった。

豚糞石灰で病気が減った例は県外の取引先にもある。青森県で六〇ha以上ダイコンをつくる農家は、コツワルドの豚糞石灰を毎年三〇〇t買う。施用量は一〇a五〇〇kg。ここでは化成肥料と組み合わせて使うが、豚糞石灰を使うようになってから、困っていた夏の軟腐病が減った。生理障害も出ない。連作がきくようになった。これもカルシウムのおかげか、収穫してからの日持ちもよくなったそうで、鶴留さんは「農薬代がだいぶ浮いた」と喜ばれた。

pH七・五で「悪いことは何もない」

ところで、気になるのは畑の土のpHだ。pH一二の豚糞石灰を毎年入れ続けてpHが高くなりすぎる心配はないのだろうか。pHが高いと微量要素不足が出やすいといわれる。

「pHは高いときで七・五。八まで上がったことはないな（笑）。ここは川の水だって七・五あるんだよ。川の水を始終かけてると思えば、たいしたことはない」と遠藤さん。遠藤さんの豚糞石灰の施用量は、このところは年に一〇a一・五tほどだ。

実は住田町内でも、土のpHが上がるのを心配して豚糞石灰を使わない農家は少なくない。現在、コツワルドで生産される豚糞石灰のうち、地元で使われるのは二割程度だという。野菜や米の味はよくなるし、病気にも強い。言うことはなさそうな豚糞石灰が、土作の会とすみた清流米のグループ以外には、自家用野菜をつくる人にしか広がっていない。その理由が、pHが七を超えるのが怖いからだろうというのだ。

遠藤さんたちの土壌分析の結果（表3）を見れば、確かに石灰の量は多い。当初、年に一〇a四tずつ豚糞石灰を入れたAさんの場合は、石灰が二〇〇〇mgもたまっていた時期もあった。その後、年に二t、一t、そして現在は四〇〇~五〇〇kgと減らして、石灰の土壌分析値は八一五mg。ただしpHはずっと七・五くらいだった。遠藤さんがいうように、八に近づくほど上がるわけではない。

少し早いが遠藤さんにジャガイモを掘ってもらった。pHが高めでもそうか病は出ない。ジャガイモ・ダイコン・タマネギなどは、石灰が効くと火の通りが早くなる

一五年使い続けてきた遠藤さんは「悪いことは何もない。（だから）グリーンパワーを使うのはやめられない」と論理明快だ。

放線菌や納豆菌がよく働く

それに鶴留さんによると、pHが高くなるのは悪いことばかりでもない。

「当初、なぜ病気が減るのかと考えていたとき、うちの獣医がヒントをくれたんです。菌の世界では、pHが一ポイント上がれば活動できなくなる。その一方で、高くなったpHを好む別の菌が繁殖する。それで病原菌が抑えられるんではないか、というんですね」

たしかにキュウリのつる割病やハクサイの根こぶ病を起こす糸状菌は、pHを上げると出にくくなるといわれる。ただ、豚糞石灰を入れた畑では、ジャガイモのそうか病も出なくなるという。ジャガイモのそうか病は、pHが高いほうが出やすいといわれる病気だ。

「カルシウムが病気に強い体質をつくったり、病原菌を抑える放線菌を殖やす効果もあるんでしょうかね」と鶴留さん。豚糞石灰が病気を減らすのは、カルシウムが吸われる効果とpHを高める効果、病気を抑える微生物を殖やす効果、それら三つの効果がかかわっているということだろうか。

また、pHが上がると、放線菌のほかに納豆菌や枯草菌も殖えやすくなる。有機物を分解する力が強く、増殖すると発酵温度を上げる菌だ。

実際、コツワルドでは、地元の製材所から出るバークと豚糞石灰でバーク堆肥もつくっているが、材料を混ぜて翌日には八〇℃近く温度が上がる。豚糞石灰そのものは、生石灰と水の化学反応をきっかけにできるが、できた豚糞石灰は、納豆菌・枯草菌、そして放線菌を増殖させる力が大きいのだ。pHを上げるだけならただの石灰でもいいだろう。だが、豚糞石灰には、豚糞由来の菌のエサになる有機物も付いている。

「土作の会の人たちは『化学肥料をやってないのに（チッソが）効く』っていうんです。これも、畑で納豆菌・枯草菌などの分解菌が働いて、グリーンパワーと一緒に入れた堆肥の分解が早まるからではないか」と鶴留さんは考えている。遠藤さんは、豚糞石灰と堆肥でつくるようになって、土が軟らかくなったという実感もある。豚糞石灰は堆肥栽培と相性がいいようだ。

有機物を分解する納豆菌や枯草菌がいちばんよく働くpHは八前後という。作物にはもっと低いほうがいいというなら、あいだをとってpH七〜七・五。これが、地域の有機物を活かすこれからの栽培法の最適pHではないかというのが、鶴留さんや遠藤さんの結論だ。

『現代農業』二〇〇九年十月号　味に効く　病気に効く　豚糞石灰「グリーンパワー」

石灰＋木酢液

石灰の後にトンデモナイ木酢液

前橋市　関根良穂さん　編集部

生石灰水溶液でトマト青枯病はほぼ止まる

関根さんは、コナジラミやアブラムシがいなくなるうえにナスの実もホルモン剤なしで着果するという「トンデモナイ木酢液」と一緒に石灰を大事にする。

「トマトに青枯れが出た」という農家には生石灰を使うようアドバイスしている。やり方は生石灰の水溶液をトマトの株元に流し込むだけ。トマトの収穫が七段ぐらいまでなら、たいていの株は回復するという。

五〇〇ℓの水に生石灰一〇kg

水溶液の作り方は以下のとおり。五〇〇ℓタンクいっぱいの水に生石灰一〇kgを入れる（被害の株が少ないときは一升ビンに生石灰ひとつかみ（三〇～五〇g）でよい）。このとき、生石灰が水と反応して発熱し、激しく蒸気を吹くので注意する。よーく熱を冷ましてからトマトの株元にその水溶液を流す。タンクの下に石灰が沈むのでよくかき混ぜてから流すのがポイント。被害がウネ全体に広がっているようなときはかん水チューブを使うが、枯れの程度がわずかなときは牛乳ビンで一株ずつ株元に流し込む。量は一株につき牛乳ビン一本分くらいでよい。このとき必ずその両隣の株にも流しておくのも被害をくい止めるコツだ。

石灰が静菌に働く!?

トマトの青枯病は土壌のpHが高いと発生するといわれている。だとすれば、生石灰を使うと青枯れをさらに広げてしまうのではないかとも思える。関根さんのやり方で青枯れは回復している。関根さんは、石灰が青枯病の菌の活動を抑え、菌の数を少なくしているのではないかと見る。石灰の作用のうちpHだけを見ていたのでは、病害抑制の原因は見えてこないのかも。

消石灰ではこの効果が弱いようだという。関根さんはかつて、生石灰と同時に消石灰もすすめていたことがあったが、消石灰では効いても回復するところまでいかない場合が多かったそうだ。

石灰が作物に吸われると発生しない!?

関根さんの付き合う農家の畑は土壌診断で石灰が十分すぎるほどあり、これ以上入れる必要はないといわれるところがほとんど。それでも関根さんは生石灰をすすめる。

「石灰は土に十分あっても作物には吸われていないようです。吸われないから土に残っているんです。土に十分あるからということで石灰を入れない農家は青枯れにやられてますね」

関根さんは、生石灰で青枯れを回復させた後に必ず、自身が開発したトンデモナイ木酢液（商品名プレミアムセーバー）をかけるようにアドバイスしている。その木酢液には、魚、マリーゴールド、ハブソウ、ハトムギ、ヨモギ、ニンニク、トウガラシ、ドクダミとキトサンなどが入っている。複雑な成分によって病害虫を寄せ付けないばかりか、新しい芽を吹かせるのだという。

生石灰で青枯れをくい止め、さらにこの木酢液で植物体の栄養状態をよくして、作物を健全な生育に持ち込もうという考えだ。

『現代農業』二〇〇七年六月号　すでにやっていた石灰防除

常識破り
石灰施用

石灰追肥で治る リンドウの灰色かび病

福島県旧舘岩村　星久光さん　編集部

星久光さん（撮影　倉持正実、以下も）

一二〜一三回の防除が三〜四回に

花農家の星久光さんは、石灰を「作物を病気に強くする基本資材」として使っている。

リンドウは弱酸性の五・〇〜五・五が適正pHだといわれ、本来は石灰施用が極力控えられてきた作物だ。しかしそうやってつくられたリンドウは、葉が全体的に垂れ気味で、下葉から病気が上がったりしていることが多いのが現状だ。

一方、石灰をビシビシと効かせた星さんのリンドウは、葉がV字形にキリッと立ち、ほれぼれする姿。おかげで現在、普通は一二〜一三回の防除回数のところ、せいぜい三〜四回ですんでしまっているという。

石灰の植物組織復元力

たとえば、灰色かび病。あるとき、灰色かびにやられた株の周りのpHを測ると、三・五と低かった。これは石灰欠乏かもしれないと石灰をまいたところ、治ってしまった。

星さんによれば、灰色かびは石灰欠乏で葉先が枯れたところに入る。だから葉先枯れがちょっと見えたな、葉がツヤを失いザラッとしてきたなと思ったときに石灰をまけば十分治る。石灰の植物体組織復元力はたいしたものだという。

pHの低い硫酸石灰を追肥

そんな星さんのやり方は、五〜六年に一回、植え付け時の元肥に一〇a八〇kgの硫酸石灰（石膏《こう》）をふる。硫酸石灰のpHは五・五以下。これなら畑をアルカリ化させることもない。星さんが使う硫酸石灰は、ミネラックス、カルゲンなど。過リン酸石灰も硫酸石灰を含む肥料だ。

そして、生育中に葉先枯れが見えたら、追肥で硫酸石灰を四株に対し二〇cc程度を株間に穴肥として入れる。石灰は追肥でこの一回さえやれば十分。作型一年を通じて葉は元気を保つ。いくら石灰作物だといってもリンドウは石灰をバカ食いする作物ではない。毎年元肥として入れるとさすがに石灰過剰になるという。

また最近では、石灰を入れても灰色かびが止まらないようなときに硫酸苦土（硫酸マグネシウム）を追肥することもある。苦土を入れることで、石灰をはじめ、リン酸やカリなどがつられて吸われるようだという。

『現代農業』二〇〇七年六月号　すでにやっていた石灰防除

常識破り
石灰施用

星さん、ありがとう　カルシウム効果でリンドウ激変！

山形県鮭川村　佐藤　弘

筆者と妻の久美子。リンドウは7月から出荷の早生品種

胸に刺さった家内の一言

平成三年から本格的にリンドウ栽培に取り組んできたものの、出来のよい花が育たないのが悩みでした。家内の実家で農業を始めて今年でちょうど三〇年。花組合の仲間に助けられながらリンドウを始めましたが、数年前までは、病気も出るし、草丈が短く茎が細く、葉色も花色も見劣りのするものしかつくれなかったのです。

リンドウ栽培を始めたのは遅くても、花組合の五人のなかでは自分が最年長です。それなのにリンドウそのものの生態も理解できず、「花農家でございます」とのほほんとしていてよいのだろうか。

四六時中栽培をサポートしてくれている家内が、「せめて結束機で結束して茎が折れない花をつくれないの」と、グチか本音を漏らした一言をよく覚えています。出来の悪いリンドウに、内心忸怩《じくじ》たる思いを常々抱えてきた私ですから、胸に突き刺さる一言でした。

星さんに教わった「リンドウにもカルシウム」

それから次第に教材を集め、他産地への研修、仲間との語らいなど、勉強の機会を増やしていったのでした。主たる教本は『現代農業』はじめ農文協の書籍です。そのなかで絶えず気になるようになっていたのが、福島の花農家・星久光さんの存在でした。

星さんが重視していたのは石灰（カルシウム）の施肥です。たとえば、私の手元にはこんなメモがあります。

・カラーのカルシウム追肥による病気発生の低減（一九九九年一月号）

・カスミソウ　カルシウムは根全体から吸

うのでなく、その先端から（二〇〇〇年八月号）

・リンドウの灰かびは、石灰欠乏によるもの。pHを上げずに水溶性の石灰の追肥で防げる（二〇〇三年十月号）

いずれも忘れることのできない記事です。これらの記述はすべて、カルシウムが十分に取り込まれたなら、病気に強い品質になることを教えたものでした。

手前は早生品種。奥は8 ～ 10月に出荷。以前は茎が細く草丈が小さかったので、もっとスカスカの畑だった。花組合の畑は山を開墾してつくった粘土質土壌でpHは4.8 ～ 5.2ともともと低い

リンドウは、弱酸性の五・〇～五・五のpHを好むと教えられている作物です。しかし星さんの記事には、リンドウであっても「カルシウムを切らしちゃいけない。絶えずリンドウの顔色を見ながらカルシウムを追肥してほしい」とあったのです。

リンドウの「顔」を見ていなかった

振り返るに私の元肥・追肥は、カルシウムもチッソもほかの成分も、必要と指導される量を闇雲に入れるだけで、その時々にリンドウが本当に必要としているかどうかを考えた施肥ではありませんでした。

カルシウムについては、新しく苗を定植する前には土壌改良材として石灰を入れてはいました。でも、カルシウムを入れるのはこのときだけ。切り花を収穫する翌年からはいっさい入れていません。まして、リンドウにカルシウムの追肥が必要だなんて考えもしませんでした。

約一ha栽培するわが家のリンドウの栽培ベッドに、等しく、同時期に、同量の施肥をするようなやり方ではなく、早生から晩生品種まで五か月の生育差を頭に入れたうえで、それぞれの草丈・葉色を見ながら管理すべき――。そう星さんに教わったと思っています。

元肥のカルシウム倍増で草丈が伸びた

まず、草丈を伸ばすにはどうしたらいいか。そう思い立ったのが、私の施肥方法の転換の原点でした。私は、新たに苗を定植するときの元肥の構成から変えてみようと考えました。

私たちの地域の畑は、土壌pHが平均四・八～五・二と低いのが特徴です。そこでまず、カルシウムの施肥量を倍増させて様子を見ることにしました。価格が安くて、そこそこ土壌を改良してくれそうな石灰資材として、カルシウムのほかにマグネシウムも入っている苦土石灰を多用することにしました。

八五ページに示したのが現在の元肥です。カルシウムは、MリンPKのなかに硫酸カルシウムとしても入っています。定植して一年目、養成中の株の施肥はこれだけですが、かつてのカルシウムの施用量と比べるとだいたい二倍になっていると思います。リンドウの生育は、この元肥だけでもかなり変わりました。以前だと、春に定植した苗の七月上旬頃の草丈は二〇～二五cmくらいのものでした。それがほぼ倍増、五〇cmくらいになるほど伸びるのです。

葉が厚く、花色も鮮やか

茎が太く、葉がよく立つようになった

下葉に見えるのは葉枯れ。雨が多いと以前は上まで広がったのだが、今年は止まっている

苦土石灰＋木酢でカルシウムが効きやすく!?

二年目以降の収穫が始まる畑のベッドへは、春先にまず、化成肥料（ロング）を株内に三〇～四〇gずつ置き肥。次に苦土石灰一〇a四〇kgを、圃場全体にバラまき散布します。苦土石灰の粒はマルチの上や通路にも落ちますが気にしません。その直後に木酢液を三〇〇倍で一〇a当たり五〇〇ℓ、株元にかん注しています。

木酢液を使うようになったのも星さんの影響です。以前は防除効果をねらって葉面散布していました。しかし、これだと花に木酢のにおいが残ることがあったので、株元かん注に変えました。

木酢には、バラまきした苦土石灰を溶かしてくれること、リンドウに吸われやすい形のカルシウムに変えてくれることも期待しています。『現代農業』で知った木酢による「カニばさみ」効果（有機酸のキレート効果）です。本当は、あらかじめ苦土石灰を木酢に溶かしてからまくのがいいのでしょうが、その手間がありません。

かん注した木酢液は、マルチの上に落ちた苦土石灰も溶かしながら株元に流れ込みます。もちろん通路にも流れますが、それはそれでかまいません。一方、通路に落ちた苦土石灰はその後の雨で少しずつ溶けながらリンドウに吸われていく。そんなこともねらって、別々にまくことを考えました。

また、木酢の酸でpHの上昇を抑えながら、土中の有効菌を殖やしたいとの思いもあります。はたして木酢液がどれほどの効果を発揮しているかは定かではありませんが、木酢液がかかった苦土石灰の粒が溶けやすくなるのは確かです。少なくとも虫の寄り付きは減っています。

草丈が伸びる、茎が太い、消毒も減った

その後、二回の追肥（八五ページ参照）でも、苦土石灰は二〇kgずつバラまき散布します。トーシンCaという液体資材にもカルシウムは入っていますが、施用量はたいしたことはありません。苦土石灰のカルシウムでは足

りないときはこれで補えるだろうという保険代わりです。

こうしてカルシウムを切らさないことを心がけたリンドウの姿は、劇的に変わりました。この三～四年のことです。元肥だけでも草丈に変化がありましたが、花を切るようになってからはいっそう顕著で、草丈がよく伸びて茎が太い。葉色が濃く、葉が厚い。花色も鮮やか。かつて家内が不満を漏らしたような、結束のときに茎がポキポキ折れるリンドウではなくなりました。

カルシウムが病気に効くというのも確かで、葉枯れや葉先枯れが減りました。立枯れは滅多にありません。かつては一〇日に一回やっていた消毒が、一五～二〇日に一回に減っています。

「また、こんな花」と嘆く家内の声を聞かなくなって、私のストレスもなくなりました。

自分にとって星さんは神様のような存在です。星さんのリンドウにはまだまだ及びませんが少しでも近づきたいという思いです。

花組合の仲間も私のリンドウの変化に気づいています。このところ、カルシウムの施肥のやり方をめぐって情報交換する機会が増えました。私がここへ来た当初は、トラクタの乗り方、ウネの立て方から教えてくれた仲間です。今度は自分が返す番。カルシウムの施肥で、花組合全体のリンドウの品質が上がっていくことを期待しています

『現代農業』二〇〇九年十月号　星さん、ありがとう　カルシウム効果でリンドウ激変！

リンドウの施肥（10a当たり）

●元肥

堆肥	5t
モミガラ	1t
ハイガユーキ	60kg
化成肥料（ロング）	100kg
苦土石灰	160kg
MリンPK	50kg
ケイ酸カリ	50kg

注）堆肥とモミガラは混合して1年おいてから使う。

●収穫畑の春先の施肥

化成肥料（ロング）	株内に30～40g置き肥（10ａ約160kg）
苦土石灰	40kg
木酢液	300倍で500ℓ株元かん注

●追肥（一般品種、1回当たり）

苦土石灰	20kg	
液肥48号	8kg	水に溶かして500ℓ
トーシンCa	8ℓ	水に溶かして500ℓ
木酢液	1.7ℓ（300倍）	水に溶かして500ℓ

注1）一般品種では、①草丈20～45㎝のときと②蕾が膨らみ始めたときに追肥。

2）白系品種では、この半量を4回に分けて追肥。

3）ピンク系・複色系の1回目の追肥には液肥48号を入れない。

品種別　リンドウの追肥のやり方

まず、花が紫色の普通のリンドウでは、1回目の追肥は、早生ものでは草丈が20㎝くらい、中生は40㎝くらい、晩生は45㎝くらいの時期を目安に。苦土石灰をバラまきしてから、すぐトーシンCaと木酢、液肥48号を溶かした液を株元かん注します。

2回目も同様に、それぞれのリンドウが、蕾を膨らませるあたりをねらって追肥します。

ただし品種によっては、顔色を見なければなりません。たとえば白系は、チッソが多いと軟らかくなりやすい。だから注意深く顔色をうかがう。少量のチッソでも反応がいい代わりに、肥効は長く続きません。そして、葉色が一度さめると戻らない。そこで白系の場合は2回の追肥を4回に分けるつもりで1回の施肥量を半分に。水の量は一緒なので濃度を半分に薄めて、こまめに追肥します。

ピンク系と複色系の品種は、風が強いと茎がクニャクニャに曲がりやすいのが欠点。そこで1回目の追肥には液肥48号は入れません。チッソを減らし、カルシウム中心の追肥で樹を硬くするわけです。2回目は標準的なやり方で追肥。この頃には、樹が硬くなったうえで、肥料をガリガリ食ってくれるリンドウになっています。

あえて石灰無施用にしてわかった

病気のきっかけはカルシウム欠乏

三重県松阪市　青木恒男

石灰を欲しがる水田転換畑

私のハウスは放置しておけばpH四・〇～四・三で安定する酸性土壌です。水田から転換した畑の土壌は強い酸性を示す場合が多くあり、毎作多量の石灰を入れて酸度を矯正してもあっという間に土壌に固定されて無効化してしまい、二か月ともたないのが現状です。

カルシウムと病気の関係について、あえて石灰を入れないで観察をした結果を報告します。病気の原因はカルシウム欠乏であると確信を深めた出来事でした。

病害は生育の転換点で発生する

冬場のハウスはどうしても換気が不充分で過湿気味になります。地温も下がり続けて根からの養水分吸収能力が低下する反面、作物は生長を続けようとするために、地上部と地下部のバランスが崩れて、微量要素の欠乏や病気などの障害がでやすくなります。

私のように一つのハウス内で何種類もの作物を密植栽培する場合にもっとも怖いのは、菌核病・灰色かび病などの伝染病です。これらの病害は結球始め・発蕾・開花など、何らかの生育の転換点で発生することが多く、時として大発生して殺菌剤の散布程度では止まらなくなることがあります。

写真は、私の強酸性の畑にあえて石灰を入れずに栽培したものですが、見事に障害・病気が出ました。

ハクサイの芯腐れ、カリフラワーのチップバーン、ストックの菌核、これらに共通するファクターはカルシウム欠乏です。菌核病を例にして、その発生プロセスを図にしてみました（八八ページ）。

葉の障害が病原菌の突破口に

例年、平均気温が一五℃を切る頃からストックには菌核病が多発するようになります。「この時期から病原菌が活性化するためである」と一般的に説明されていますが、かといって病原菌が充満しているような圃場でも健康な作物にはまったく発病しません。

この病気は、発生を認めた時点で殺菌剤を散布してもほとんど効果がなく、壊滅的な被害を出すことがありますが、これは手遅れの状態を防除しようとしているからです。

発病の前には必ず前触れがあります。病気の侵入ルートはいくつかありますが、どれも葉に何らかの物理的な障害（凍害、肥料焼けなど）を受けて病原菌の突破口ができてしまうことにあります。

これが菌核病発生の真の一次原因であり、本来の早期防除の時期なのです。

ストックの菌核病の進行を追ってみた

発蕾期の新葉先端にカルシウム欠乏による展開障害発生

過湿時、障害部分から菌核病が侵入（この時点で発病）

葉脈をたどって菌糸が茎に転移。隣接する株へも転移（手遅れ）

あえて石灰を入れずに栽培してみたら…

ハクサイの芯腐れ　（撮影はすべて赤松富仁）

カリフラワーの葉の展開障害

ストックの菌核病

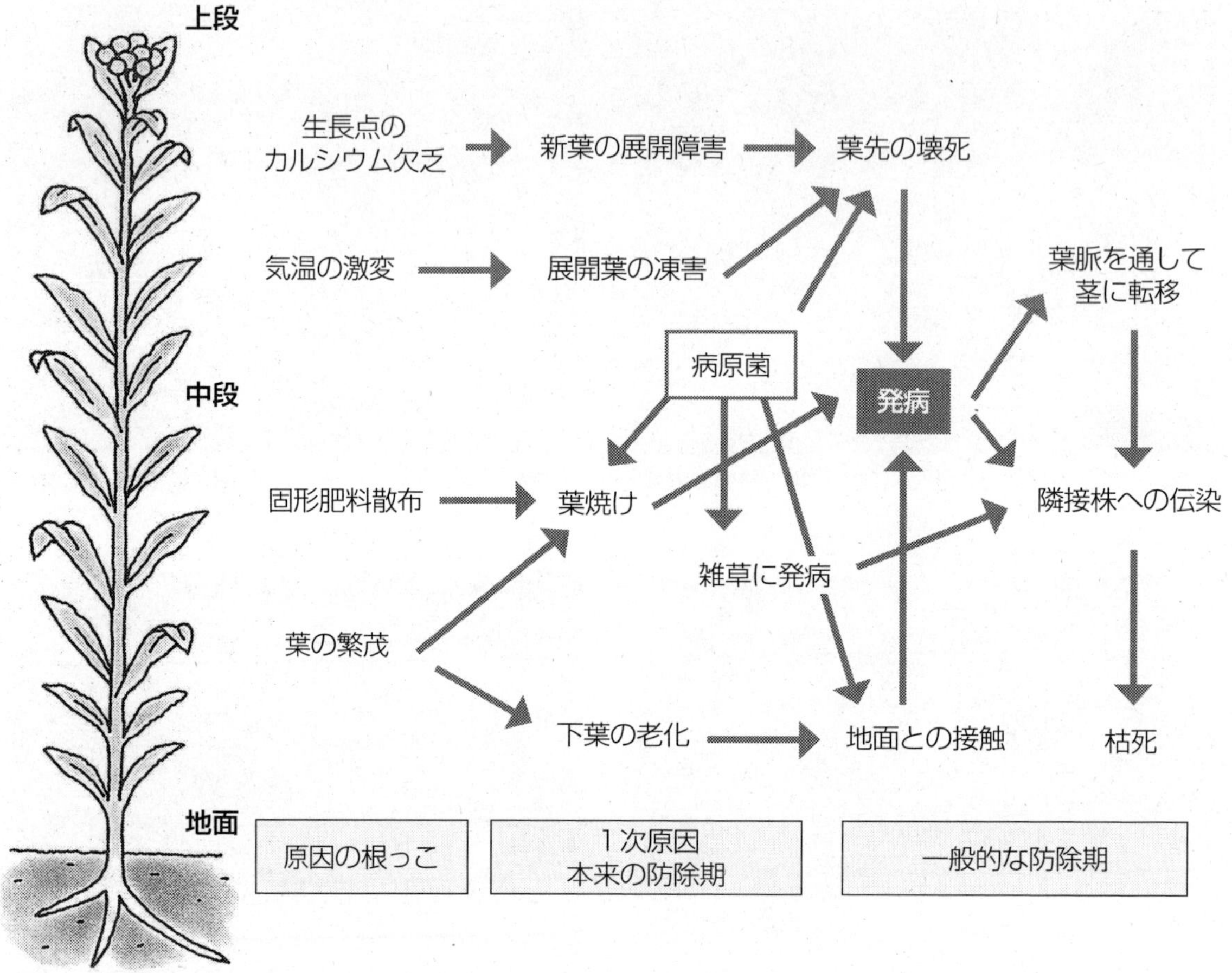

図　ストック菌核病発生のプロセス

さらにこの一次原因がなぜ発生したのか？　問題の源流をたどってみれば「原因の根っこ」が見えてきます。

菌核病への三つの対策

ここで対策を考えれば、

(1) 元肥を控えて下葉の過繁茂をなくす（老化葉から病原菌が入りやすい）、

(2) 追肥は液肥で行なう（固形肥料だと、葉に乗って葉焼けを起こす）、

(3) カルシウムをしっかり追肥する、

といった日常の管理だけで薬剤を使った防除の必要もなくなります。

『現代農業』二〇〇八年六月号　あえて石灰無施用にしてわかった　病気のきっかけはカルシウム欠乏

郵便はがき

おそれいります
が切手をはって
お出し下さい

3350022

（受取人）
埼玉県戸田市上戸田
2丁目2－2

農文協
読者カード係 行

◎このカードは当会の今後の刊行計画及び、新刊等の案内に役だたせていただきたいと思います。　はじめての方は○印を（　）

ご住所	（〒　－　） TEL： FAX：	
お名前	男・女　歳	
E-mail：		
ご職業	公務員・会社員・自営業・自由業・主婦・農漁業・教職員（大学・短大・高校・中学・小学・他）研究生・学生・団体職員・その他（　）	
お勤め先・学校名		日頃ご覧の新聞・雑誌名

※この葉書にお書きいただいた個人情報は、新刊案内や見本誌送付、ご注文品の配送、確認等の連絡のために使用し、その目的以外での利用はいたしません。

- ご感想をインターネット等で紹介させていただく場合がございます。ご了承下さい。
- 送料無料・農文協以外の書籍も注文できる会員制通販書店「田舎の本屋さん」入会募集中！
  案内進呈します。　希望□

■毎月抽選で10名様に見本誌を1冊進呈■（ご希望の雑誌名ひとつに○を）

①現代農業　②季刊 地 域　③うかたま

お客様コード

お買上げの本

■ご購入いただいた書店（　　　　書店）

●本書についてご感想など

●今後の出版物についてのご希望など

この本をお求めの動機	広告を見て（紙・誌名）	書店で見て	書評を見て（紙・誌名）	インターネットを見て	知人・先生のすすめで	図書館で見て

◇新規注文書◇　郵送ご希望の場合、送料をご負担いただきます。

購入希望の図書がありましたら、下記へご記入下さい。お支払いはCVS・郵便振替でお願いします。

（書名）	（定価）￥	（部数）部
（書名）	（定価）￥	（部数）部

Part 2

なぜ石灰が病害虫に効くのか？

（撮影　赤松富仁）

石灰ボルドーとか石灰硫黄合剤など、懐かしい農薬の名前をお聞きになった方もあるかもしれません。石灰が使われたこれらの農薬は、戦後、合成化学農薬が登場してくるまでは、大変重要な農薬とされてきました。

しかし、病害虫を抑えるために、石灰そのものを散布するとか、水に溶いてかん注するといった話は聞いたことがありません。

石灰はアルカリ性だから、それで病気が防げるのでは？　いや、石灰は漆喰などの壁にも使われているから作物を硬く育てて病害虫の歯が立たなくするのでは？

Ｐａｒｔ２では、石灰（カルシウム）の土の中での役割、作物に吸われてからの働きを学んで、なぜ効くのかを追究します。注目は、カルシウムが作物の病害虫に対する抵抗性を誘導しているという最新の研究成果です！

仕組み（その1）

① 病害抵抗性が高まる

Ca

じつは石灰そのものが耐病性を高めることが最近わかってきました。作物の体内で起こる石灰の生理的効果です。

石灰が効いていない作物では、病原菌が細胞の中に侵入すると感染を阻止する力が弱い

ボクの元気が
ないときは
菌にやられっぱなし…
それー
おいしそう
Ca
細胞
菌糸
病原菌
細胞壁

トマトの青枯病

野菜茶試・山崎浩道先生

感染数日後、発病してから水耕培地中のカルシウム濃度を高くすると発病を抑えた

渡辺和彦先生
（東京農業大学客員教授）

カルシウムは病害抵抗性に強くかかわっています。その先駆的な研究には左のようなものがあります。なかでもトマト青枯病の場合は、菌を接種した後の施用で発病を抑えています。このことは、病害抵抗性に細胞壁のカルシウムは関与しておらず、カルシウムが「病原菌の侵入」というシグナルを伝えたり、植物体内での菌の増殖や移行を抑えるのではないかと考えられる、非常に重要な発見です。

（96ページ参照）

図解　石灰防除の

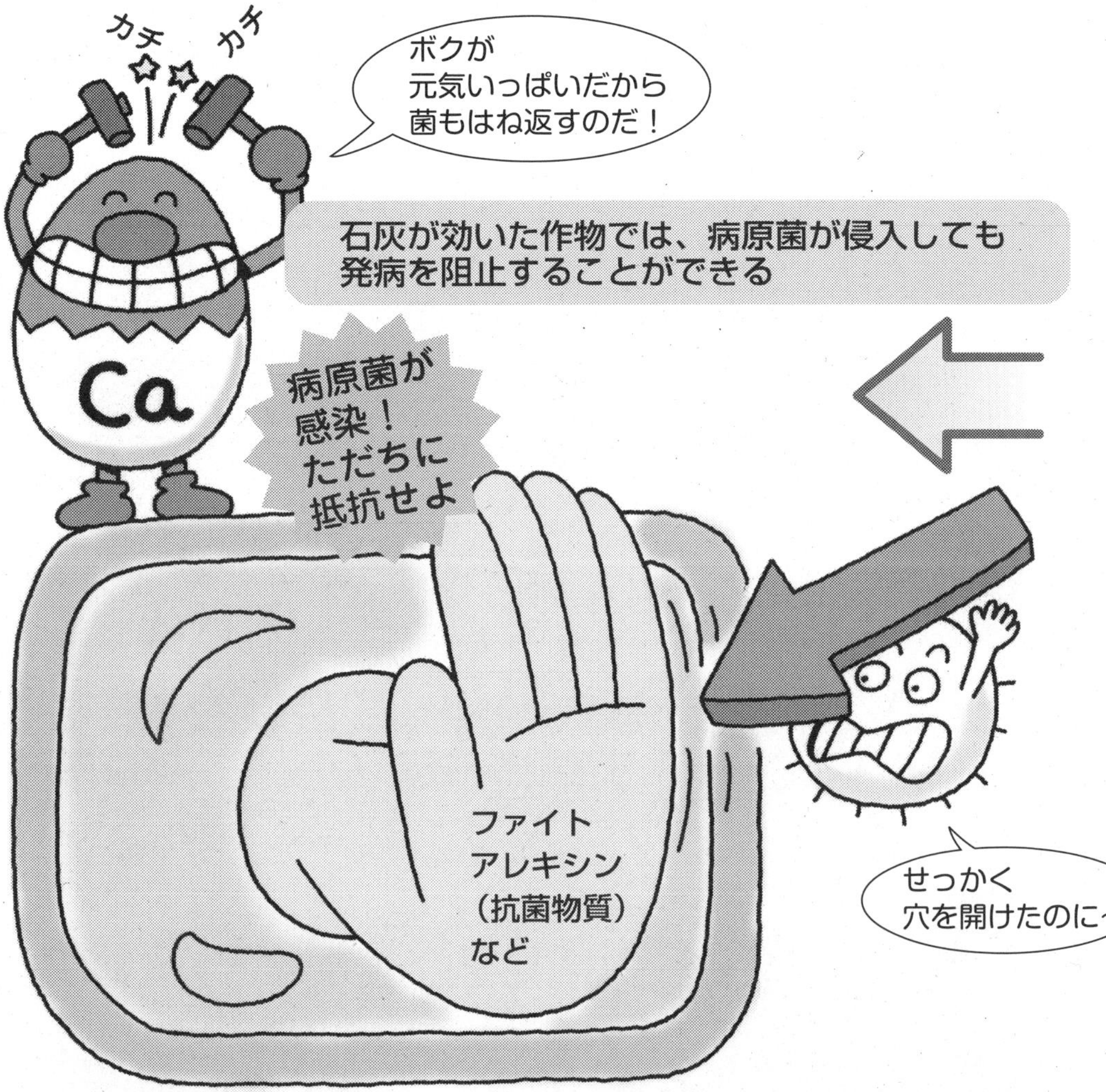
カチ
カチ
ボクが
元気いっぱいだから
菌もはね返すのだ！
石灰が効いた作物では、病原菌が侵入しても
発病を阻止することができる
Ca
病原菌が
感染！
ただちに
抵抗せよ
ファイト
アレキシン
（抗菌物質）
など
せっかく
穴を開けたのに〜

ダイズ茎疫病

兵庫農林水産技術総合センター・
杉本琢真先生

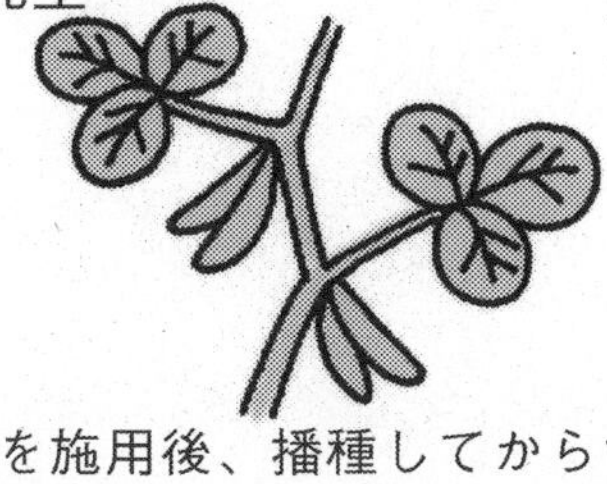

カルシウムを施用後、播種してから10日目に菌を接種したところ、カルシウムの濃度が高いほど発病抑制効果が高かった

ブロッコリーの花蕾腐敗病

北海道北見農試・中村隆一先生ほか

出蕾始めから花蕾肥大始めまで有機キレートカルシウムの葉面散布（10a 100ℓを2〜3回）で発病株率が低下した

仕組み（その2）

❷ 葉面・地表面pH上昇で静菌作用

もちろん、石灰には一時的に葉面や地表面のpHを高める働きがあるので、病原菌をすみにくくし病気を防ぐ効果があります。pHによる菌への直接的効果です。

■ 強アルカリによって静菌

石灰を水に溶かすと強アルカリ（pH8.0以上）を示すのが一般的。この一時的な強アルカリが菌の細胞のタンパク質に作用し、溶かしてしまうこともあるようです。

図解　石灰防除の

中性か弱アルカリにすることで有害菌の繁殖を抑え、有用微生物を増やす

病原菌には好みのpHがあるのでそれを利用したやり方。中性か弱アルカリでは糸状菌（カビ）の繁殖が抑えられ、細菌や放線菌がふえる。植物の病原菌には、細菌より糸状菌が圧倒的に多い。

Ca
Ca
アルカリの世界
オレたち、放線菌の天下だ
ワッハッハ
オレたち、カビは生きられない～

石灰は土を硬くする!?

「石灰は土をセメントのように硬くしてしまう」という人もいるが、それは石灰が有機物の分解をすすめるから。有機物が補われていれば石灰で土が硬くなることはなさそう

放線菌が増えると病気が減る

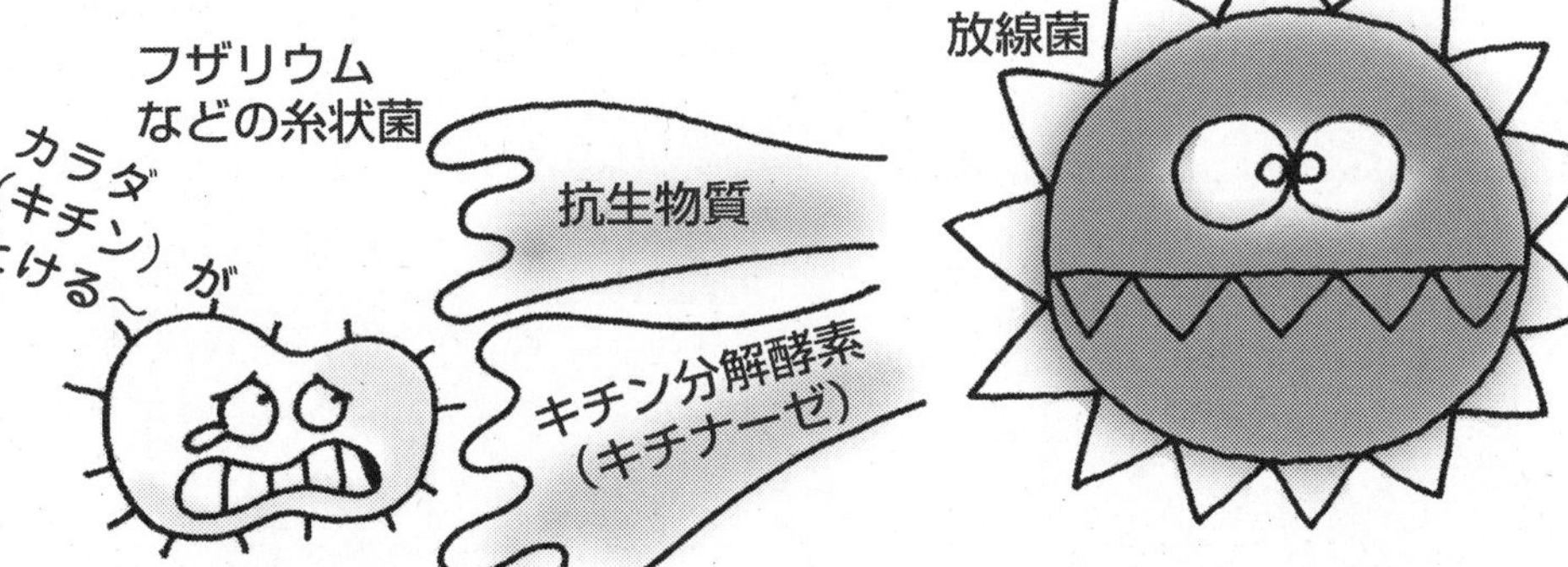
フザリウム
などの糸状菌
カラダ（キチン）が
とける～
抗生物質
キチン分解酵素
（キチナーゼ）
放線菌

トマト萎ちょう病菌
ウリ類つる割病菌
イチゴ硫黄（イオウ）病菌　など

抗生物質を出して糸状菌や細菌を抑えるほか、キチナーゼを出してフザリウムなどの糸状菌を抑えることが多い

※この考え方からすると、ナス科の青枯病のような細菌病、ジャガイモそうか病のような放線菌による病気は石灰施用で多くなる。また、糸状菌（カビ）の中でも白紋羽（モンパ病）菌は石灰を好み、石灰で発生が増えるといわれている。

石灰で病気に強くなるしくみは
いろいろある
からなのかも
しれません。
Ca

図解　石灰防除の仕組み（その3）

3 細胞壁が強化される

「石灰は作物体を硬く丈夫にする」ということもよくいわれていることですね。いわば石灰の物理的効果です。

■ 石灰はペクチン酸と結びついて細胞壁の強度を高める

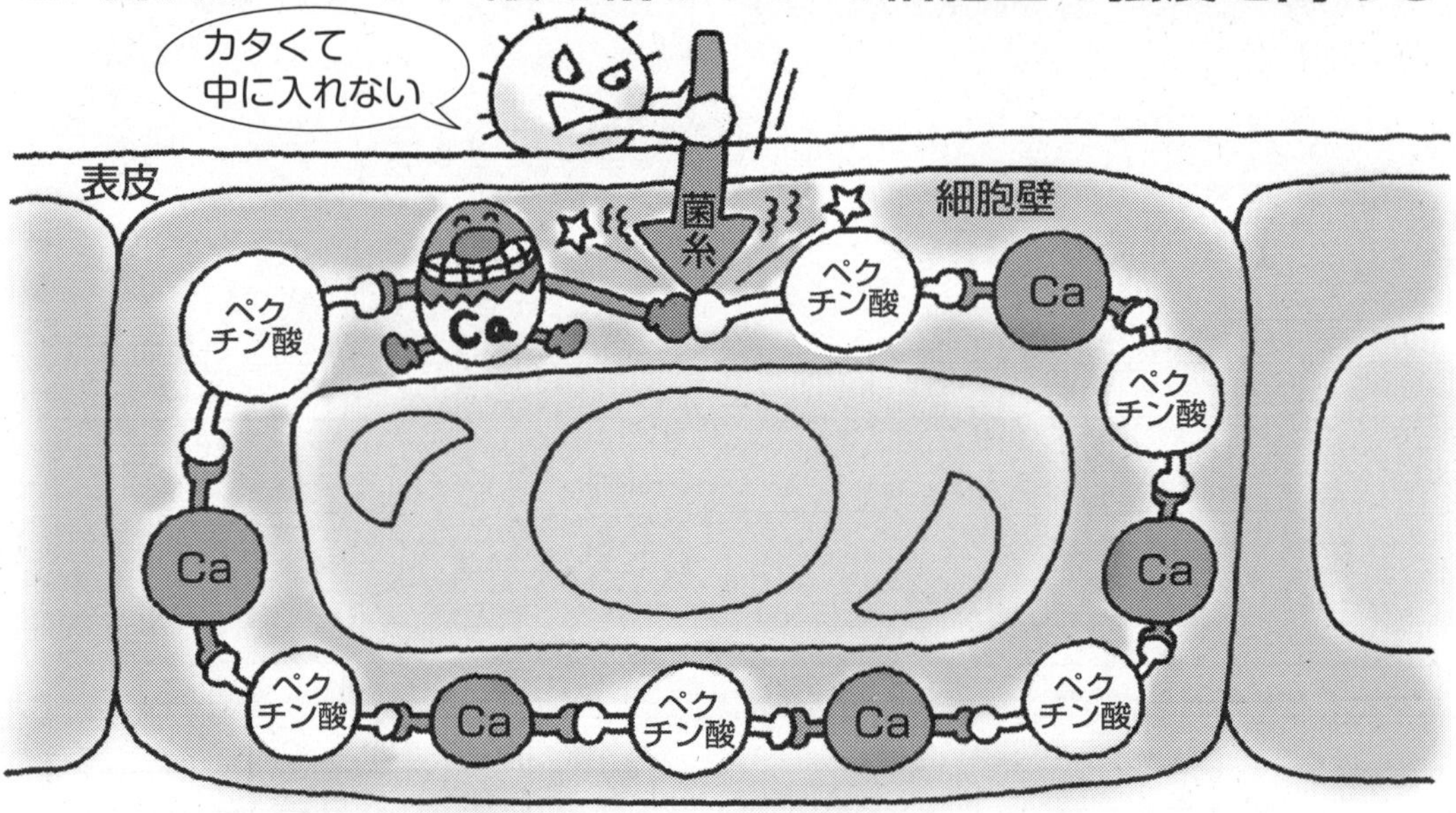

カタくて
中に入れない
表皮
細胞壁
菌糸
ペクチン酸
Ca

■ 石灰は病原菌が出す細胞壁分解酵素の活性を強力に抑える

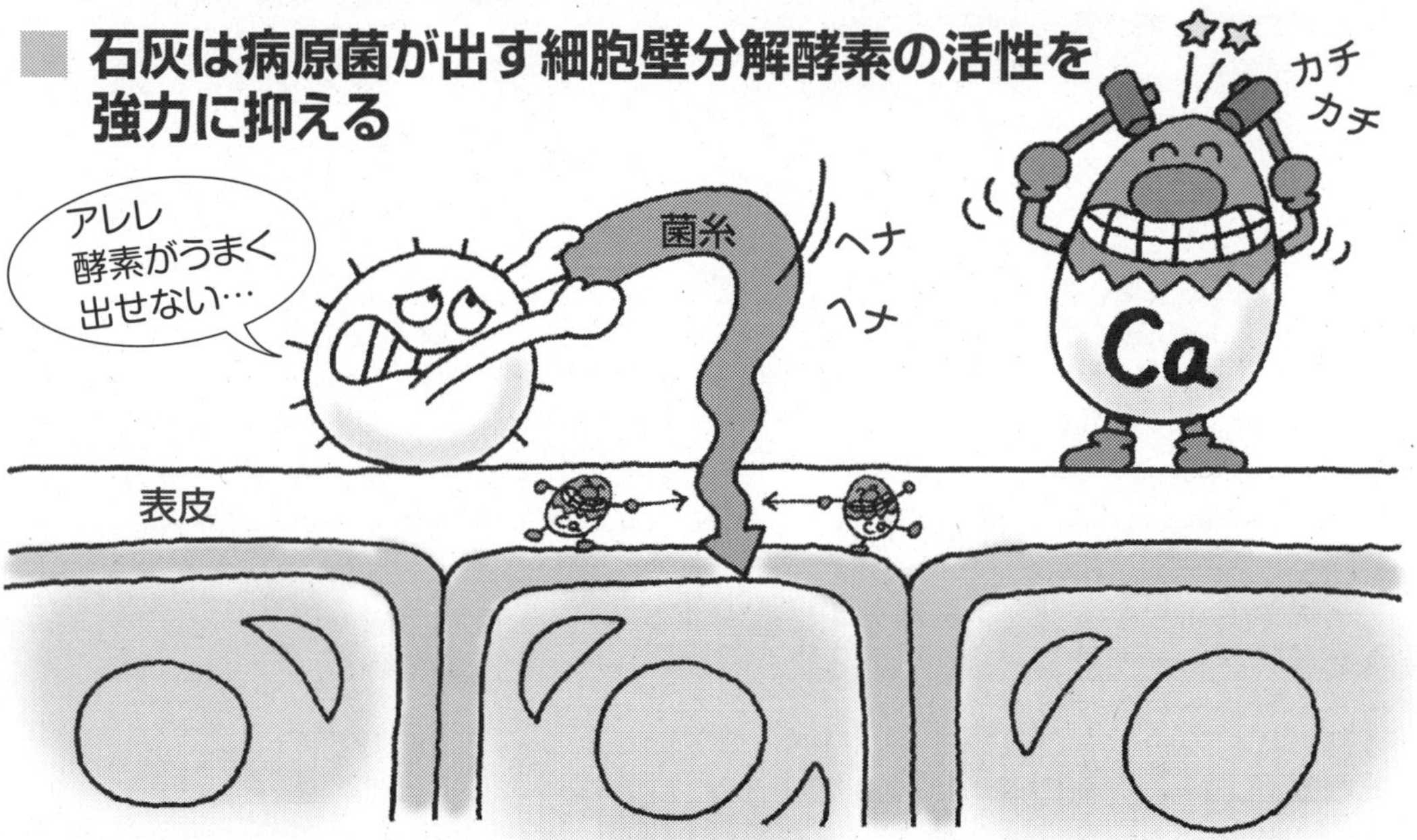

アレレ
酵素がうまく
出せない…
菌糸
ヘナ
ヘナ
カチ
カチ
Ca
表皮

石灰防除『現代農業』読者100人アンケート
効果があった作物と病害虫

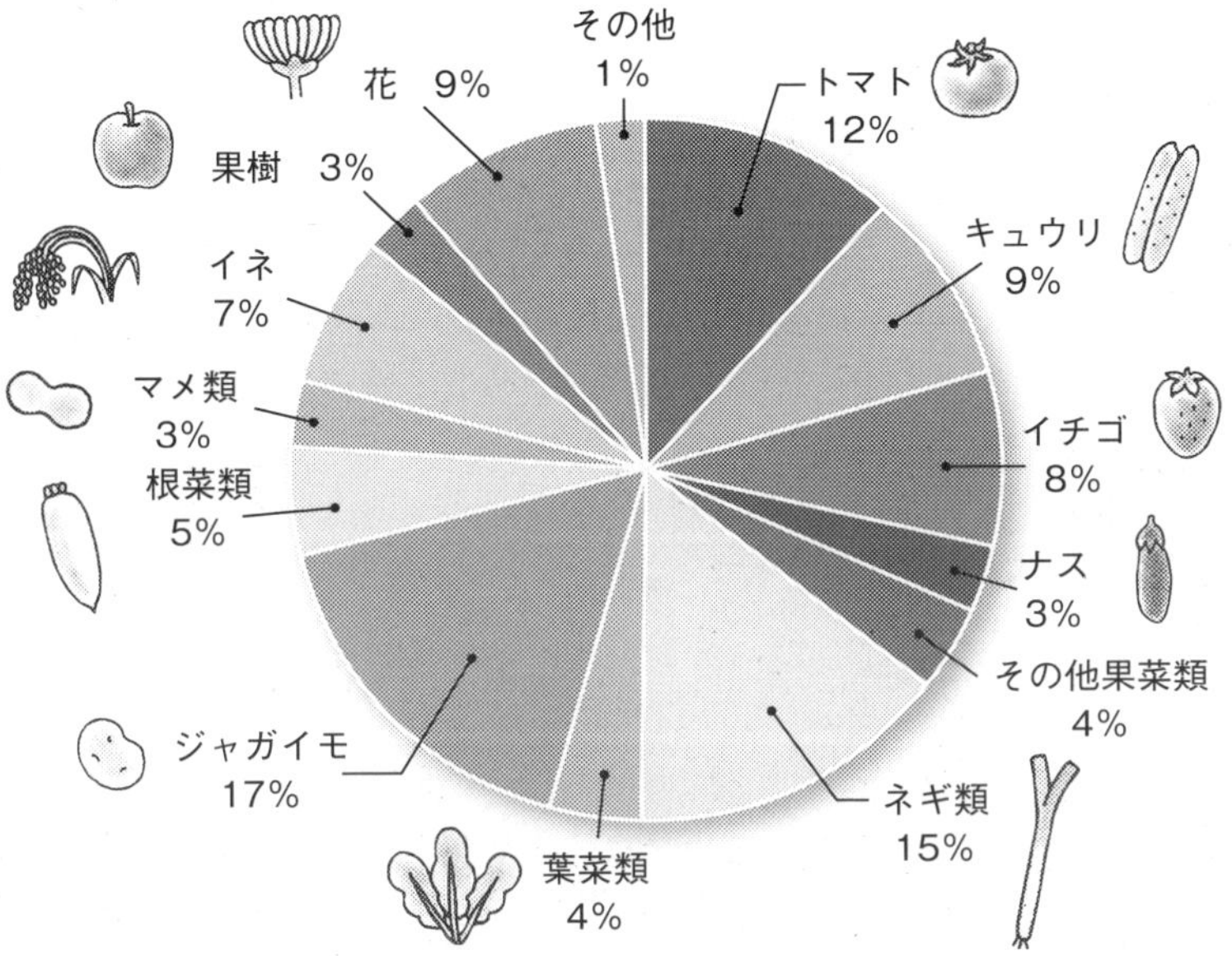

作物

回答数92（複数回答あり）

◇内訳

その他果菜類（スイカ、ピーマンなど）、ネギ類（ネギ、タマネギ、ニラ、ニンニク、ラッキョウ）、葉菜類（キャベツ、ハクサイ、ミズナ）、根菜類（ダイコン、サツマイモ、ビート）、マメ類（インゲン、ラッカセイ）、果樹（ミカン、リンゴ）、花（シクラメン、キンセンカ、クジャクソウ、クリスマスローズ、シャクヤク、キク、ストック、コスモス）、その他（菌床シイタケ、ヒョウタン）

病害虫

回答数72

◇内訳

その他の病気（褐斑病、腐れ、黒腐病、白絹病、白さび病、つる枯病、半身萎ちょう病、べと病、斑点細菌病）、害虫（ガ、ネキリムシ）

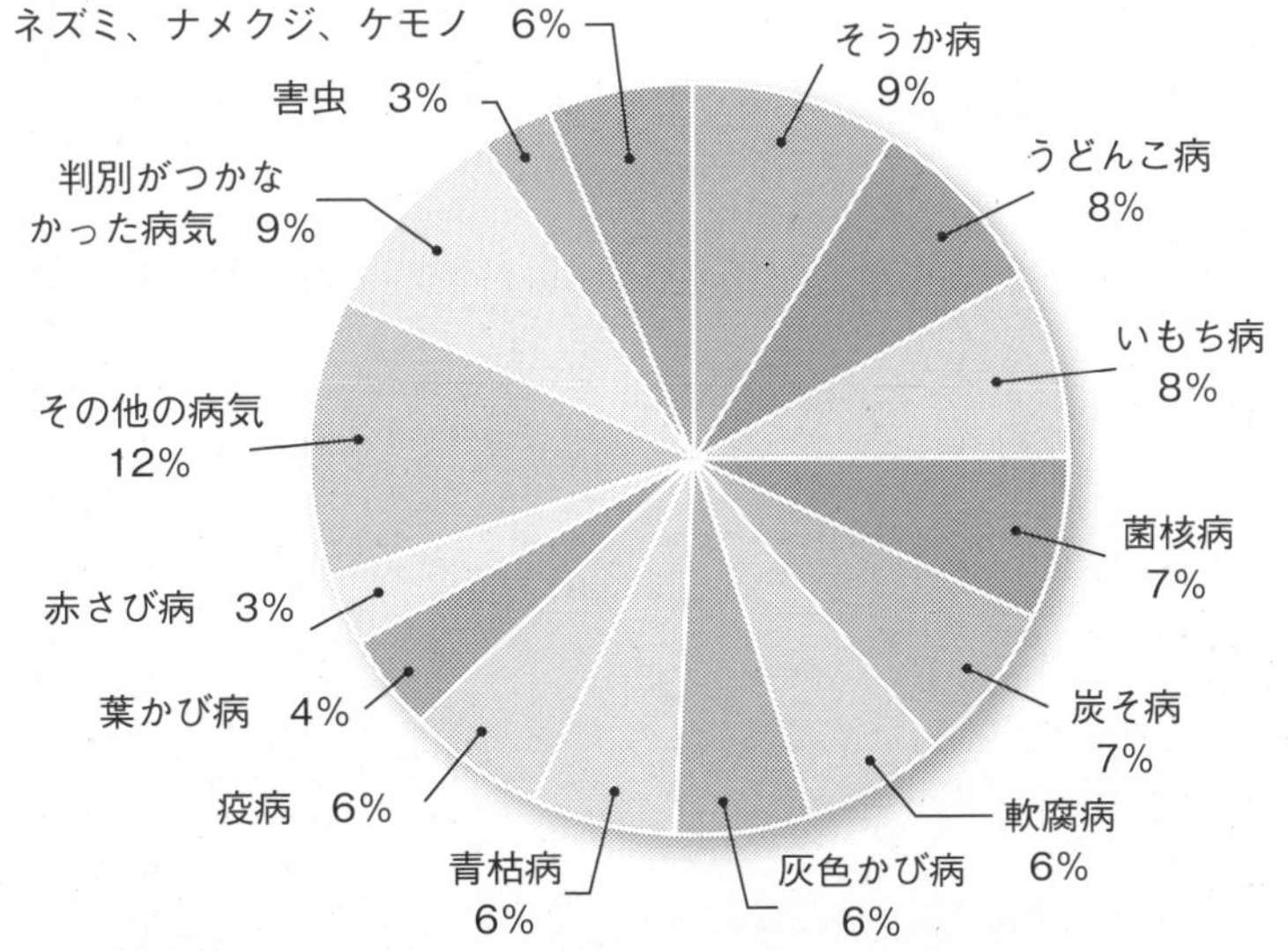

『現代農業』2008年6月号　石灰防除100人に聞きました。

石灰の施用は本当に病気の発生を抑えるのか？

渡辺和彦（東京農業大学）

石灰施用による病原菌への影響

①石灰資材の病原菌への作用

実際の生産現場では土壌酸度の矯正のため、石灰資材を施用することも多いので、石灰資材と土壌病原菌の関係を松田（一九七七）を参考に先に整理しておこう（表1）。

圃場での石灰資材の影響は、①pH上昇効果のみでなく、②土壌有機物を溶かし水溶性窒素を増やす効果、③カルシウムそのものの影響、の三点あり、それらが複合的に土壌病原菌に作用する。

②石灰施用で増加する病害

はじめに、石灰資材施用で増加する病原菌について述べる。

酸性土壌に多い活性アルミニウムは、細菌や放線菌の生育を抑制しているが、この作用は石灰資材施用でなくなる。つまり、消石灰などの施用は、細菌や放線菌の増殖しやすい土壌環境をつくる。

〈ナス科青枯病・ジャガイモそうか病〉

従来からナス科作物の青枯病のような細菌病、およびジャガイモそうか病のような放線菌による病害は、消石灰施用で多くなることが知られている。

〈白紋羽病菌〉

糸状菌のなかにも白紋羽病菌のように石灰を非常に好むものがあり、石灰類の施用により土壌中での繁殖がよくなり、有機物、とくに粗大有機物と併用すると発病が増大する。

〈ホウレンソウ苗立枯病・コムギ立枯病〉

リゾクトニア菌によるホウレンソウの苗立枯病も、石灰施用直後に定植すると発病しやすい。消石灰の施用によって、一時的にリゾクトニア菌が利用しやすい水溶性窒素や糖類が土壌中に増加するためである。しかし、消石灰施用二週間後に播種すれば苗立枯病にかかりにくくなる。土壌中の水溶性窒素や糖類が消滅してしまうためで、コムギの立枯病でも同じ傾向がある。

③石灰施用で減少する病害

〈つる割病・萎凋《ちょう》病〉

石灰施用で減少する病害には、キュウリ、スイカのつる割病、トマト、ゴボウの萎凋病などがある。

消石灰施用による水溶性窒素の増加により、土壌中で休眠状態の病原菌の厚膜胞子はこれら物質に刺激されて発芽する。しかし、この発芽管はアルカリ下では溶解するものが多く、再び厚膜胞子が厚膜化するのを阻止され死滅する。そのため土壌中の病原菌密度は低下する。

〈白絹病〉

ラッカセイ、トマト、ピーマンなどの白絹病は、菌核の形態で乾燥した地表面で越冬するが、土壌pHを変化させる消石灰や炭カルは菌核の死滅速度を速める。菌核に直接消石灰が接触するように散布したほうが殺菌効率は高い。

表1　石灰施用でふえる病気，減る病気

増える病気	減る病気
ナス科青枯病、ジャガイモそうか病、白紋羽病、ホウレンソウ苗立枯病、コムギ立枯病	つる割病（キュウリ、スイカ）、萎凋病（トマト、ゴボウ）、白絹病（ラッカセイ、トマト、ピーマン）、紫紋羽病、サツマイモ紫紋羽病、根こぶ病（ハクサイ、キャベツ）

〈紫紋羽病〉

この病気は林地を開墾して間もない畑で発病することがある。この病原菌の生育は未分解有機物の存在と非常に関係が深いが、消石灰の施用で土壌中の菌密度が低下する。石灰を施すと有機物の分解が早まって土壌が肥沃になり、病原菌の密度が低下し、発病率が低くなる。

〈サツマイモ紫紋羽病〉

サツマイモの紫紋羽病の場合は、消石灰施用で発病が抑制される。サツマイモの塊根表皮に石灰が存在すると、病原菌のペクチン分解作用が阻害されたり、シュウ酸が沈澱して病原菌の活動がにぶくなったりして、発病が軽減される。

〈アブラナ科根こぶ病〉

その他、ハクサイ、キャベツの根こぶ病も消石灰施用で少なくなる病害であることが一般に知られている。

カルシウムが病害を防ぐ仕組み

この項はマーシュナー（一九九五）よりとりまとめた。

①ペクチンの分解を抑制し病原菌の侵入を阻止する

作物体中のカルシウム含有率が低下すると、病原菌に侵入されやすくなる。

図1に示すように、カルシウムは細胞壁の最外層にあるペクチン質を主成分とする中層（ミドルラメラ）に多く存在し、生体膜の安定性に関与している。しかし、カルシウムが欠乏するとその中層が希薄になり、糖など低分子細胞質成分が細胞外（アポプラスト）へ出やすく、病原菌の養分になりやすい。

病原菌はペクチン分解酵素を出して、植物の表皮に穴をあけて侵入することが多いが、カルシウムはその中層を分解するポリガラクチュロナーゼのような、細胞外ペクチン分解酵素の活性に対して強力な阻害剤として働いている。ポリガラクチュロナーゼは、カルシウムと結合したペクチンを分解することができない。

たとえば、リゾクトニア菌の場合には菌自身がシュウ酸を生成しそれがカルシウムと結合し、ペクチンを分解しやすくしている（ベイトマンら一九六五）。したがって、リゾクトニア菌は、カルシウムが少しくらいあっても、菌量が多くなると発病しやすくなる。

②導管中の濃度二五mMでトマト萎凋病を抑制

トマトの萎凋病は、表2に示すように、カルシウム濃度が高いと発病が抑制されるが、カルシウム濃度が上がると、フザリウム菌によって生じるポリガラクチュロナーゼの活性が抑えられ、ペクチンの分解が抑制される。

導管中のカルシウム濃度が五mM（二〇〇ppm）以下では萎凋病の被害が大きいが、カルシウムを培地に与え、導管中のカルシウム濃度を二五mM（一〇〇〇ppm）まで上げると被害は大きく軽減する（表2）。病害抵抗性の品種間差も、カルシウム含有率である程

図1　糸状菌の菌糸の表皮細胞層（アポプラスト）への侵入時における無機栄養元素，細胞成分など

（Marschner, 1995より作成）

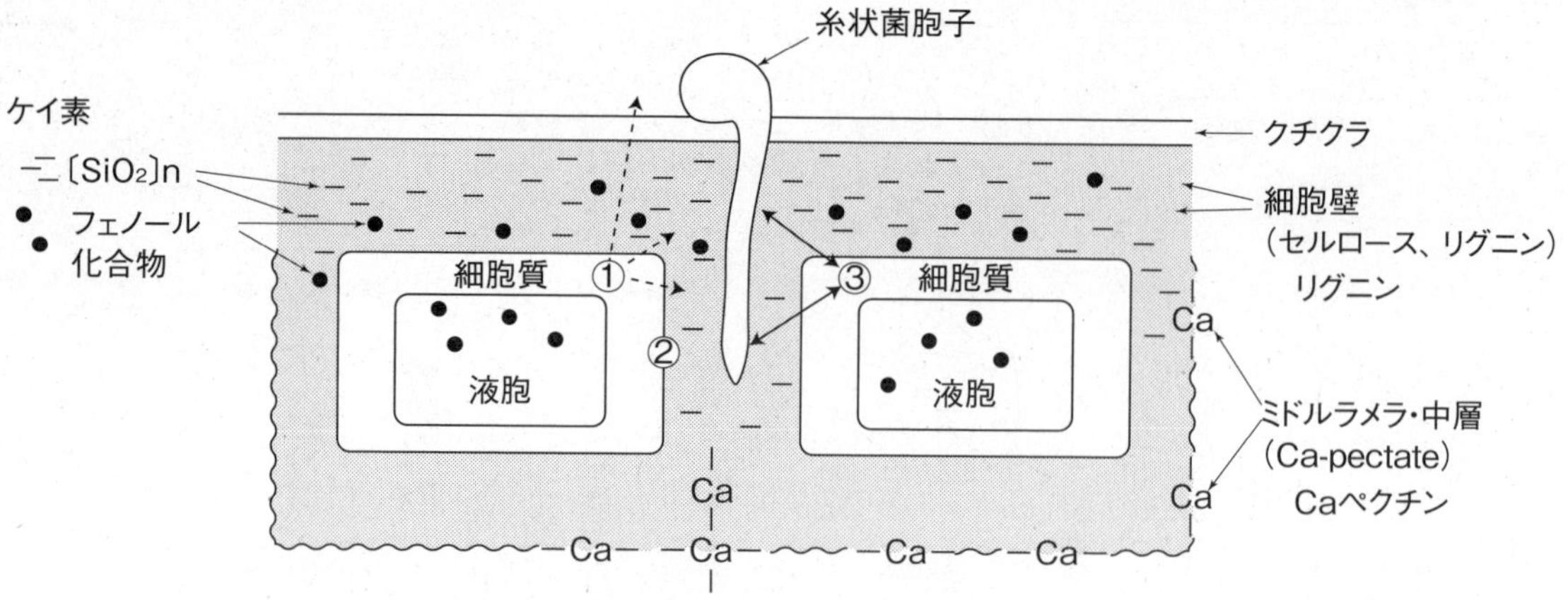

①糖、アミノ酸など低分子物質の拡散流出
②細胞質膜の浸透、透過性
③糸状菌と内皮細胞との相互作用（フェノール化合物、毒素など）

表2　トマト萎凋病の被害と培地中カルシウム（Ca）濃度の関係

（Corden, 1965）

培地中濃度（ppm）	被害程度*	導管液濃度（Cappm）
0	1.00	73
50	0.92	219
200	0.80	380
1,000	0.09	1,081

注）*健全を0、被害甚を1とした指標
通常のCa濃度200ppmで栽培しているトマトに萎凋病菌を接種し、接種後培地濃度を変え、12日後の被害程度と導管液（溢泌液）中のCa濃度

度説明されている。表3にはカルシウム含有率とペクチン分解酵素活性の関係を示した。

カルシウムの効果はまさにペクチンだ。病原菌が侵入しペクチンを分解しようとしてもカルシウムが十分あると、ペクチン分解酵素活性を阻害する。

茎への散布や塗布も効果が大きい

トマトの青枯病対策には、培養液中のカルシウム含有率を高くするのも一つだが、茎へのカルシウム散布や塗布も体内によく吸収され、転流利用されることが明らかになっている（渡辺二〇〇一）。

①幹への炭酸カルシウム塗布の効果

図2の写真はホーチミン市の街路樹であるが、幹周辺に白く炭酸カルシウムが塗布されている。白塗剤で、樹皮の温度上昇と日焼け防止に、日本でもイチジクやモモ、ミカンなどで実施されている。カミキリなどの虫害防除効果も高く、成虫の産卵と幼虫の食害を防止する。これは毎年塗られており、中国はじめ他の国でもよく見受けられるが、病害に対しても若干強くなることが知られている。

②導管内のカルシウムの作用か
――トマト青枯病への効果

トマトの青枯病の場合はカルシウムの前処理の影響はなく、感染数日後あるいは発病後のカルシウムの培地への添加で抑制的に働く。この結果から、細胞壁のカルシウム含量

が関係しているのではなく、導管内に存在する何らかの形態のカルシウムが菌の増殖・移行に作用しているためとされている（山崎一九九六）。

表3　インゲンマメのカルシウム（Ca）濃度と*Erwinia carotovora*（細菌病の一種）接種の有無によるペクチン分解酵素活性

（Plateroら, 1976）

Ca含有率（mg g^{-1}乾物）	ペクチン分解酵素の活性（相対値）*				被害程度**
	Polygalacturonase		Pectate transeliminase		
	−	＋	−	＋	
6.8	0	62	0	7.2	4
16	0	48	0	4.5	4
34	0	21	0	0	0

注）　*−は菌無接種、＋は菌接種
　　　**0は被害なし、4は接種6日以内に障害発生

図2　カルシウム（Ca）を幹に塗ったホーチミン市の街路樹

病害抵抗性を高め、健全生育に欠かせない石灰

カルシウムは、作物の病害抵抗性に強く関与している

①ダイズ茎疫病の耐病性に関与

筆者はミネラルの多様な働きの一つに、植物への病害抵抗性付与作用があることに強い関心をもっている。代表的なものにケイ素のイネいもち病に対する働きがあるが、十分な量の農薬を多数回散布していた条件下では、その効果はほとんど隠れてしまっていた。減農薬の時代になってあらためてケイ素の重要性に注目している。

ところが、最近はっきりしてきたのは、ケイ素は万能ではないことだ。とくにケイ素吸収量の少ない作物では全く効果がない。杉本琢真（二〇〇五）が行なっているダイズの茎疫病菌（フィトフィトラ・ソージャ）の培養ビンを用いた発病検定実験で明らかになったことだが、ダイズ茎疫病にはカルシウムが各種元素の中では最も耐病性に関与していた。カルシウムのような一般的な元素がと、不思議に思われるかもしれない。しかし、事実である。筆者は微量元素の病害抑制効果にも注目しており、鉄やホウ素などの葉面散布で病害抵抗性が増加する事例についても紹介してきた。それも事実である。しかし、これら微量元素の欠点は、過剰施用すると作物に障害が発生することである。ところが、カルシウムを多量施用しても植物への過剰障害は出にくく、病原菌に対する抵抗性を付与する。以下、カルシウムについての最新の研究の一部とその関連研究事例を紹介する。

②硝酸カルシウムの効果が大きい

ダイズ茎疫病菌のレース検定と茎疫病抵抗性系統（植物体）の選抜用に、杉本琢真が開

発したバイオアッセイ手法を紹介しよう。一kg用マヨネーズビンにショ糖・寒天培地を含む化合物を八〇ml注入し、滅菌後、消毒を行なったダイズ種子をクリーンベンチ内で五粒ずつ播種する。播種後一〇日目に初生葉を確認後、培養した茎疫病菌の菌叢を三mm角に切り取り、ダイズの胚軸最下部(地ぎわ部)を覆うように数個置床する。発病調査は枯死または地ぎわ部の水浸状病斑形成を肉眼で判定する。

非常に過酷な病原菌接種条件のため、ダイズの茎疫病菌耐性の有無が明確に判断できる。

試験結果の一例を図3、図4に示す。図4に示すように硝酸カルシウムのダイズへの耐病性付与効果が著しい。塩化カルシウムを使用した「中性光黒」では、塩素の過剰によって茎疫病の発病が助長されている。

ここで重要なことは、カルシウム以外の元素ではこれほどの効果は観察されなかったことである(杉本ら、二〇〇七)。杉本は何度も確認実験をしているが、カルシウム多量施用区のダイズは一六日間の調査日以降放置していても筆者には驚きであった。なお、亜リン酸は、低濃度でダイズ茎疫病菌耐性効果を示したが、濃度が高くなると過剰障害が出ることを確認している(各一・〇%)ならびに一定濃度の目的元素

③ 問題は、カルシウムが吸収されにくいこと

圃場試験では、まだカルシウムのここまでの効果は確認できていない。若干の茎疫病抑制効果を示す程度では不十分である。その原因は、ケイ素のイチゴうどんこ病に対する効果の表れ方と同じと筆者は考えている。うどんこ病に罹病しやすい「とよのか」は、水耕栽培でケイ素を添加すると、肉眼でもはっきり判別できるほど明確なうどんこ病耐性が観察される。しかし、土耕栽培では効果は認められるもののその程度は低い。土耕栽培ではケイ素を十分量吸収させるのが困難なためと考えている。つまり、いかにカルシウムを植物体内に多く吸収させるかがポイントと思われる。図4の実験結果も、カルシウムの直接的殺菌効果でないことは確認している。

なお、カルシウム施用が各種作物の病原菌に効果があることは、世界的にも広く報告されている。本書にも病名・菌名を一四の引用文献とともに一覧表にして紹介した(一〇二ページ参照)。しかし、ダイズ茎疫病菌に関しては杉本琢真の研究が初めてで、しかも明確な結果が得られているため、ドイツやアメ

リカの病理学雑誌に受理、掲載されている(杉本ら二〇〇五・二〇〇七・二〇〇八)。無菌状態で紹介したバイオアッセイ手法(生物検定法)も優れていると思っている。もちろん国内では、水耕培地中のカルシウム濃度を高くすると、トマト青枯病の発病を抑制するとの山崎浩道ら(二〇〇四)の先駆的な優れた研究がすでにある。

④ ブロッコリー花蕾腐敗病防除にも効果

海外の文献もある(エレら二〇〇二)が、ここでは北海道立花・野菜技術センターの「研究成果情報」(堀田ら二〇〇一)に記載されている事例を紹介する。

ブロッコリーで最も被害が大きい花蕾腐敗病(新称)は、四種の病原細菌(Pseudomonas marginalisなど)で生じることを明らかにし、総合防除対策を講じていることを明らかにし、総合防除対策を講じているのだが、多肥栽培でカルシウム含有率が低いほど発生が多い。「研究成果情報」から原文のまま引用すると、「Ca資材の土壌施用または葉面散布で花蕾腐敗病の発生が軽減される」また、同センターの「成績概要書」(平成十三年一月)にも「カルシウム資材の葉面散布で花蕾腐敗病の発生は軽減された」と記載されている。詳細なデータは入手できてい

図3　サチユタカにおける硝酸カルシウム($Ca(NO_3)_2$)の茎疫病抑制効果

（原図：杉本琢真）

4mM($Ca(NO_3)_2$)以上で効果大

0mM	0.4mM	4mM	10mM	20mM	30mM

90%	18.6%	2.4%	0%	0%	0%

図4　培地中カルシウム(Ca)濃度と茎疫病発病株率との関係

（原図：杉本琢真）

発病抑制効果は0.4mMでもみられ、また品種差がある。塩化カルシウム($CaCl_2$)よりも硝酸カルシウム($Ca(NO_3)_2$)のほうが発病抑制効果が高い

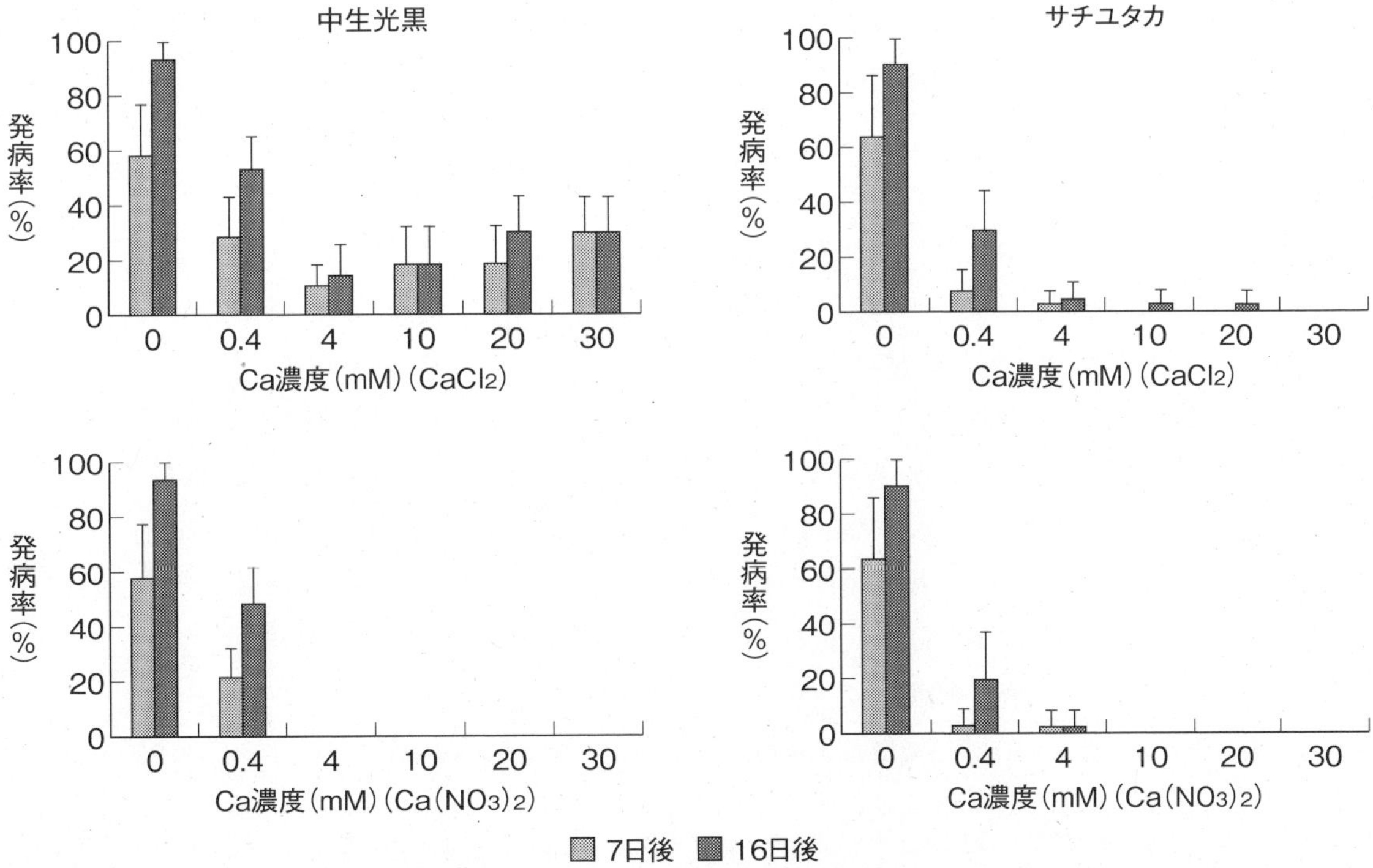

ないが、多肥を避けた「施肥の改善効果が最も大きく、次いで品種、銅水和剤散布の順であった。施肥改善（標準施肥、炭酸カルシウムの土壌施用、カルシウム資材の葉面散布）で花蕾腐敗病の発生を軽減できた」そうだ。

減農薬にカルシウムが役立つ事例だが、上手に無機元素、肥料の力を活用したいものである。

有機物施用による発病抑制にもカルシウムが関与

山崎浩道ら（二〇〇四）は、有機物施用による発病抑制にもカルシウム吸収が関与していると想定し、カルシウム含有率の異なる堆肥を施用して、トマト幼植物のカルシウム吸収と青枯病の発病との関係を調査した。その結果、カルシウム吸収は堆肥のカルシウム含量に応じて顕著に増加し、それに対応して青枯病の発病も抑制されたことを報告している。有機物の病害抑制効果をカルシウム吸収の面からとらえた、これも画期的な研究と思う。

筆者が兵庫県三田市のピーマン栽培農家、山本明（一九九三）より教えられたことだが、ピーマンに発生するカルシウム欠乏症、尻腐れ果対策には、畝の中央（芯）にモミガラあるいは稲わらを置き、そこにカルシウム資材を施用するとよい。圃場でわざわざ畝を掘って畝中央にあるモミガラを見せていただいた。有機物と共存しているカルシウムは吸収されやすい。この場合は有機物による水分保持力も関係していると思う（渡辺一九九五）。

カルシウムの施用形態や種類と効果

①被覆肥料と無被覆肥料での違い

杉本琢真の実験でも示されているのだが、カルシウム吸収量はその施用形態も関与する。ダイズでのこの実験では、硝酸カルシウムは塩化カルシウムより吸収されやすい。

しかし、このことは必

分類	備考（引用文献の内容）	傾向	出典
細菌	Ca供給量増加で被害減、抵抗性品種Ca多	Caで被害減	Berry *et al.*（1988）
	Ca供給量増加（水耕20.4mM）で被害軽減		山崎浩道・保科次雄（1993）
	Ca含量増で、ペクチン分解酵素活性低下		Platero and Tejerina（1976）
	Ca含量増加で被害軽減		Kelman *et al.*（1989）
放線菌	土壌pH上昇でAl^{3+}不活性化、菌増殖	pHで被害増	Mizuno and Yoshida（1993）
糸状菌	アルカリで可溶性窒素増え被害増加		Trolldenier（1981）
	Ca供給量増加で被害減、生理障害も減	Caで被害減	Muchovej and Muchovej（1982）
	砂耕Ca1,000ppmで被害軽減、pH無関係		Corden（1965）
	低pHで被害大、高pHで被害減少		松田明（1977）
	高pHで被害軽減、Ca供給量増加も関与		Webster and Dixon（1991）
	Caがペクチン分解酵素活性を阻害		Bateman and Lumsden（1965）
	角皮層Ca含量低下が要因、EDAX分析		田中欽二、野中福次（1990）
	養分バランス実験でCa含量低下で被害増		Krauss（1971）
	Ca含量大で貯蔵腐敗減、前処理効果有		Sharpless and Johnson（1977）

ずしもすべての作物で共通ではないようである。山崎浩道のトマトでの、被覆硝酸カルシウムと試作品である被覆塩化カルシウムを用いた比較実験では、被覆塩化カルシウムのほうがトマトのカルシウム含有率も高く、尻腐れ果の発生率も低下し、高いトマト収量も得られている。

なお、関連して久保研一（一九九四）は、キャベツ根こぶ病に対する被覆硝酸カルシウムの施用試験を一九九二年、一九九三年に実施しているが、慣行施肥区より、しおれが少なく、発病遅延効果を認めている。

②硫酸カルシウム（石膏《こう》）はpHを高めない

硫酸カルシウム（石膏）も、土壌pHを上昇させないでカルシウムを補給する有効な方法であることが日本国内でも近年認知され、現在では全国的に普及しつつある。海外での石膏利用は古くからなされていたが、酸性土壌の多い日本国内での利用は少なかった。今後期待される資材の一つである。

土壌中の高濃度カルシウムイオンあるいは宿主植物のカルシウム吸収が、多くの病原菌の発病に対して抑制的に作用するのはすでに明らかだが、いかにカルシウムを吸収させるかが今後の課題である。

③窒素の影響なく使えるギ酸カルシウム

なお、杉本琢真ら（二〇〇八・二〇〇九）の研究の最新情報も紹介しておく。硝酸カルシウムは有効ではあるが、随伴する硝酸イオンにより作物の種類、生育時期によっては窒素過多になる可能性がある。そこで、北海道のブロッコリー花蕾腐敗病対策で用いられているカルシウム資材がギ酸カルシウムであることを知り、ダイズ茎疫病でもその効果を確認した。硝酸カルシウムと異なり窒素の影響を考慮しなくてよい分使いやすく、しかも病害防除効果は優れていた。一〇mMギ酸カルシウムでは、茎疫病菌の菌糸生長や遊走子放出への阻害効果も認められた。

表4　Caの栄養条件と病害虫被害発生程度の関係

元素	作物名	病名（英名）	病名等	病原菌，害虫学名等
Ca	トマト	Bacterial canker	かいよう病	*Clavibacter michiganense*
		Bacterial wilt	青枯病	*Ralstonia salanacearum*
	インゲンマメ	Soft rot disease		*Erwinia carotovora*
	ジャガイモ	Bacterial soft rot	軟腐病	*Erwinia carotovora*
	ジャガイモ	Scab	そうか病	*Streptomyces spp.*
	コムギ	Take-all	立枯病	*Gaeumannomyces graminis*
	ダイズ	Stem rot（Twin stemが一次要因）	菌核病	*Sclerotium spp.*
	トマト	Fusarium wilt	萎凋病	*Fusarium oxysporum*
	ピーマン	Southern blight	白絹病	*Sclerotium rolfsii*
	ハクサイ	Clubroot	根こぶ病	*Plasmodiophora brassicae*
	インゲンマメ	Rhizoctonia root rot	リゾクトニア根腐病	*Rhizoctonia solani*
	タマネギ		黒かび病	*Aspergillus niger*
	レタス	Gray mold	灰色かび病	*Botrytis cinerea*
	リンゴ	貯蔵中の腐敗病	黄腐病	*Gloesporium perennans*

圃場での試験は、丹波黒大豆は大半が移植栽培のため、発芽後の苗を四mM、一〇mM溶液に一〇日間浸漬し定植、その二週間後にさらに株当たり同濃度の溶液を五〇〇mℓ施用している。茎疫病低発生圃場では、収穫時点まで一〇mM区では顕著に四mM区では半分程度に発病が抑制されたが、高発生圃場では両濃度区とも発病率を半分程度に抑制できる程度であった。

一方、別途育成している茎疫病抵抗性系統では、いずれの圃場でも発病率がゼロのため、抵抗性系統（遺伝子）の効果には劣る。もちろん生育初期のみのカルシウム資材の施用のため、生育後半まで体内カルシウム濃度の維持ができていなかったことも考えられる。

なお、ギ酸カルシウムは商品名スイカルとして晃栄化学工業株式会社より販売されている。

アブラナ科根こぶ病対策は高pHに保つこと

土壌病害対策に土壌pHがいかに重要であるかについて、後藤逸男（二〇〇三）は土壌病害に苦しむ農家の圃場で早くから実践的に示してきている。たとえば、根こぶ病に悩む東京都三鷹市では、一九九〇年から農家と地元JAと大学が一体となり転炉スラグ（商品名：ミネカル）を一〇a当たり約五tと大量に施用し、土壌pHを七・二まで上げることを実施し、一九九六年までの七年間の継続調査で、三鷹市の畑から根こぶ病を根絶することに成功している。

通常、消石灰などで土壌pHを七・二まで上げるとホウ素やマンガン、鉄欠乏を生じる。そこで後藤逸男が着目したのが転炉スラグである。転炉スラグには鉄はもちろん、ホウ素、マンガンも適量含まれているため、安心して利用でき、しかも土壌pHの維持期間も長い。

一〇年ほど前に、筆者も人づてにこの対策法を初めて聞いたが、転炉スラグの施用量に驚いた。しかも当時は、土壌pHは六・五程度が望ましく、pH七を超えるアルカリ土壌では、種々の微量要素欠乏が出るため危険とされていたからである。しかし、後藤逸男によると、海外では一九五〇年代から知られていることだそうだ。インターネットで海外の現地における根こぶ病対策情報をみると、土壌pHを七・二に上げることは、非常に重要な根こぶ病対策の一つとして記載されている（ダビッドソンら二〇〇四）。

カルシウムの収量への効果

カルシウムの収量への効果について、杉本（二〇〇八）などから紹介する。

兵庫県篠山市の黒大豆栽培農家、山本博一さんがよく話されていることだが、黒大豆でもカルシウム資材の葉面散布で収量増効果が認められる。カメムシ防除の薬剤と一緒に二回ほど有機カルシウム剤、商品名：カルハード（大塚化学株式会社）を散布すると大豆の粒も大きくなり、収量も多くなるそうだ。

大豆はカルシウム吸収量も多い。前述の杉本らの試験でもカルシウム施用区は大豆収量も多くなっていた。葉面散布は生理障害対策や病害抵抗性付与の効果だけではない。葉面散布は、養分としてのカルシウム補給もできるようである。

カルシウム欠乏症対策と吸収力を高めるために

①カルシウム欠乏の原因

カルシウム欠乏症の生理障害発生も現場では多く、こまっている農家もいるため、原因と対策の若干の復習をしておく。まずカルシウム欠乏症を助長する原因は、①窒素過多、

②土壌の乾燥、③高温である。

①はアンモニア態窒素過多がカルシウム吸収を特に阻害するが、②の土壌の乾燥とともに苗の段階から影響する。③は地温の影響も大きい。これも山本明（一九九四）から教えられたことだが、ピーマンなどで各種マルチを使用していると、地温上昇の高いマルチを使用した畝ほど尻腐れ果の発生が多い。

②カルシウム化合物は高温で溶けにくい

通常の塩類は高温になると溶けやすくなる。カルシウム化合物でも塩化カルシウムや硝酸カルシウムは高温ほど溶けやすい。ところが、炭酸カルシウムのかたまりでもある珊瑚は暖かい海で生長する。高温ほど、炭酸カルシウムは溶けにくいためだそうだ。

手もとにある簡単な物性事典で調べてみると、炭酸カルシウムは水に不溶と記載されており（詳しくは不明だが、理化学事典によれば一・四mg／一〇〇g H_2O、二五℃で可溶）、硫酸カルシウム、酢酸カルシウム、水酸化カルシウムなどは、高温になると溶けにくくなるとの温度別溶解度データが記載されていた。

図5　カルシウム（Ca）の吸収，転流に及ぼす蒸散の影響

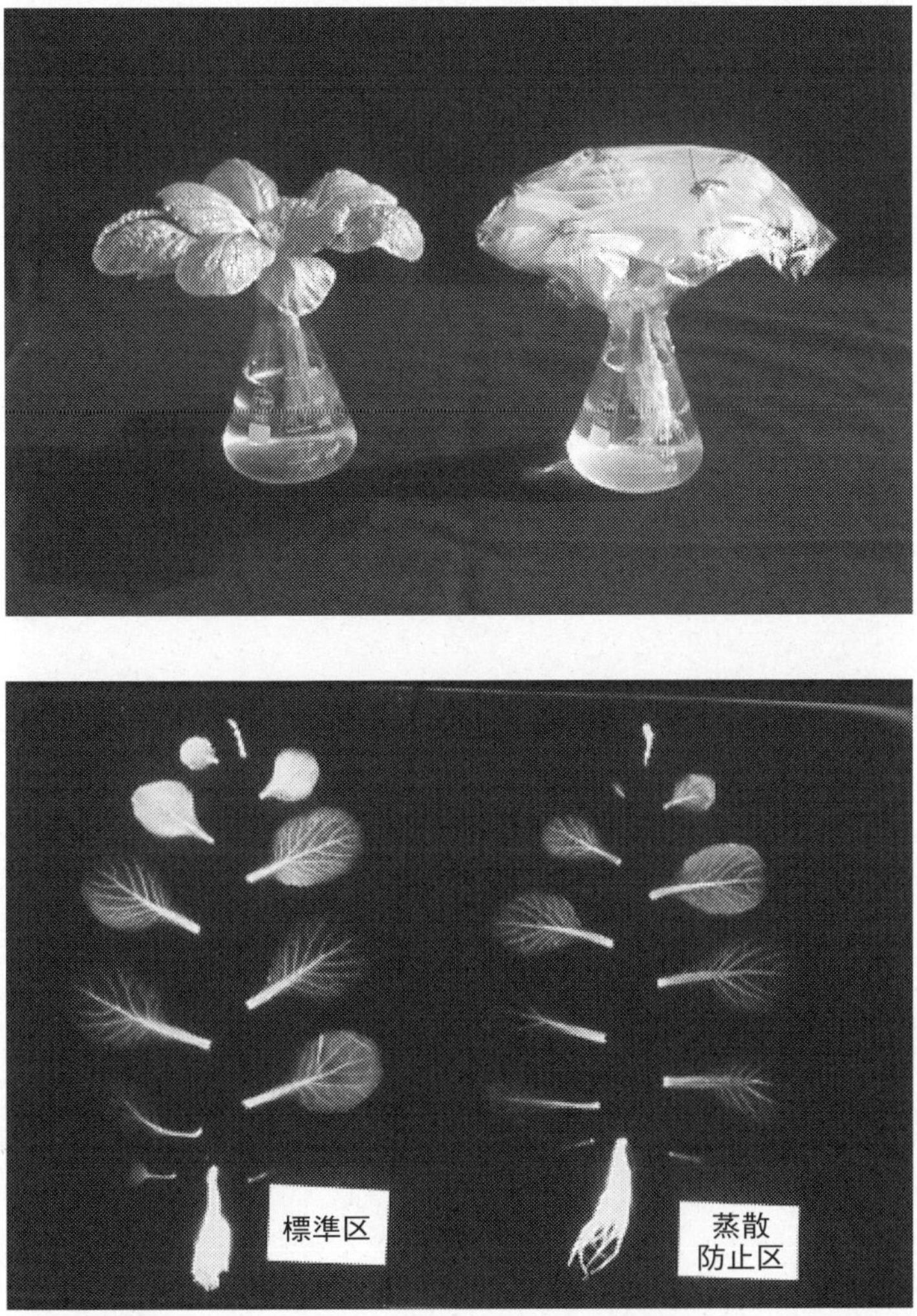

注）上の写真は実験風景。三角フラスコに放射性同位元素で標識したCaが入っている。幼小物はハクサイ。右はラッピングで蒸散を抑制。
下は24時間後に植物体を解体し、放射性同位元素の強さ、すなわちカルシウムの分布を見た。白いところに吸収されたカルシウムが多く分布している

③蒸散の活発化でカルシウム吸収量が増える

温度が高くなると、溶けにくくなるカルシウム化合物が土壌中に存在する一方、植物のカルシウムの吸収は、蒸散作用の影響を大きく受ける。カルシウムは水の吸収とともに吸収され水とともに転流する。ハクサイをラッピングすると、カルシウム転流量が急激に小さくなる。

昔、カルシウムの吸収・転流に根圧が関係するという根圧説があり（パルツキルら一九七七）、葉からの蒸散を抑制すると、自転車のタイヤの空気のように根圧によりカルシウムは地上部全体に転流するとの

説明もあった。筆者はそれを確認するため、ハクサイの心腐れ対策に蒸散を抑制するラッピングを試みた。結果はひどいカルシウム欠乏症の大発生で、散々であった。根圧がカルシウム転流に作用する部分もあるだろうが、実用的には蒸散の影響のほうがはるかに大きかった。このことは^{45}Caを用いたトレーサー実験でも確認している（図5）。

したがって、ハウス内でのカルシウム欠乏対策として、微風を起こすように天井に窓をつくったり、弱く空気を動かすことは大きな効果がある。このことはシュンギクなど軟弱野菜では、すでに多くの農家が知っていて実行している。チューリップも、品種によっては葉先が枯れるカルシウム欠乏症が多く、こまっているのだが、小さなビニールハウスで栽培している場合は、ハウス内に微風を起こしにくいのが難点である。

葉面散布剤によるカルシウムの補給

①カルシウムは葉より茎と根に散布

カルシウム補給対策の一つとして葉面散布剤の施用も効果がある。しかし、その施用時期、方法が重要である。

代表的なトマトの尻腐れでは、カルシウム剤の散布は、幼果からと一般に思われているが、池田英男の実験では苗のときも重要で、苗段階からの散布が必要である（中山一九九六）。山本明（一九九四）の実験によると、葉面散布剤を根ぎわにかん注すると、カルシウム欠乏症であるピーマンの尻腐れ果も減少するが、ピーマンの生育・収量にも効果が現われるという。根への水溶性カルシウムの補給は、効果があることは予想できる。

また筆者（二〇〇六）がすでに紹介しているように、地上部に散布したカルシウムは葉からも茎からも果実からも吸収されるが、篩管転流はしない。したがって、葉に与えられたカルシウムはその葉の先端へは転流するが、他の葉へは移行しない。カルシウムは葉より茎や根への散布をすすめる。

②希釈倍率はカルシウムの濃度で判断

なお、生産現場では各社製品の比較試験をすることが多いが、施用効果は含まれる元素濃度によって大きく異なるので、希釈するときはカルシウム濃度にも注意したい。ある試験結果だが、各社製品を同じように五〇〇倍希釈（粉末では〇・二%）液を作成して実験を行ない、塩化カルシウム剤はカルシウム吸収量は多いが薬害を生じる、有機カルシウム剤は濃度障害は生じないがカルシウム吸収量が少ないとした報告もある。

希釈液の元素濃度計算法

$$\text{希釈液元素濃度（ppm）} = \frac{\text{液肥の成分比（\%）} \times 10{,}000}{\text{希釈倍率}}$$

この計算式は，（株）ハイポネックスジャパンの塩田豊さんが最も実用的で便利な計算式として教えてくださったものである。記してお礼を申し上げる。

同じ希釈倍率では、塩化カルシウム剤は有機カルシウム剤の二〜三倍以上の濃度になる。試験結果は、希釈後のカルシウム濃度が異なると大きく影響を受ける。カルシウムは比較的濃度障害を生じにくいが、やはり高濃度では障害を生じる。夏秋ギクではカルシウム欠乏症が発生しやすいが、塩化カルシウムの〇・四％液では葉先が褐変する。〇・二％でもわずかだが障害が生じる。作物によって適濃度域は異なるので、注意が必要である。

葉面散布剤の効果を比較する場合は、とくに希釈後の溶液中元素濃度も重要なので、右下の希釈液の元素濃度（ppm）計算法の活用が便利である。

渡辺和彦著『ミネラルの働きと作物の健康』（二〇〇九）より抜粋

石灰こぼれ話

江戸時代の農書に著された石灰

江戸時代の農書『培養秘録』の中に石灰の記述がある。

この農書、江戸末期、天保十一年（一八四〇）、佐藤信淵が、病にふせ危篤状態にあった父から口授された奥義をまとめたものだそうである。

当時は二種類の石灰が売買されていたようで、一つは、焼いた石灰岩の大小の塊を風雨にさらして自然に崩壊して粉となったもの。今で言う「生石灰」であろうが、深淵は「風化の石灰」と名付けている。それともう一つは、焼いた石灰の塊に水を注いで粉にしたもの。「よく冷えた石灰でもたちまち火炎をハッし、ふつふつとわきあがり飛び跳ねながら粉々となっていく」とあり、今で言う「消石灰」であろう。深淵はこれに「水化の石灰」と名付けている。ただし、この水化の石灰は「全く火気が抜け去って性質が変わり、効能はなくなって肥料としては役に立たないものだ」としているのはご愛敬である。

石灰という記述ではないが「骨と貝殻の灰の施用法」という章が設けられており、「獣類と魚類の骨をはじめとして、かき・あさり・はまぐり・さざえ・あわび・たいらぎ・ほら貝・赤にし・しじみにいたるまで、たくさん取り集め、焼いて灰にし、蓄えておくべきである」と記している。貝殻を焼いてから、それを粉にして使用したらしい。

おもしろいのは、貝殻の灰を使い続けると土地の肥沃さが衰えてしまうので、安くて米が良く取れるからと言って使い続けてはいかん、ちゃんとその他の肥料もやりなさいよ、としている点であろう。灰の施用で土の酸性が改善されて微生物の活動が活発になり、有機物の分解がすすんで土がやせていくことへの警告も忘れていない。

（編集部）

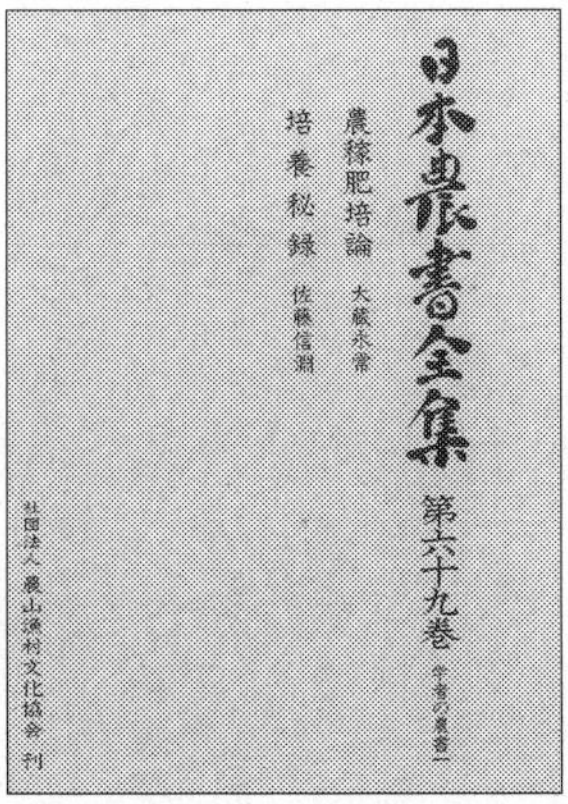

参考『日本農書全集』第六九巻「農稼肥培論・培養秘録」（農文協発行）

体内カルシウム濃度が高いほど ダイズ茎疫病も出ない

杉本琢真（兵庫県立農林水産技術総合センター）

茎疫病―土壌伝染性の難防除病害

ダイズ茎疫病は病原菌ファイトフィソラ・ソージャによって引き起こされる土壌伝染性の難防除病害（写真1）で、近年では全国の水田転換畑や不耕起栽培地域を中心に発生が増加傾向にある。

兵庫県では丹波黒栽培地域において発生が顕著であり、発生率は栽培圃場の八六％に達し、激発圃場は発病株率五五％（二〇〇六年）を記録した。茎疫病に罹病した株は枯死して収穫不能となるため、被害額は黒ダイズだけでも六・八億円（兵庫県）といわれている。そのため、日本のダイズ安定生産、収量・品質向上に向けて、茎疫病抵抗性品種の育成と地球環境に優しい防除技術の確立が不可欠である。

これまで、抵抗性品種の育成に携わるなか、後者の観点からも茎疫病に対して抵抗性増強効果のある無機元素を探索してきた。その結果、他の無機元素に比べて、カルシウムの施用効果が顕著であった。

菌接種前のカルシウム処理実験

茎表皮への菌糸の侵入が阻止される

筆者が新たに開発した瓶培養試験を用いて、カルシウム処理が茎疫病の発病抑制に及ぼす影響について試験を行なった。

菌接種前に素寒天培地（〇・七％寒天と一・三％ショ糖）にカルシウムを処理しておいた場合、高濃度処理区でも植物体への濃度障害がほとんどなく、すべての区で発病が減少した。同濃度のカルシウムが菌糸の生育に及ぼす影響について調査した結果、高濃度のカルシウム処理では菌糸の成長を若干抑制した。

このときの菌接種部位の走査電子顕微鏡像が写真2、3である。処理区では茎表皮への菌糸の侵入が阻止されている様子が確認できる。いっぽう、〇・四～一〇mM（Ca：一六～四〇〇ppm）のカルシウム処理区では菌糸の成長が促進されるが、発病には抑制効果がある

写真1　茎疫病

茎疫病に感染したダイズは黒褐色の病斑を示し、感染後1週間程度で枯死する。関東・東北・甲信越では主に生育初期、北海道・兵庫では生育中後期に発生が見られる（写真はすべて杉本琢真　原図）

ことが確認できた。

これらの結果から、一連のカルシウム処理による発病抑制効果は菌に対する直接的な影響（高濃度処理区）も考えられるが、その効果以上にカルシウムイオンへの植物側の応答の結果であると考えられた。

体内濃度が高いほど抑える —苗の浸漬処理が効果的

そこで、植物体中のカルシウム濃度と発病株率との関係を調べた結果が図1である。植物体中のカルシウムの吸収の増加とともに発病が減少していることがわかる。

この試験の一年後、圃場で処理しやすいカルシウム資材を渡辺和彦客員教授（東京農業大学）の指導のもとで探索した。その結果、七種類の資材からとくに効果が顕著であったスイカル（晃栄化学工業　主成分：ギ酸カルシウム）を選抜した。

スイカルを用いて、セル苗試験を行なった結果が図2、写真4の通りである。すなわち、菌の接種前にスイカル処理をしておけば、無処理区に比べて発病株率がはるかに減少した。ただ、瓶培養試験と同等な発病抑制効果を得るには、より高濃度のカルシウムが必要であった。これはカルシウムの土壌への吸着作用の結果であると考えられる。

この点に注意して、スイカルを用いた現地試験を実施した。その結果、ダイズ定植前、すなわち初生葉確認後から約一週間、カルシウム溶液に一二八穴の苗床を湛水処理した後に移植すれば、無処理区に比べて茎疫病の発生率が

写真2　高濃度のカルシウム処理で菌糸の侵入を阻止（未発表）

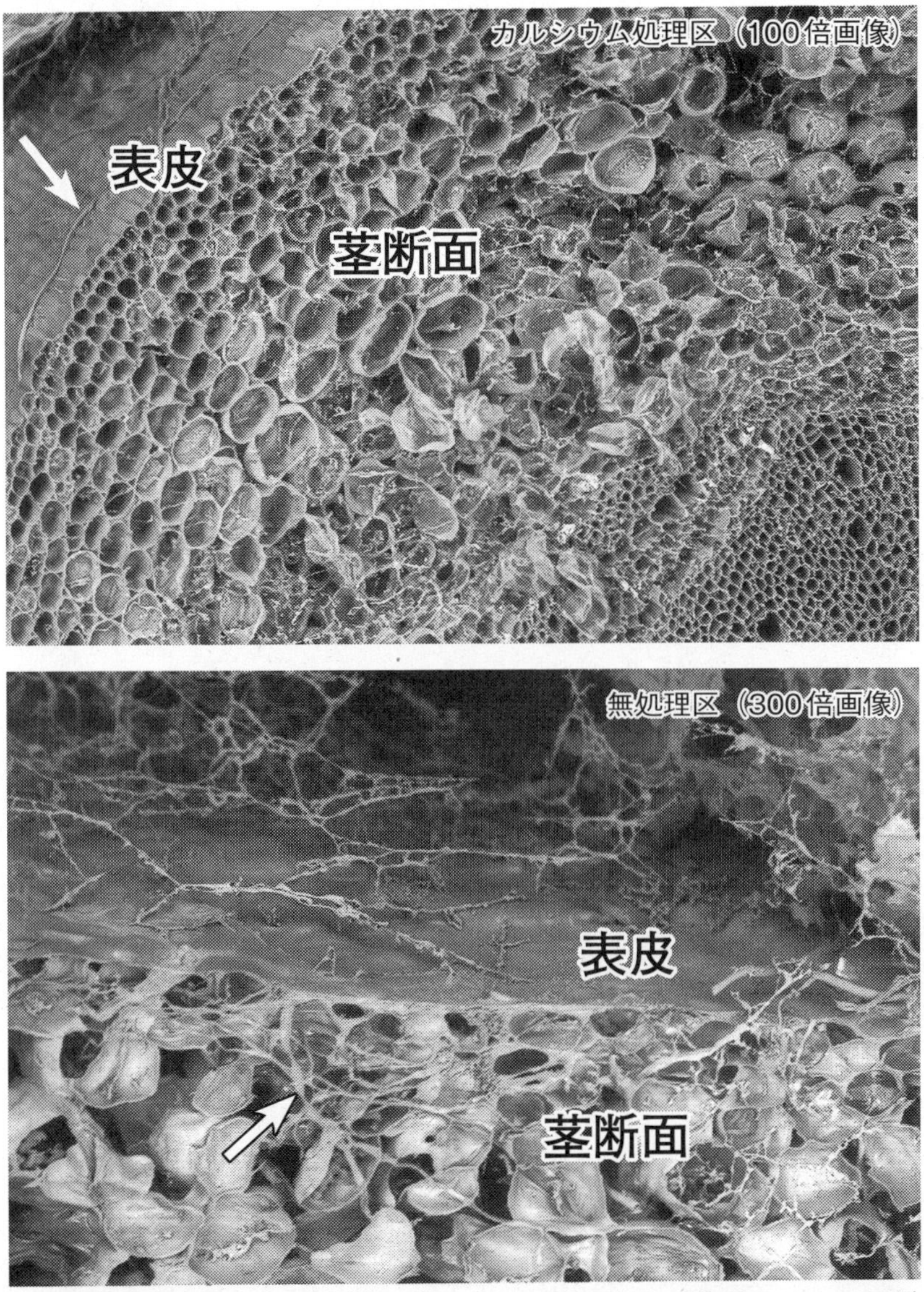

注）走査電子顕微鏡（日立S-3000N）による菌接種部位の茎断面のSEM 画像を示す。
無処理区では多数の菌糸が茎内部に侵入している（矢印）。いっぽう、硝酸カルシウム処理区（30mM）では菌糸の侵入が阻止されている（矢印）
（撮影協力　日立ハイテクノロジーズ・振木昌成氏）

写真3　高濃度のカルシウム処理で菌糸の活性も抑制（未発表）

無処理区（60倍画像）　　カルシウム処理区（60倍画像）

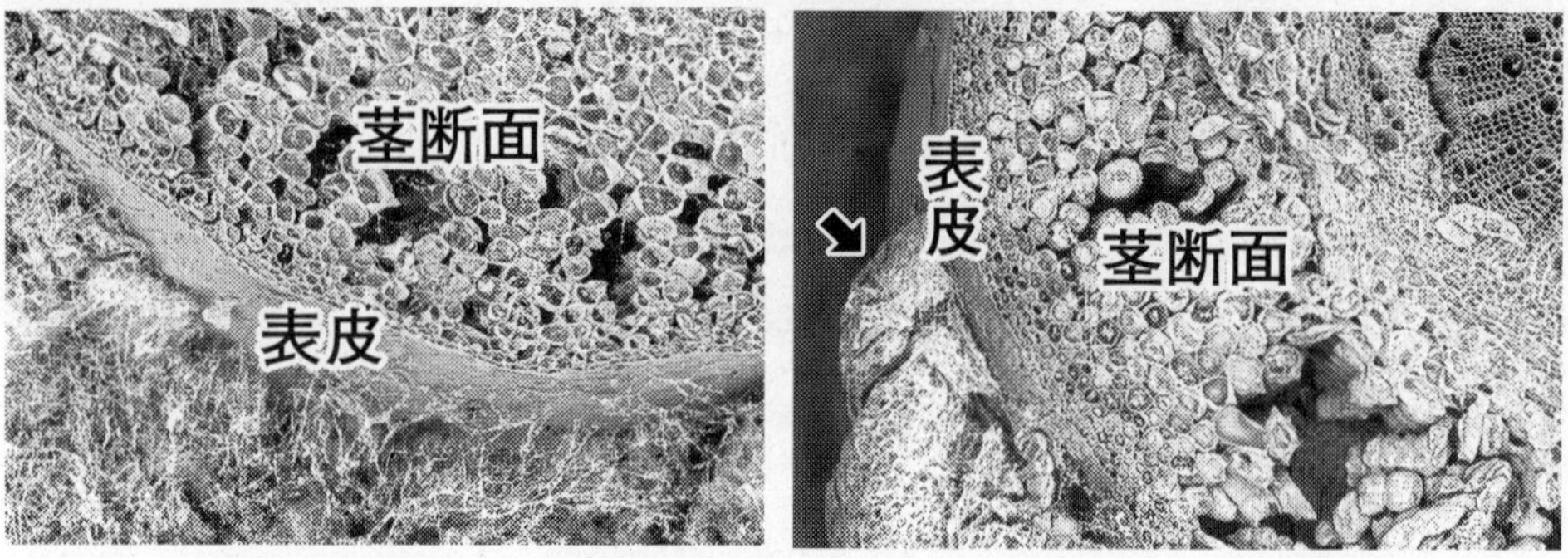

同倍率のSEM画像。無処理区では多数の菌糸が表皮全体に広がっている（侵入もしている）が、カルシウム処理区では菌糸が広がらず、接種部位にとどまっている（矢印）

図1　植物体中のカルシウム濃度と発病率との関係

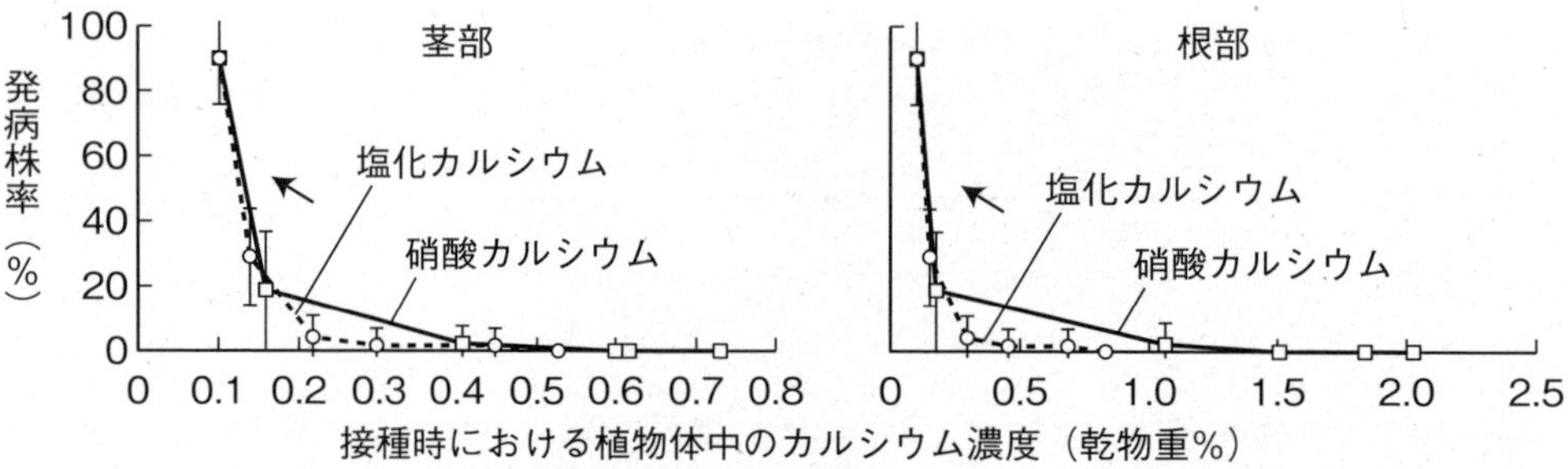

植物体中（根、茎）のカルシウム濃度が高くなるほど、発病は顕著に減少した。矢印で示す通り、塩化カルシウムと硝酸カルシウムの傾きがほぼ同じとなっており、発病抑制にはカルシウムが関与していることを示している。品種：サチユタカ

減少することを確認した。この時の処理に必要な溶液量とコストは五〇cc×二回／株で〇・五六円／株と見積もった。

収量増も期待できそう

また、実際に現地でカルシウム処理をされている山本博一氏（篠山市川北）に「適量のカルシウム処理が品質、収量に及ぼす影響について」お話を伺った。山本氏は五年以上前からカルプラス（大塚化学　主成分有機キレートカルシウム）の葉面散布を八月十五日（開花最盛期）前後と八月二十五日前後の年二回実施しているが、着莢数、収量とも明らかに増加するとのことであった。カルシウムは病害抑制効果に加えて、大豆の品質、収量向上効果も期待できそうだ。

カルシウム欠乏の畑では伝染源が増える可能性がある

圃場において茎疫病の伝染源となるのは主に遊走子である。そのため、カルシウムが遊走子の放出に及ぼす影響について試験した。

低濃度のカルシウムでは遊走子の放出を促進させた。この結果からカルシウム欠乏の圃場においては病気の伝染源を増加させる可能性があると考えられる。いっぽう、高濃度のカルシウムを処理した場合には遊走子の放出を有意に抑制すると同時に、遊走子の運動性（遊泳能力）も低下させた。このことから、圃場には遊走子の放出、運動を抑えるだけのカルシウム施用が必要と考えられる。

図2　カルシウム処理による抵抗性増強効果

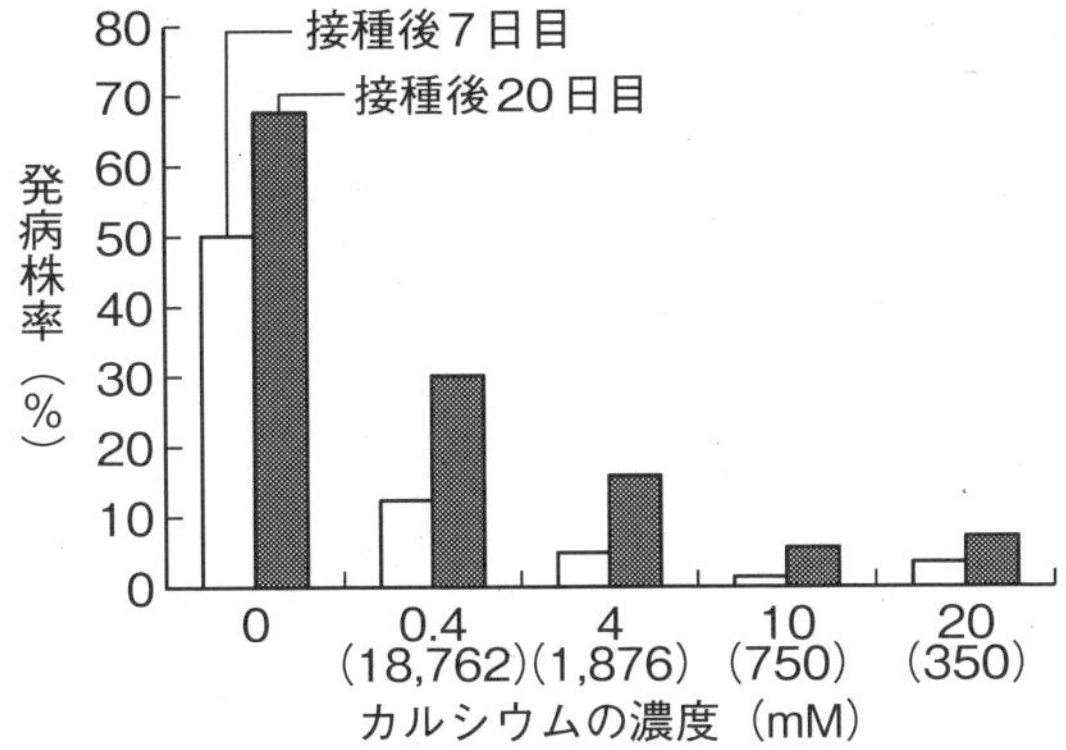

接種後7、20日目における発病株率を示す。（　）内はスイカルの倍率。試験は写真4 に示す浸漬法によるもので、圃場の施用条件とは異なる

写真4　カルシウム処理による抵抗性増強効果

接種7日前にスイカル10mM（750倍希釈）液をバットに入れ浸漬処理し、菌の人工接種を行なった。スイカル処理区では明確な発病抑制効果が認められた。数値は反復試験の平均を示す

感染後の処理でも効果がある

これまで、菌に感染前のカルシウム処理が抵抗性増強に強く関わっていることを紹介してきたが、最後に「菌感染後でもカルシウムが効く例」を紹介する。

山崎浩道ら（東北農業研究センター）はトマト青枯病に対して、感染後でも培養液中のカルシウム濃度を上昇させることで発病抑制効果を確認している。

われわれも瓶培養試験、セル苗試験を実施しており、後者の結果を次ページの表に示す。接種後一日以内に高濃度のカルシウムを処理することで、発病抑制効果が確認できた。ただ、接種後二日を過ぎると効果は減少した。

写真5は採種用の黒ダイズに茎疫病が自然発生し、直ちに一五mMのカルシウム溶液一ℓを加えた時の結果である。無処理区では発病後二週間までに完全枯死したが、カルシウム処理区では褐色部分（菌感染部分）の進展が遅延され、子実収量は健全株に比べて少ないものの最終的な収穫が可能であっ

写真5　感染後のカルシウム処理が発病抑制に及ぼす影響

8月30日に発病を確認後、15mMスイカル溶液を2日おきに3回株元に施用した（写真右）

た。

以上のことから、カルシウムの茎疫病に対する抵抗性増強は、菌感染前のペクチン酸との結合による細胞壁の強化だけでなく、感染後でも植物体内での菌の増殖や移行の制御にも何らかのメカニズムで関わっていると考えられた。

カルシウムの効果をうまく発揮させるには菌感染前に十分なカルシウムを吸収させておくほうがよい。しかし、菌感染後でも効果が認められることは特筆できる。今後はその効果を圃場においても再確認したいと考えている。

『現代農業』二〇〇八年六月号　体内カルシウム濃度が高いほどダイズ茎疫病も出ない

表　感染後のカルシウム処理が発病抑制に及ぼす影響

	発病株率（％）
無処理	93.3
無処理+接種１日後に10mMスイカル	62
当初から0.4mMスイカル	19
当初から0.4mMスイカル+接種１日後に10mMスイカル	10
当初から10mMスイカル	5

カキ殻石灰施用でミカンの腐れが減る

田代暢哉（佐賀県上場営農センター）

カキ殻石灰を五年連用した果実—確かに病気にかかりにくい

カルシウムを施用すれば病気に強くなるのは間違いないようです。写真はカルシウム資材（カキ殻石灰）を五年間継続して施用した園と五年間無施用の園とで、それぞれの温州ミカン果実にカンキツ褐色腐敗病菌を四時間感染させた時の様子です（写真の上段）。

この菌は接種わずか一時間で感染が始まり、二五℃前後の適温では四時間もあれば感染が成立します（上段右）。ところが、驚くべきことにカルシウム施用園の果実（上段左）はまったく発病していません。

接種時間を四八時間とさらに長くしたものでは（写真の下段）、当然発病が激しくなり、無施用園の果実ではすべてが腐敗しています。でも、カルシウム施用園の果実は発病がかなり軽いことがわかります。無施用の三分の一程度でしょうか。カルシウムが豊富だと病気にかかりにくいことがこれでわかります。

実際には、果実が四八時間もぬれていて、水滴が付着していることはめったにありません。カルシウムのレベルを上げてやることで、褐色腐敗病の防除はかなりラクになるといえます。

最低三～五年以上連用が必要

ただし、カルシウムは土壌から吸収されても樹体内での移行が遅いので、施用したからといって一気に効果が現れてくるわけではありません。気長に最低三～五年以上の施用が必要です。今回、示している園地の例は連続して五年間施用した園です（カキ殻石灰を毎年一〇a当たり二〇〇kg施用）。

カルシウム資材としては、カキ殻石灰などのような、徐々に効果を発揮し、土壌にやさしいタイプのものがおすすめです。炭酸カルシウムや苦土石灰はカルシウムが一気に補給されて、pHは改善されますが、有機物の補給を怠ると土壌が硬くなるのが欠点です。

しかし、あまりにもpHが低いような場合にはカキ殻石灰と炭酸カルシウムや苦土石灰を併用したほうがいいでしょう。

pH五・五以上を目指す

土壌中のカルシウム含量を測ることは簡単にはできませんが、pHの値からだいたいの推測はできます。最低でもpH五・五以上を目指してカルシウム資材を施用します。

残念なことに、わが国のカンキツ園地の土壌pHはおしなべて低くなっています。pH五・五以下の強酸性土壌では、改良にすぐ取りかからなければいけません。なお、カルシウムの吸収をより高めるためには細根量の増加が必要で、そのためには堆肥などの有機物施用も欠かせません。

なお、葉面散布によっても同様の効果は現れますが、安定性に欠けるので、あくまでも土壌施用によって根部から吸収させることが基本です。

『現代農業』二〇〇八年六月号　カキ殻石灰施用でミカンの腐れも激減

写真　石灰施用による病害抵抗力の向上（%は発病率、（　）内はpH）

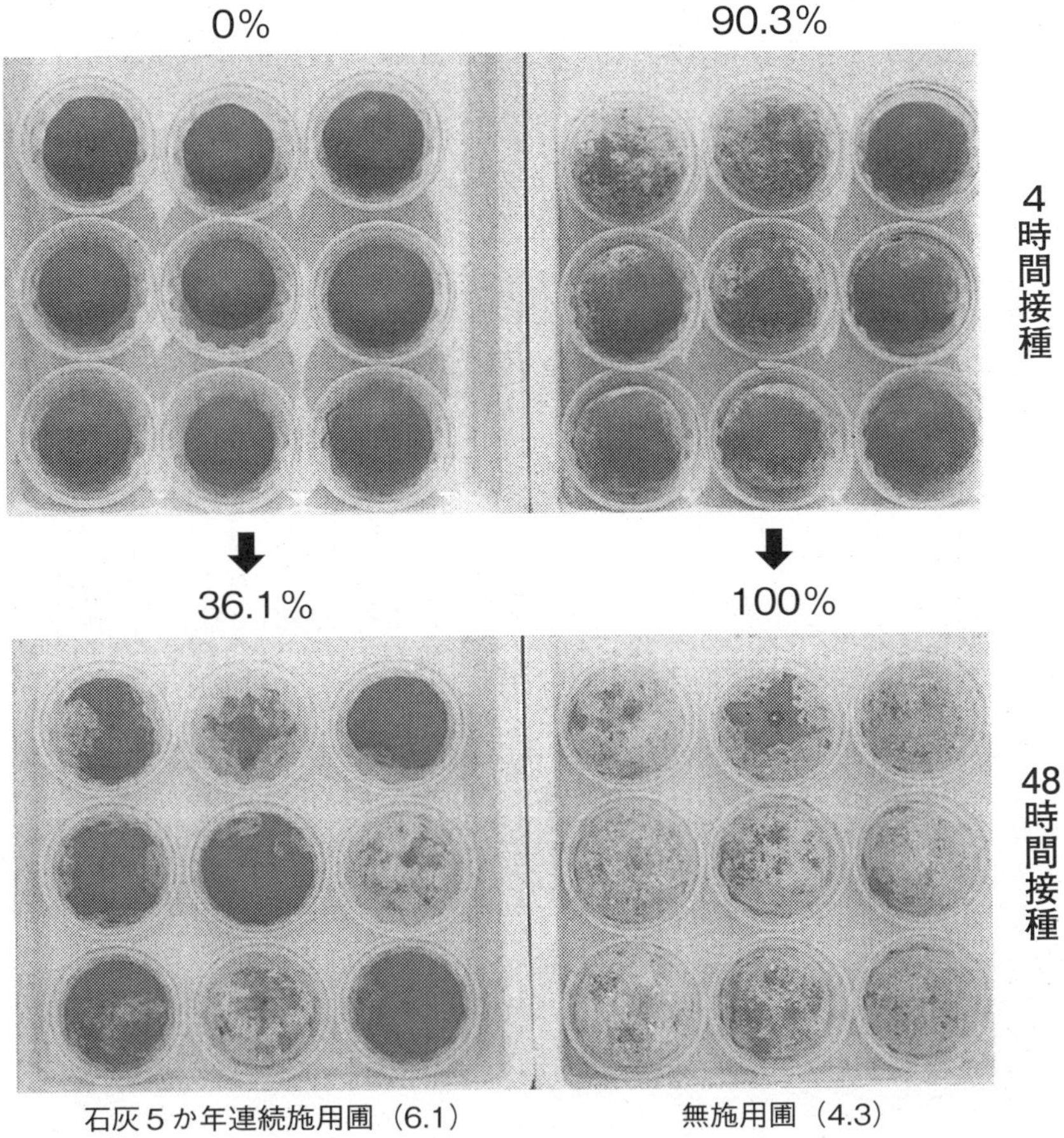

表　カルシウム施用で緑かび病も激減する

カルシウム施用状況	発病果率（%）
5か年連続施用園	8.5
無施用園-1	56.6
無施用園-2	43.2

注）収穫前の防腐剤は無散布、傾斜角20 度のコンクリート坂道を5m 転がして発病助長条件にしたものをポリ袋に入れ、14日経過後に調査

ブロッコリー「花蕾腐敗病」には、カルシウムが効果あり！

中村隆一（北海道立花・野菜技術センター）

出蕾始前後に銅水和剤

花蕾腐敗症状は、ブロッコリーの夏期安定生産を図る上で大きな問題です。

これまでこの症状は、「ブロッコリーの腐敗症状」とだけ呼んできて、病名は未整理でした。花蕾部から分離した菌を調査した結果、シュードモナス菌とエルビニア菌により腐敗症状が生じることがわかり、「花蕾腐敗病（新称）」として整理。茎葉部に生じる腐敗症状（軟腐病等）とは区別しました。

花蕾腐敗病は、降水量が多く、最低気温が高く、昼夜の温度差が小さい時期に多発します。発生が予想される時期には総合的な花蕾腐敗病対策を行なう必要があります。

まず、栽培品種は、「サリナスアーリー」「マグナム」「まり緑」などの花蕾腐敗病の発生が少ない品種にすべきです。次に、花蕾腐敗病の防除には薬剤防除も有効です。とくに銅（塩基性硫酸銅）水和剤を出蕾始（花蕾が約一cmに肥大した時期）前後に二～三回散布することが効果的です。花蕾形成中期以降の散布は薬斑（青白色の汚れ）を生じる恐れがあるため、適期の散布が望まれます。

ブロッコリー花蕾腐敗病の症状

カルシウムが少ないと花蕾腐敗病が多い

ところで病害というと、すぐ「農薬」という解決策が語られますが、本来、病気は作物の体の状態と密接に関連しているものです。花蕾腐敗病が多発していたブロッコリーの花蕾はカルシウムが相対的に少なく、大きさが大きいのが特徴でした（図1）。カルシウムは細胞の強度を保つ成分であるペクチンの結合を促して細胞を強固にします。カルシウムの多少は、花蕾腐敗病発病程度と関連すると思われます。

花蕾のカルシウム濃度は肥培・土壌管理改善で高められます。花蕾のカルシウム濃度は、花蕾が大きく、花蕾のチッソ濃度やリン酸濃度が高いほど低くなります（図2）。

カルシウムは、植物体内で水と共に根から茎葉へ移動します。水は葉から蒸散されるので、カルシウムは花蕾より葉に主に蓄積されます。チッソの多肥は花蕾の形状を整えますが、とくに元肥での多用は下葉を過繁茂にさせ、花蕾へのカルシウム移動量を減らして花蕾腐敗病を発生しやすくするので、避けるべきです。

銅剤散布の時に一緒に石灰資材の葉面散布を

土壌診断を併用しつつ土壌の交換性カルシウム濃度を適正にすることは、花蕾のカルシウム濃度を高めるうえで有効です。土壌への石灰質資材の施用や、石灰質資材（有機酸・無機塩カルシウム、液体有機酸カルシウム、有機キレートカルシウムなど）の葉面散布も、花蕾のカルシウム濃度を高めるには有効です。石灰質資材の葉面散布による発病抑制効果は銅水和剤の併用で高まるので、同時散布が望まれます。

作土を厚く、排水をよく、取り遅れないこと

花蕾のカルシウム濃度を高めるために注意すべき点を土壌管理面からまとめました。

まず作土を厚くすること、とくに粘質で耕起時に土塊が生じやすい畑では、二〇cm以上にすることが必要です。作土を厚くすることで下層土に根が伸び、生育と花蕾の肥大に必要な養水分の吸収可能量が増えるので、花蕾のカルシウム濃度は高まり、花蕾の外観品質の向上と直径の揃いも向上します。

次に、排水改善。機作は不明ですが、水はけ不良な畑では湿害で根傷みが生じ、花蕾肥大期の養分吸収が乱されて花蕾腐敗病発病が助長されると思われます。

最後に、発病危険期には取り遅れしないことも、花蕾のカルシウム濃度を維持し、花蕾腐敗病を軽減するために重要です。

以上のように、花蕾腐敗病の発病を軽減するには「品種選定」「薬剤防除」および「肥培土壌管理改善」からなる総合防除が有効です。「品種選定」と「肥培・土壌管理改善」は事前からの計画的な対応が求められます。

この総合防除技術を用いることで、薬剤散布のみに頼らぬ良質なブロッコリーの安定生産が可能となります。輸入品が国産品を圧迫している今日、地域全体での計画的な総合防除への取り組みが必要と思われます。

『現代農業』二〇〇一年六月号　ブロッコリー「花蕾腐敗病」には、カルシウムが効果あり！

図1　花蕾腐敗病発生に関与する花蕾直径と無機成分濃度との関係

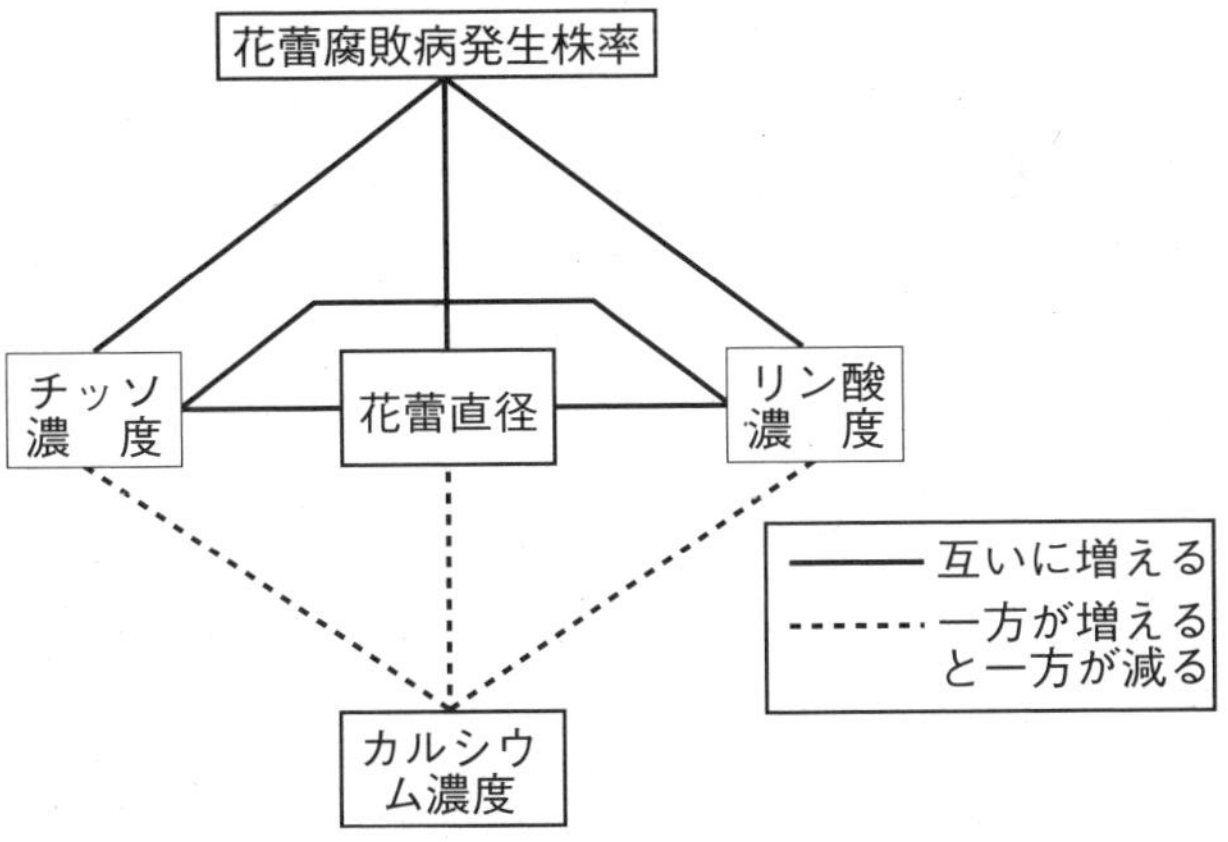

図2　花蕾のカルシウム濃度と花蕾腐敗病発生率および栽培条件との関係

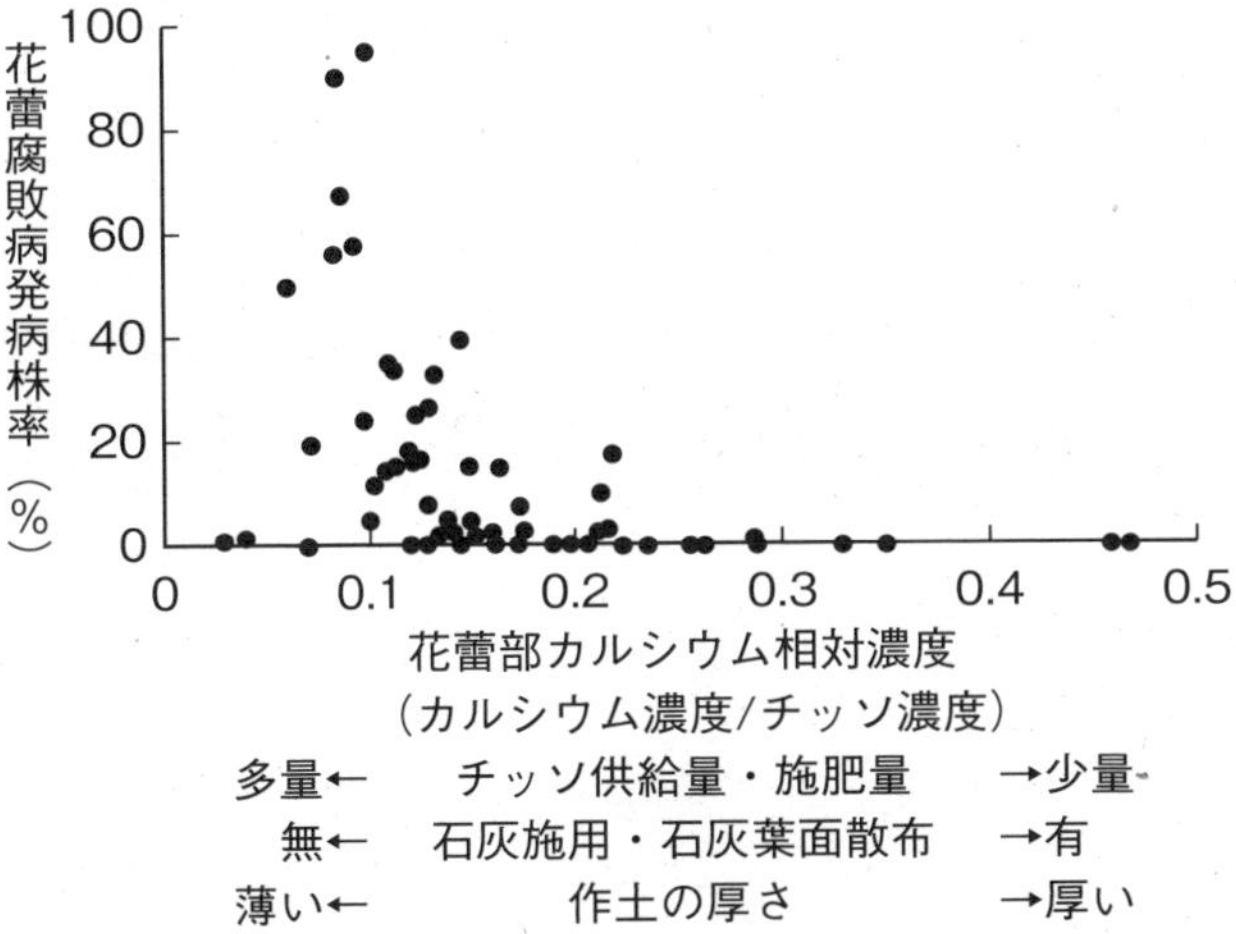

カルシウムと植物ホルモンの関係

横田　清（岩手大学）

カルシウム施用による予期せぬ影響

最近、生理障害対策としてカルシウム剤の葉面散布が広く行なわれるようになってきている。ところが、生理障害防止効果と同時に、当初予期していなかった様々な副次的効果が見出されてきた。これらの副次的効果のなかには商品価値を高めたり、樹勢調節に役立つものもある。そこで、それらの目的でカルシウム剤を散布する例さえ現われてきた。いわば、カルシウムが一種の植物生長調節剤として利用され始めたといえる。

しかし、カルシウムのこのような効果は、カルシウムが本来もっている栄養素としての働きなのか、それとも窒素やカリなどの他の栄養素の働きに影響した結果なのか、あるいは直接ホルモンの生成や移動に作用したのか、これらについてはまだ充分明らかにされていない。本文では、カルシウムを葉面散布した場合に見られる諸現象を、植物ホルモンと関連づけて述べたいと考えるが、充分な実験的確証は少なく、推定あるいは仮定にとどまる記述が多いことをご容赦願いたい。

散布で起こる生長調節作用

表1には、これまで明らかにされてきたカルシウムの生長調節物質的な作用を示した。これらは欠乏症対策として葉面散布した場合に副次的に認められたものがほとんどである。大別すると老化の抑制と、伸長および肥大の抑制に分けられる。すなわち、前者の例としては成熟の抑制、ワックス溶出の遅延、落果防止などがあげられ、後者の例としては新梢伸長の抑制、果実肥大の抑制があげられる。また変わった現象として、葉柄の派出角度が鋭角になり、結果として葉が立つという例がある。この現象はリンゴ栽培では広く観察されている。

以上あげたいくつかの例は、確かに植物の生長が調節された結果現われた現象であるが、従来の各種生長調節剤と比べて変わった特徴をもっている。その一つは、効果が穏やかで、奇形などの障害発生を伴うことがない点であり、第二は濃度に対して比較的鈍感なことである。したがって、よく観察していないと見すごすことが多く、リンゴの場合などは二～三年連続して使用して初めて枝の伸長が抑えられていることに気づく場合さえある。

カルシウム分布の特徴

（リンゴの場合）

樹体あるいは果実内でカルシウムがどのように分布しているかを知ることは、カルシウムの諸作用を理解するうえで意味があることと思う。ここでは、調査例の多いリンゴ果実でその特徴を見ることにする。

表1　カルシウム葉面散布によって観察される生長調節的効果

部　位	効　　果	効果の現われ方あるいは効果の現われる条件
果実	肥大の抑制	早期から高濃度液を散布した場合
	成熟の遅延	エチレン生成、ワックス溶出の遅延。一般的に見られる
	貯蔵力の増強	生理病の発生抑制。果肉硬度低下の遅延
	着色の改善	枝の伸長抑制や葉の角度が立つことが原因か？
葉	派出角度が鋭角	上側に湾曲する場合もある。後期散布でよく見られる
枝	伸長抑制	早期からの連続散布で見られる
樹勢	落ちつく	２～３年連続散布すると明らかに現われる

①着果位置による違い：地面に近い下枝の果実ほどカルシウム濃度が高く、樹冠頂部の果実が最も低い。

②一個の果実で見ると：表皮が果肉より一〇倍程度カルシウム濃度が高く、果皮、果肉とも果頂部に近いほど低くなる。

③着果量で比較すると：着果量の多い樹の果実ほどカルシウム濃度が高い。このことは果実の大きさと関係あると考えられる。

④貯蔵性：一般に貯蔵力のある品種でカルシウム濃度が高い傾向がある。

⑤摘葉と果実のカルシウム濃度：早い時期の果そう葉の摘葉で、果実のカルシウム濃度は低下する。

老化に関するカルシウムの影響

植物の老化現象は葉緑素の減少、離層の発達、果実の軟化、それらの結果としての生理病、腐敗の進行といった形で現われる。まず、これらの諸現象とカルシウムとの関係を、過去の研究結果から追ってみることにする。

カルシウムイオンが葉の緑色の褪色を防ぐ作用のあることは、一九七〇年代にトウモロコシやギシギシの葉切片を用いた実験で示唆されていた（プーバイアおよびレオポルド）。ファーガソンら（一九八三）は、キュウリの子葉を使った実験においても、カルシウムイオンの存在下では葉緑素の分解や過酸化物の蓄積が抑えられることを明らかにし、同時に組織の老化に伴い急激に増加する二酸化炭素の排出とエチレンの生成も抑えられることを見出した。

リンゴの生理障害ビターピット

リンゴのビターピットに代表される生理障害の多くがカルシウム欠乏が原因であることは広く知られ、防止対策としてカルシウム剤の葉面散布が行なわれている。これらカルシウム剤散布の副次的効果の一つとして果実の軟化やワックスの溶出が抑制されることがわかっている。これらの現象は成熟の急激な進行が抑制された結果現われるもので、カルシウムイオンが生理障害のみならず成熟にも影響していることを物語るものである。これらの現象はすでに一九七〇年代に実験的に確かめられていた。

たとえば、ファウストおよびクレインは、カルシウムイオンを含む溶液にリンゴ果肉切片を置いた場合に呼吸率が低下することを見出しているし、ティングアおよびヤング（一九七四）は、カルシウムイオンが呼吸のみならずエチレン生成も抑制することを報告している。呼吸およびエチレン生成の抑制は、果実の老化が抑制されることを示唆するものであり、カルシウムイオンが果実老化抑制に働いていることを示すものである。

さらに一九八〇年代になると、果実生育期に葉面散布によって果実組織中のカルシウムイオンが高まり、これによってエチレン生成が抑制されることが見出された。カルシウムイオンが果実のエチレン生成と深い関係にあることが確認されてきたのである。

以上のように、カルシウムイオンが呼吸とエチレン生成を抑制し組織の老化を抑えることは今や常識化しつつあるが、その機構についてはほとんど推定の域を出ていない。

酵素を活性化させるカルモジュリン

ただ最近、カルモジュリンと呼ばれる一種のタンパク質が、カルシウムの働きに関わっていることがわかってきた。この物質は最初に動物で発見された。ホルモンとタンパク合成との間で各種の酵素を活性化させるなど、一種の情報伝達を担い、カルシウムイオンと結びつくことによって活性化されると考えられている。植物においてもその存在が確認されていて、多くの酵素がCa―カルモジュリンによって活性化されることも明らかにされている。

また、福元（一九八二）は、リンゴ果実においてカルモジュリン阻害物質を与えるとカルシウム欠乏であるビターピットが発生することを明らかにしている。この場合、多分、カルモジュリンの活性が低下することによって、同時に膜構造維持に必要なカルシウムイオンの供給ができなくなって障害が発生したものと推定される。

カルシウムイオンがエチレン生成抑制の効果をもつことは前述のとおりであるが、その機構のなかでCa―カルモジュリンがどのように関わっているのかはわかっていない。現在の段階ではCa―カルモジュリンとエチレンとの関係はいわゆる「卵と鶏」で、どちらが先でどちらが後なのか断定できない。ただ、果実の軟化はとりもなおさず膜構造崩壊の進行を物語るものである。カルモジュリンとカルシウムとの結合を妨げる何らかの系が働き、膜構造の崩壊→果実の軟化へとすすむことは確かであろう。

ひとつの仮説

また、ひとつの仮説として以下のようなものが考えられる。すなわち、植物体には老化を引き起こす何らかの物質が存在し、その物質はカルシウムイオンの存在下では生成あるいは活性が抑制されている。ところが、カルシウムイオンの供給が低下すると、生成が起こったり活性化されたりして、老化を進行させる、というものである。

この仮説の根拠としては、カルシウムを与えることで老化が抑制されること、その場合、葉面散布などによって強制的に吸収させる必要のあること、また、植物は若い時期にカルシウム吸収が盛んで、老化に向かう時期には相対的に濃度が低下することがあげられる。

さらには、細胞内や細胞間隙にシュウ酸カルシウムなどの形で沈着する現象があり、この理由として細胞のpH調節や有害なシュウ酸の不溶化があげられているが、話を飛躍させれば、植物にとって正常な生命現象である老化を促すためには、老化の阻害要因になるカルシウムイオンの供給を阻止するという手段もあると考えることもできる。

カルシウムの生長抑制作用

カルシウム連続施用の影響

開花直後からカルシウム剤を連続散布すると枝の伸長が抑制される。表2はふじにカルシウム剤を散布した場合の枝の伸長を示したものであるが、早期散布や連続散布で明らかに枝の伸長が抑制された。これに似た現象と

表2　Ca剤散布ふじ樹のターミナルシュート長

（横田，1989）

処理区	ターミナルシュート長	備考（散布月/日）
蟻酸Ca500倍通年散布	21.9 cm	5/1, 5/17, 6/4, 6/21, 7/12, 8/1, 8/23, 9/14
塩化Ca500倍通年散布	25.5	同　上
蟻酸Ca200倍前期散布	22.1	5/1, 5/17, 6/4, 6/21
蟻酸Ca200倍後期散布	28.8	7/12, 8/1, 8/23, 9/14
対照区（無処理）	29.7	

表3　各種植物生長調節剤散布がゴールデン・デリシャス果実のカルシウム濃度（ppm）に及ぼす影響

（スターレイとベンソン，1976より）

処理薬剤	果肉		皮部		
	果頂部	果底部	果頂部	果底部	種皮
対照	260	360	530	750	2.340
TIBA	160	210	340	430	1.490
ダミノザイド	300	400	470	860	2.630
NAA	290	370	550	760	2.790
ジベレリン	290	400	580	860	2.400
フェノプロップ	340	470	610	880	2.890
TIBA＋フェノプロップ	210	260	370	520	2.110

して、カルシウム剤を二〜三年つづけて使用した場合に、いわゆる樹が落ちつくことが見られる。これは、リンゴ栽培では一種の樹勢調節技術となっている。

果実肥大もカルシウム剤散布によって抑制される場合があり、早期に高濃度液を散布した場合には抑制程度が大きくなる傾向がある。したがって、必要以上に散布濃度を高めると小玉になりやすいが、これを逆に利用して、大玉になりすぎる北斗を適切な大きさに抑え、商品価値を高めている生産者もある。

生長調節剤施用と果実内カルシウム

一方、ホルモン作用に大きく影響すると考えられる植物生長調節剤散布と果実内カルシウムとの関係については、スターレイとベンソン（一九七六）の興味深い報告がある。表3はその結果の一部を示したものである。散布した薬剤は、抗オーキシン作用をもつTIBA、生長抑制剤のダミノザイド（ビーナイン）、合成オーキシンのNAAとフェノプロップ、それにGA（ジベレリン）の五種で、満開二四日後にゴールデン・デリシャス成木樹に散布し、満開一三五日後に収穫して調査したものである。調査部位は果肉、果皮および種子の皮で、果肉と果皮はさらに果頂部と果底部に分けられている。

カルシウム濃度を測定した結果、TIBA処理区でいずれの調査部位とも明らかに濃度が低下し、フェノプロップ区では果肉と種皮で高まり、他の剤ではほとんど影響がなかった。また、果肉、果皮を問わず果底部が果頂部より高い濃度を示すこともわかった。またこの実験では、抗オーキシン作用をもつTIBAで明らかなカルシウム濃度の低下が、一方で合成オーキシンのフェノプロップで濃度の高まる傾向が示された。このことは、カルシウムの移行あるいは蓄積がオーキシンと何らかの関連をもっていることを示唆するものと考えられる。

おわりに

以上、カルシウムの葉面散布によって得ら

れた現象を中心に、それらの現象の原因と考えられるホルモンとの関係を述べてきた。カルシウムの生理作用が充分明らかにされていない現在では推定で論ずる以外にないが、土壌中から根によって吸収されるカルシウムと、葉面散布などによって半ば強制的に与えられるカルシウムとでは、かなり違った意味をもつように考えられる。すなわち、前者の場合は植物体の正常な生長を支える一要素として働いているのに対し、後者の場合は植物ホルモンに影響を与え、植物本来の生長を抑制あるいは阻害するように考えられる。果肉の軟化に代表される果実の老化に例をとっても、老化そのものは異常な現象ではなく、むしろ正常な生命現象である。葉面散布によって強制的にカルシウムイオンを与えられ、その結果エチレン生成が抑えられて成熟が遅れることこそ異常であるといえる。しかし、直ちにカルシウムが植物生長調節剤であると言い切ることは早計であり、窒素を与えると枝葉の生長が旺盛になることと同様、栄養素としての一つの作用であると見たほうがよいであろう。

『農業技術大系　土壌施肥編』第二巻　作物の栄養と生育「カルシウムと植物ホルモン」（一九九五年執筆）より

今さら聞けない　石灰Q＆A

石灰は他の肥料と同時にまけるの？

答える人　青木恒男（三重県農家）

カルシウム単肥の主なものには生石灰、消石灰、炭酸石灰などがありますが、原料はすべて同じものです。

▼生石灰はすぐに水をかけるか土にすき込む

生石灰（酸化カルシウム）はふつう石灰岩（炭酸カルシウム）を高温で焼いて作りますが、袋から出した時点で空気中の二酸化炭素と反応すると、もとの炭酸カルシウムに戻ってしまいます。生石灰は圃場に散布したまま放っておくとカルシウム資材としては役に立たなくなってしまうので、速やかに水をかけるか土にすき込んで水酸化カルシウムの形に変える必要があります。

▼消石灰は尿素や硫酸との近接散布は避ける

消石灰（水酸化カルシウム）は工業的にも生石灰と水を反応させて作りますが、乾燥した状態で空気中に晒《さら》しておくと、次第に炭酸カルシウムに戻ります。土中にすき込んだ消石灰は比較的長く速効性のカルシウムとして効き続けますが、その分ほかの肥料（尿素、硫安など）要素と反応してアンモニアガスを発生させることがあるので注意が必要です。

水に溶けた水酸化カルシウムは強いアルカリ性を示しますが、その溶ける量は水一t当たり一・七kg（約六〇〇倍）とごくわずかです。

▼炭カルは他の肥料と同時散布できる

炭カル（炭酸カルシウム）の原料には粉砕した石灰岩やカキ殻、ホタテ貝殻などがありますが、多孔質の構造を持ち、石灰以外のミネラルなど微量要素も含んだ動物性のものが安くて効果的なようです。

また、尿素や硫安などほかの肥料と反応もしないので同時に散布できます。

『現代農業』二〇〇九年十一月号　常識を疑えば単肥はもっと使える(5)カルシウム肥料、マグネシウム肥料　より抜粋

カルシウム吸収こそ健全生育のカナメ

嶋田永生（全農農業技術センター）

畑の生理障害・病気 カルシウム欠乏が引き金に

畑作物、とくに野菜、花、果樹などに現われる生理障害は、いろいろな原因で起きるが、現在、その原因の最大のものはカルシウム不足によるといっても過言ではない。

野菜栽培でよく見られるトマトやナスビの尻腐れ症、キャベツ、ハクサイの心葉の縁腐れ症、イチゴの葉に現われるチップバーン、ダイコン、コマツナ、ホウレンソウ等の心葉先端の枯死症など、数えきれない症状がカルシウム欠乏に由来しているのである。

これらの症状に共通している点は、古い葉には現われないで必ず新しい葉や生長しつつある果実に現われることで、それゆえ、収穫物への影響は大きく、致命的ともいえる被害を与えている。

カルシウムの欠乏は若い生長しつつある葉や果実に症状が出るばかりではない。水耕栽培でカルシウム欠除の試験を行なってみると、地上部の若い部分に障害が現われるのとほとんど同時に、根の先端が枯死するのが観察される。根の先端が枯死すると、その部分から土壌伝染性病害菌の侵入が容易になろうし、それ以上に養水分の吸収に大きな支障をきたすことになる。

最近の研究に作物の栄養状態と土壌伝染性病害との関係についての報告があるが、作物体内のカルシウム濃度を高めることが病害菌の侵入を防ぐうえで重要であることが指摘されている。

以上述べたように、最近、畑作物栽培ではカルシウムを全生育期間にわたって充分吸収させ、欠乏状態を未然に防ぐ栽培方法が大きな話題となっている。

作物体内でのカルシウムの働き

カルシウムは作物の必須多量要素の一つであることは誰でも知っているが、その生理的役割については充分理解されているとはいえない面がある。

カルシウムは植物細胞膜のペクチンと結合してペクチン酸カルシウムとして生体膜の機能を維持するうえで重要な働きをしており、一度組織に取り込まれると体内で他の部分に再移動するということはない。したがって、全生育期間にわたって常にカルシウムが供給されることが必要である。

また、カルシウムは体内で生成される有機酸を中和する役割があり、カルシウムが不足すると有機酸が中和されず新しい組織を侵す。その結果、作物の心葉の葉縁の枯死となって現われるのである。このほかいくつかの酵素の活性剤としての役割も知られており、体内では幅広い働きをしていることが明らかになっている。

高収量トマトは上位葉にもCaが多い

トマトなどで、高い生産をあげている植物体のカルシウム含量を葉位別に分析してみると、その含量は下位葉で高く、上位葉ほど低いが、その濃度差は比較的小さい。これに対し、管理の悪い畑のトマトでは、下位葉の含量は高いが、上位葉は極度に低く、下位と上位葉の含量差が大きいのが特徴的である。つまり高収量を得るためには、全生育期間にわたってカルシウムが良く吸収されることが必要で、吸収しやすい土壌環境を作ることが管理の基本であるともいえる。

図1　チッソ施用量、カルシウム施用の有無とトマトの果実／茎葉化の変化

（嶋田）

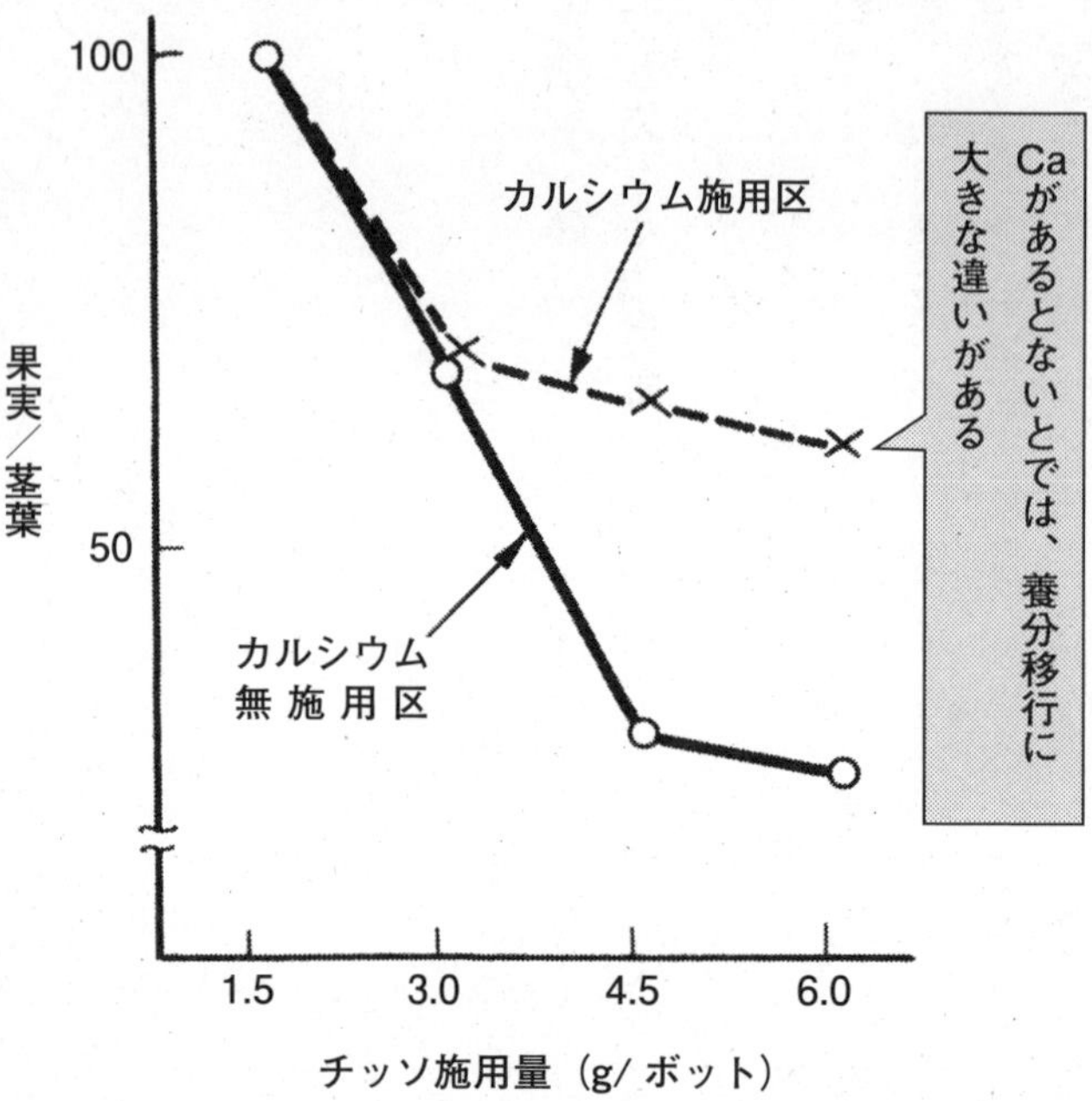

稔実や体内での養分移行に必須

カルシウムが極度に欠乏すると、先に述べたような生長点の枯死など特有の徴候を示すのが普通であるが、ときには外観的に目立った徴候が現われないのに、収量や品質に影響が現われることがある。一、二の例を示そう。

落花生の栽培でカラが良くできているのに子実の結実不良が問題となったとき、多くの試験が行なわれた。その結果、この結実不良は、カルシウムが不足したために貯蔵養分が子実に蓄積する過程で支障をきたしたことが明らかになった。

ダイコンやトマトを供試して、チッソの施用量とカルシウム施用の有無を組み合せて試験してみると、チッソ施用量を増やすと葉重の増加は著しいが、根の肥大量は小さいため、根重と葉重比は著しくアンバランスになり、いわゆる「葉ぼけ」現象となる。しかし、カルシウムが十分施用された状態では根の肥大も良いことから、地上部から地下部への養分移行にカルシウムが何らかの役割を果たしているように思える。トマトでも、果実と茎葉の比がカルシウム供給の有無で変わり、ダイコンの場合同様の現象が認められている（図1）。以上のように、作物体内でのカルシウムの生理的役割は多岐にわたり、作物生産上きわめて重要であることが理解される。

なぜカルシウム欠乏が起きるのか
—吸われにくい土の状態

最近、土壌診断が各地で実施され、大きな成果をあげているが、カルシウムについては分析結果とそこに栽培されている作物の生育状態が一致しないことが問題となっている。極端な場合には、土のカルシウム含量が過飽和の状態となり、pHが七を超えるようなところであるにもかかわらず、作物にカルシウム欠乏症が発生する。このため、生産者は土壌

診断に対して不信の念を持つ者さえあると聞く。これは土壌診断の間違いではなく、カルシウムが土のどのような状態のとき、よりよく吸収されるかを十分認識しないところに問題がある。そこで、肥料として施用されたカルシウムの行動と、それが作物に吸収されるときの条件について少し述べることにする。

浅い耕土にたまる石灰

雨の多いわが国では、年間かなりの量のカルシウムが溶脱し、土は酸性に傾くが、石灰質肥料の施用でふたたび元の状態近くに回復する。しかし、このとき施用された石灰質肥料によって土壌pHは上昇し、カルシウム含量も多くなるが、一般に改良される土層は石灰を混合した浅い耕土（小型耕耘機攪拌では一三～一五cmくらい）に限られ、その下の層にはまったく及ばない。このため同じ作業を数年繰り返していると、浅い耕土層その直下の土層とのpHやカルシウム含量に大きな格差が生ずることになる。しかし通常、土壌診断では、浅い耕土を対象に調べており、pHやカルシウム含量に問題はないという結果になるのである。

根の伸びない土層構造ができている

ところで、作物根が土中に伸長する場合、土性や土質が極度に違うと根はその境界で伸長を止めるという事実が注目されている。一例として、pHの異なる土壌での根の伸長を調べた結果を図2に示した。表層と第二層のpH差が大きい場合には、根の下層への伸長が停止することが明らかである。石灰質肥料を施用し、浅い耕耘を繰り返すと、根の分布域が浅くなるのはこのような原因によるものと思われる。最近、作物の根群分布域が全般的に浅くなったという指摘もあるが、これは作物根伸長についての配慮が足りない土壌改良の結果ではないかと考えられる。

限られる根域、高濃度の土壌溶液

作物根の分布が浅い土層に限られると、施肥の影響をもろに受けるし、乾燥にあうと、根群分布域の土壌溶液濃度が一時的にきわめて高くなることが予想される。

さて、作物が必要とする肥料成分が土壌溶液中に溶けているとき、その濃度が上昇すると各成分の吸収はどのようになるかについて調べた結果を図3に示した。チッソやカリが濃度の上昇と共に吸収量も多くなるのに比べ、カルシウムは高濃度となると逆に減少する。この点は、カルシウムの吸収を考えるうえできわめて重要なことである。

土壌溶液が濃くて吸収できない

キャベツやハクサイが結球して外見的には健全そうであるのに、切断してみると内側に腐った葉が見られるものがある（写真）。この症状は、カルシウム欠乏の典型的なものであるが、発生の経過は次のとおりである。

初期は順調に生育したのにその後の生育

ハクサイの石灰欠乏（撮影　農文協）

図2　土層別pHとハクサイの根群（全農農技センター）

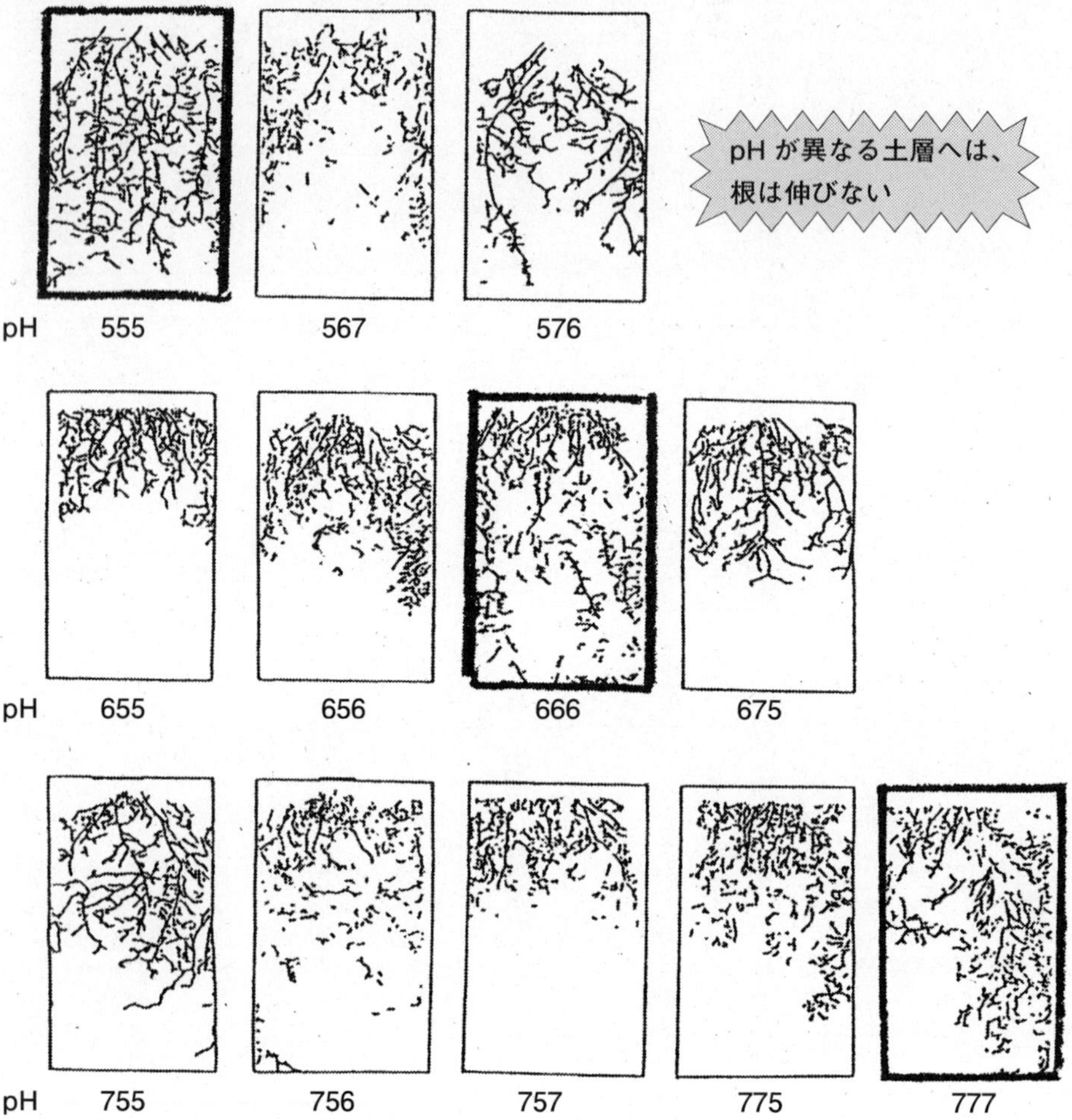

注：各処理区の数字は左から右へ上層、中層、下層のpHを示す。
例、pH576は上層5、中層7、下層6を示す

で、乾燥などにあうと、土壌溶液濃度が上昇する。その結果、カルシウムの吸収は阻害され、そのとき出てくる新葉中のカルシウム濃度は低下する。先に述べたようにカルシウムは体内移行性の小さい元素であるから、古い葉にたくさんのカルシウムが含まれていても新葉には移行しない。このため新葉にカルシウム欠乏に由来する縁腐れ症が発生する。その後、降雨などで土壌溶液が薄まるとカルシウムの吸収は順調になり、それ以後に発生する葉は健全となる。健全な葉の間に、先端の枯死した障害葉がはさまれるのはこのような過程を経た結果であろうと思われる。

均質な耕土層を広くする

昔は酸性土壌が多く、カルシウムの絶対量が足りないことによる欠乏が目立ったが、最近は表土に関する限り、pHは中性に近く、カルシウム含量も比較的高い土壌でカルシウム欠乏症が発生するのが特徴である。したがって、その対策は作物根の分布域を考慮した総合的な改善が必要である。そのためには、均質な耕土層を広くすることが必要で、根がストレ

図3　培養液濃度の相違とトマトが吸収した各要素全量（嶋田）

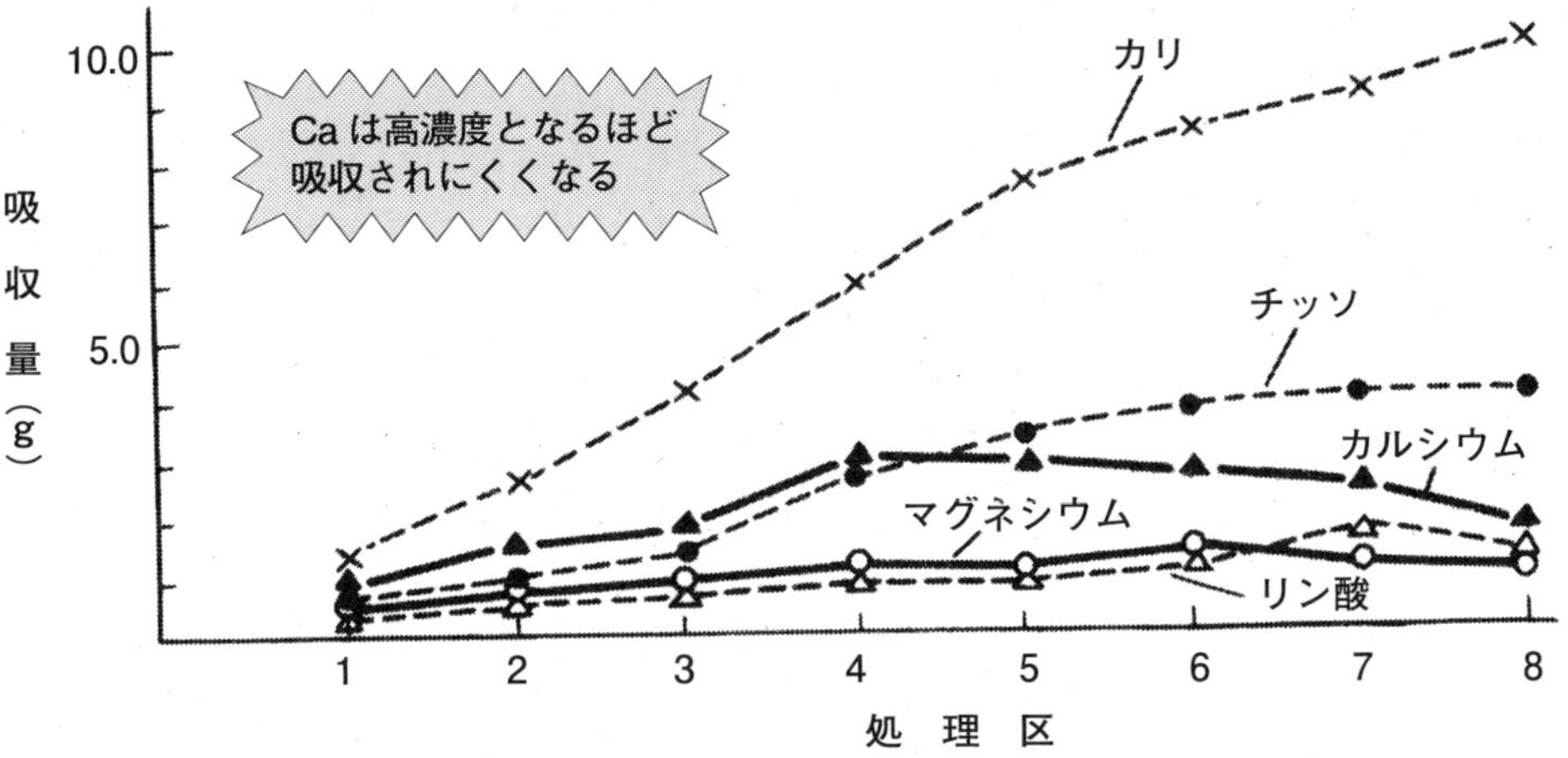

スを受けることなく下層に伸長するためには、pHやカルシウム含量を耕土、下層土とも同じように高めることである。

超深耕も一つの方法

愛知県豊橋地方では超深耕と称して、一m近くの深耕が行なわれ効果をあげているが、この場合も混層作業によって根群分布域土壌が均質化され、根が下層まで伸長することによって一時的な乾燥害（土壌溶液濃度の上昇）を避けられたことが大きく関与しているように思われる。最近、土壌改良といえば一〇a当たり石灰質肥料や堆きゅう肥をどれだけ施用したかのみが注目される傾向にあるが、作物根群分布域を考慮した改良こそ大切である。

研究者の間では近頃、根に対する関心が高まってきた。作物根がどの程度分布するかなど、多くの事例も報告されている。たとえば、トマトに例をとると、条件さえ良ければ一m程度の下層まで伸長するといわれ、次々と発生する新根が吸収するカルシウムの地上部への移行は大きいことも報告されている。このことからも、根群分布域の拡大は、カルシウム欠乏問題解決の鍵であるといえる。

堆きゅう肥のカリ含量にも注意

カルシウムの吸収はいろいろの要因に支配されるが、土壌中のアンモニア濃度の高いときと、カリ含量の高いとき、その吸収は著しく抑えられる。したがってチッソ施肥とともに堆きゅう肥の多用にも注意することである。篤農家がハウスに用いる堆肥は野積みのものがよいと言っているが、これは野積みすると雨によってカリが溶脱する結果、カリ含量の低い堆肥となったためと思われる。

以上、最近問題となっているカルシウムの欠乏とその対策について述べたが、単に土壌中のカルシウム含量を高めるだけで解決できる問題ではなく、作物の全生育を考えた総合的対策が必要である。

『現代農業』一九九三年十月号　カルシウム吸収こそ作物健全生育のカナメ

石灰で夏を涼しく石灰マルチで地温を下げる！

鹿児島県東串良町　鶴園英信

暑すぎてピーマンの生育が止まった

鹿児島県東串良町でピーマン・キュウリを三〇a、ハウスと露地でつくっています。町内はピーマン・キュウリの産地で園芸が盛んなところです。

黒マルチに石灰をかけたピーマン畑。うね表面は白マルチのように真っ白

夏の露地ピーマンで困っていたのが地温の上昇です。二〇〇八年はとくに暑かったのですが、作業の都合で定植が遅れ、六月中旬に植えました。日中はすでに三五℃くらいあったと思います。黒マルチを触ると手が痛いほどです。根がやられたせいか、しおれたり、生育が止まったようになり、とても困っていました。

そんなとき、『現代農業』の記事を読み、私もマルチにやってみることにしました。

黒マルチが真っ白な反射マルチに

展着剤になるボンドは使わず、生石灰だけを水に溶かしてピーマンが植わっている状態の黒マルチに動噴で塗布しました。かけているときは、それほど白く見えませんが、二〇分くらいして乾くと、びっくりするくらい真っ白になりました。地温（約一五cm深）を測ってみると、三六℃あったところが二二℃ぐらいまで下がっていました！　正直目を疑いましたが、ピーマンの生育もよくなり、十一月までしっかり収穫しました。たいへんよい結果が得られました。

石灰は大雨が降ると流れて薄くなりますが、少々の雨なら大丈夫です。昨年は二〜三回大雨にあったので、途中で、もう一回塗布しました。作業時間は一〇aで三〇分くらいですので、それほど手間はかかりません。

石灰をマルチにかけると雪が降ったようになり、まぶしいので、サングラスをかけて仕事をしたほどです。アブラムシなどの害虫除けにもなったようです。また、果樹園での反射シートの代わりにもできるのではと思うくらいです。

経費はタダみたいなもの

作り方は二〇〇ℓの水に、農協で買ってきた粉状の生石灰（パウダーライム）を一五〜二〇kg入れるだけです。生石灰は水に溶かすと熱が出るので、攪拌しながら少しずつ混ぜました。それでも発熱して五〇℃くらいになるので、熱が冷めるまで待ってから塗布しています。

市販の遮光資材は一五ℓで一万円以上します。それに比べ、生石灰は二〇kg一袋で一〇〇〇円弱、二〇〇ℓ作れるのでタダみたいなものです。ちなみに一〇aに必要な量は一〇〇ℓほどです。

最初は薄く、時期に合わせて重ね塗り

今は、ハウスの屋根にも試しています。あまり濃くすると光が届かなくなると思い、二〇〇ℓの水に生石灰五kgの薄い割合にしました。木工用ボンドも三kg加えました。

ハウスはキュウリですが、光が少ないと軟弱徒長するので、最初は薄いものをかけて様子を見ます。暑さが増し、光線が強くなってきたら、重ね塗りするつもりですが、こちらの効果も楽しみです。

『現代農業』二〇〇九年八月号　石灰マルチで地温が五度下がった

Part 3 徹底追及　石灰と石灰資材

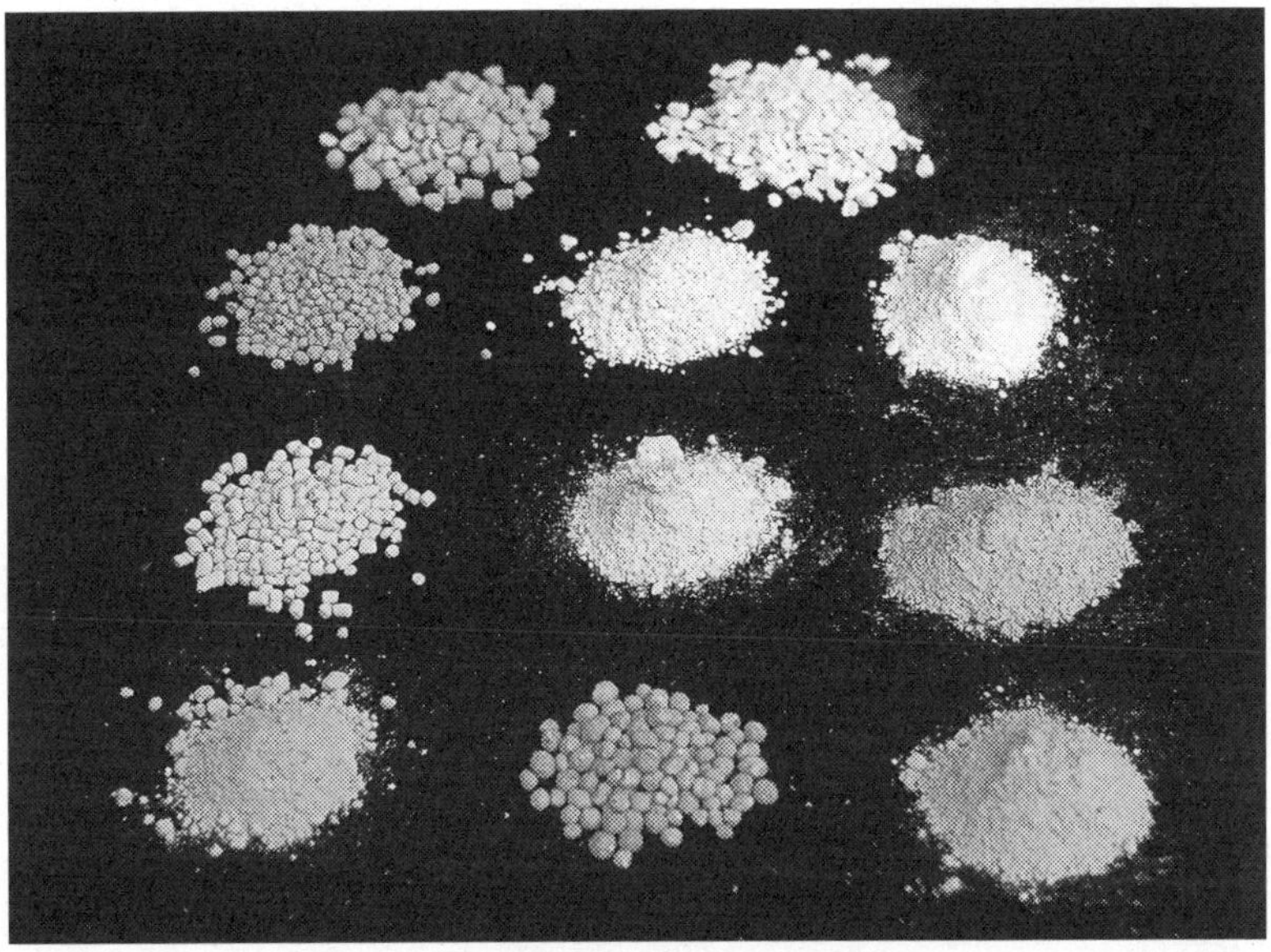

市販されているいろいろな石灰資材（詳しくはカラー口絵参照）
（撮影　松村昭宏）

一口に石灰といっても、いろいろな種類の石灰資材があり、それぞれ特徴が異なります。

たとえば、水に溶けやすいものからほとんど溶けないものまで、また、水に溶かしたときの液のpHが、強アルカリ性になるものから酸性になるものまで、また、上の写真のように、色も粒の大きさもいろいろです。

どうせ使うなら、それぞれの石灰資材のクセを知って上手に使いたいもの。

Ｐａｒｔ３では、たくさんの種類がある石灰資材の特徴をしかりおさえて、上手に使うコツをまとめてみました。コツをおさえて自分なりに工夫することで、防除にとどまらない石灰活用のおもしろい世界が広がっていくはずです。

こんな石灰を使っていた

石灰の種類（回答数：90、複数回答あり）

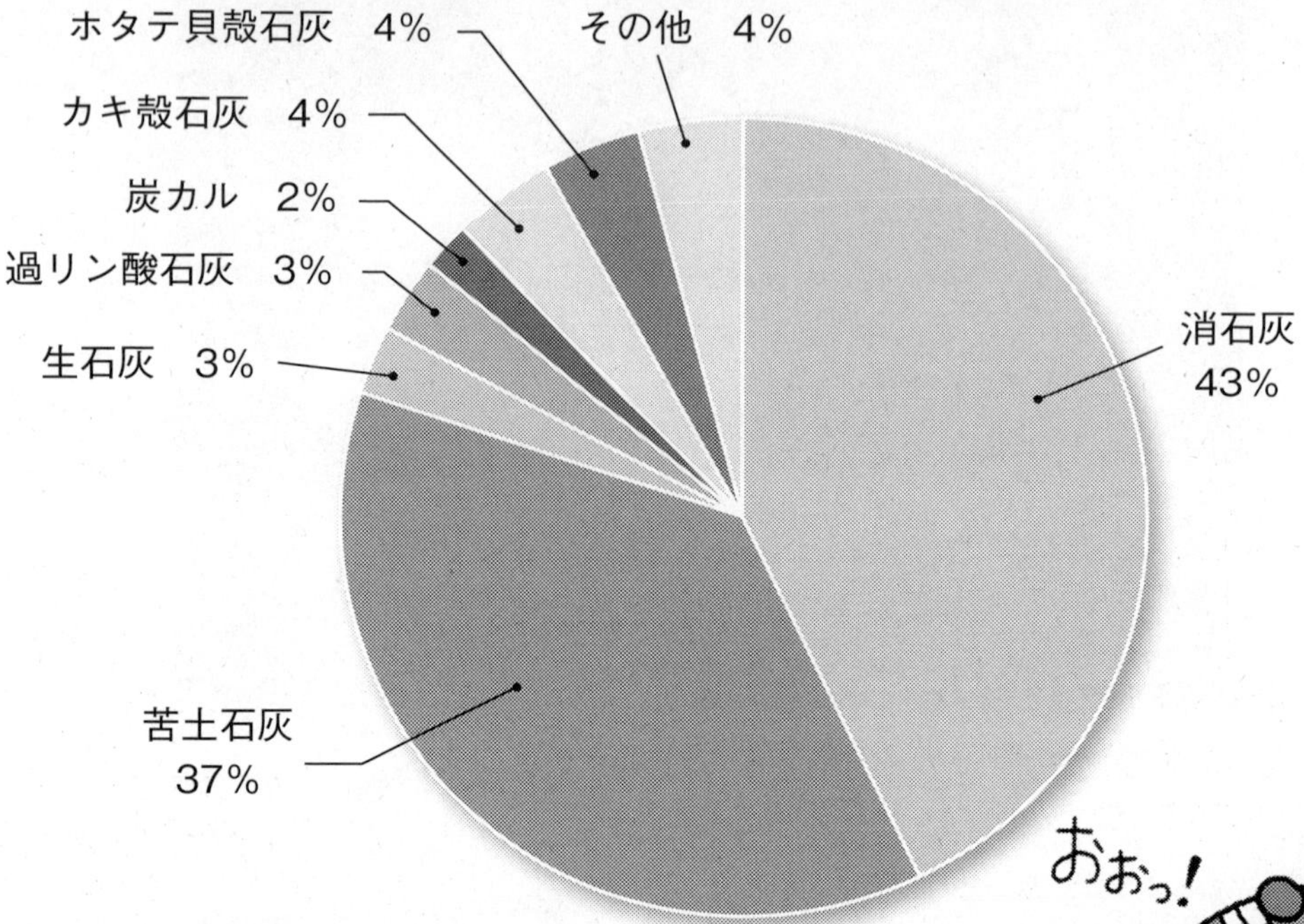

◇「その他」の内訳は
石灰窒素（窒素肥料：炭化カルシウムCaC_2 と窒素を化合させて作られている）、ボルドー（生石灰と硫酸銅で調整した殺菌剤）、硫酸石灰（石膏《こう》）

一口に「石灰」といっても、その種類はとても多く、今や、ホームセンターでも様々な種類の石灰資材が売られるようになってきました。上の図は、月刊『現代農業』愛読者の農家に「どんな資材をどんな具合に使い分けていますか?」という質問に答えてもらった結果です。

やはり、使いやすい消石灰と苦土石灰がダントツで多いのですが、なかには土の酸性改良には消石灰、石灰防除には苦土石灰と使い分けている人、土のpHを上げずに石灰を補いたいと硫酸石灰（いわゆる石膏《こう》）を使う人、散布のしやすさを考えて選んでいる人、「有機石灰」といった表示で店に並んでいることが多いカキ殻石灰や貝殻石灰を使う人など様々。もっとも、日本農林規格による「有機農産物」では、石灰岩を粉砕した生石灰や消石灰を使っていても有機表示は可能です。

左のページに、ほんの一例に過ぎませんが、そんな人たちの石灰資材のこだわりとその資材の入れ物を紹介してもらいました。

『現代農業』に登場した農家は

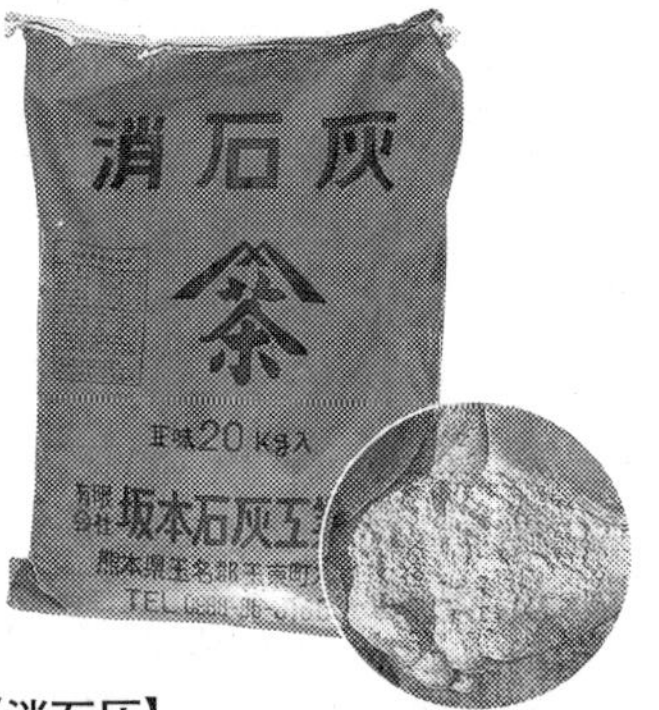

【消石灰】
白色の軽い粉末。石灰資材の中では、生石灰に次いで石灰含量が多い。お茶の酸性改良によく使われる（熊本：宇都宮徹さん使用）

【炭酸苦土石灰】
「まぐかる」という商品名で売られていた炭酸苦土石灰。土の酸度矯正には消石灰を使っているが、苦土石灰上澄み液を作るために使用されていた（三重：岡田侃さん使用）

【炭酸苦土石灰】
いわゆる苦土石灰。酸性改良剤の定番であり、灰白色の粉末で粒子の細かいものほど効き目が早い。空気に触れても変化しないので取り扱いは便利（熊本：城戸文夫さん使用）

【生石灰】
白色小塊状で、空気にさらすと湿気を吸って固まってしまうので、よく封をして保管しなくてはならない。石灰質肥料のなかでは石灰含量がもっとも高い（千葉：福原敬一さん使用）

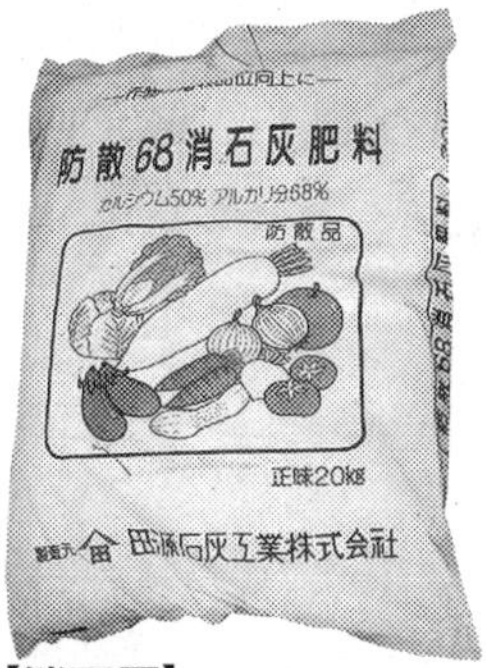

【消石灰】
粉体のままホコリが立たないように加工してある（北海道：松田清隆さん使用）

【消石灰】
苦土石灰やカキ殻石灰と比べ、軽くて成分がシンプルなうえ効き目が早い（岡山：岩部弘幸さん使用）

【ホタテ貝殻石灰】
ホタテ貝殻石灰で、ラミカルの商品名で売られている。パウダー状の微粉末なので葉に付着しやすい

【硫酸石灰】
ベストカルの商品名で売られている。土のpHを上げずに石灰を補うことができるのがお気に入り（和歌山：原眞治さん使用）

『現代農業』二〇〇八年六月号　みんなが使っている石灰ってどんなの？

肥料の特性と使い方

農家の使い方例など
土の酸性中和力は速効的で、施用して7〜10日経ってから植え付ける。 生石灰の水溶液をトマトの株元に流し込むと、青枯病をほぼ止めることができるといわれている。 工業的には、モルタルや漆喰、化学実験での脱水剤、焼き海苔などの食品の乾燥剤にも使われている
学校のグランドなどの線引きにも使われる。空気中に放置すると、二酸化炭素を吸収して炭酸カルシウムに変化するので、施肥後は土とよく混ぜる。水に比較的溶けて効きやすい石灰で、追肥として使う農家も多い。土のpHを上げるので酸性土壌向き。 工業的には、さらし粉やモルタルの製造原料、腐植剤などに利用されている
酸性中和力は遅効的なので、施用後すぐに作付けすることができる。 水に溶いた懸濁液を、定植直後のハクサイの根元にかん注すると、根こぶ病を抑えることができる
酸性中和力は炭酸カルシウム並み。1000倍の上澄み液をダイコンにまくと、軟腐病がとまる
効き目がおだやかで、キュウリやピーマンの生育中にそのままふりかけると、ほとんどの病気を抑える。 また、カキ殻を木酢や竹酢に混ぜて溶かし、その液を葉面散布やかん注をすると、エダマメが増収したり、キュウリの耐病性が高まったり、イチゴの肥大や日持ちがよくなったりする。
高温で焼いて微粉末にしたものをイネに直接散布すると、いもち病が止まる
pHが5.5以下なので、畑のpHを上げることなく石灰を効かせることができる。中性からアルカリ性土壌向き。 リンドウに追肥すると灰色かび病が治り、葉も立ち、日持ちもよくなる
pHは3前後と低く、石膏を50%前後含むリン酸質肥料
葉面散布剤（商品名カルクロン）として市販されている。石灰吸収量を多くすることができるが、薬害を生じやすいともいわれる
チッソ肥料に指定されていて、水耕栽培によく使われる。被覆硝酸石灰（商品名ロングショウカル）や硝酸石灰液肥（商品名スミライム）などが市販されている

る）なので、吸収されやすいといわれる

（編集部）

農家が確かめた　石灰を含む

種類	主成分	土壌中で呈するpH	製法・性質
生石灰	酸化カルシウム CaO	アルカリ性（強）	石灰岩を焼き、炭酸ガスを放出させたもの。水を加えると、発熱して消石灰になる（やけどに注意）
消石灰	水酸化カルシウム $Ca(OH)_2$	アルカリ性（強）	生石灰に水を加えて反応させたもの
炭酸カルシウム（炭カル）	炭酸カルシウム $CaCO_3$	アルカリ性	石灰岩を粉末にしたもの。有機酸や炭酸を含む水に溶けて、徐々に肥効を発揮
苦土石灰（苦土カル）	炭酸カルシウム $CaCO_3$ 炭酸マグネシウム $MgCO_3$	アルカリ性	石灰岩の中でも、炭酸カルシウムを含むドロマイトを粉末にしたもの
カキ殻石灰	炭酸カルシウム $CaCO_3$	アルカリ性	カキ殻をそのまま乾かして砕いたものを、高温で焼いたものなどがある。焼く温度により、水溶性石灰になるといわれている
ホタテ貝殻石灰	炭酸カルシウム $CaCO_3$	アルカリ性	ホタテ貝殻をそのまま乾かして砕いたものと、高温で焼いたものがある。カキ殻より炭酸カルシウム含量が高いといわれている
硫酸石灰（石膏《こう》）	硫酸カルシウム $CaSO_4$	中性	リン鉱石が原料。過リン酸石灰の抽出残渣
過リン酸石灰（過石）	第一リン酸カルシウム $Ca(H_2PO_4)_2H_2O$ 硫酸カルシウム $CaSO_4$	酸性	リン鉱石に硫酸を加えて作る
塩化カルシウム	塩化カルシウム $CaCl_2$	酸性	吸湿性が高い
硝酸カルシウム	硝酸カルシウム $CaNO_3$	酸性	水によく溶け、速効性。その分、流亡しやすい。吸湿性が高い

＊このほか、卵の殻も炭酸カルシウムだが、石灰岩由来のものと比べて多孔質（小さな穴がたくさん空いてい

石灰質肥料トコトン追求　種類・成分・性質

鎌田春海（元神奈川県農業総合研究所）

多岐にわたる石灰質肥料の働き

石灰質肥料を使う目的は、ひとつは植物体に対する石灰の供給であり、いまひとつは土壌の酸性を中和して窒素、リン酸など養分の吸収を円滑にするためである。

石灰が植物の生育上必要とされる理由は、植物体内に生成する有機酸を石灰によって中和すること、ペクチン酸と石灰が結合して細胞膜を形成すること、タンパク質の合成にあたって石灰が必要であること、根の生長促進に石灰が有効であること、などをあげることができる。

ついで、土壌中での石灰の役割は、土壌酸性を中和してアルミニウムの不活性化、リン酸の可給態化、微量要素の吸収を促進することなどがあげられる。また、石灰は土壌中の有機物の分解を促進して窒素の有効化をはかること、石灰の施用で土壌の団粒化がすすみ土壌の物理性の改善効果が大きいこと、石灰の施用で有害菌の繁殖を抑えて有用微生物を増大させること、などの効果がある。

種類と製法および性質と成分

石灰質肥料の種類、成分、製法などは表1に示すとおりである。石灰質肥料は大きく三つに区分することができる。第1グループは石灰石またはドロマイトを原料とする生石灰、消石灰、炭酸石灰、苦土石灰の四肥料である。第2グループは各種工業の副産物や石灰質肥料の混合加工物などで副産石灰、混合石灰、貝化石肥料が含まれる。第3グループは貝がらまたは貝化石を原料とする肥料である。

（一）第1グループの石灰

生石灰　石灰石を加熱し、炭酸ガスを放出させて製造したもので、土壌に対する酸性中和力は最も大きい。

主成分はCaOの形態で、アルカリ分は八〇～九五％であり、く溶性苦土は二七～三〇％含まれる。アルカリ分は第1グループのうち最も大きく、土壌の同一酸度を中和する必要資材量は苦土石灰の六九％に相当している。この肥料は反応が激しく、多用すると土壌が一時的に塩基性となり、このためマンガンやホウ素などの欠乏を起こすことがあるので注意が必要である。

消石灰　原料は生石灰であり、これに水を加えて製造する。土壌に対する酸性中和力は生石灰についで大きい。

主成分は$Ca(OH)_2$の形態で生石灰に加水

表1　石灰質肥料の種類と製法

種類		アルカリ分(％)	苦土(％)	主成分	製法
第1グループ	生石灰	80～95	く溶性 27～30	CaO	石灰石を加熱し，炭酸ガスを放出させて製造する
	消石灰	60～70	〃 5～20	$Ca(OH)_2$	生石灰に水を加えて製造する
	炭酸石灰（炭カル）	53～55	〃 3.5～11	$CaCO_3$	石灰石を粉末としたもの
	苦土石灰（苦土カル）	55～100	〃 10～35	$CaCO_3 \cdot MgCO_3$	ドロマイト（炭酸石灰と炭酸苦土を含む）を粉末としたもの。なお，ドロマイトを焼くと苦土生石灰となり，さらに水を加えると苦土消石灰となる
第2グループ	副産石灰	35～80	〃 1.5～5	$Ca(OH)_2$ または $CaCO_3$	各種工業で副生するカルシウム塩
	混合石灰	35～		各種	各種カルシウム塩を主体とする配合肥料
	貝化石肥料	35		$CaCO_3$	貝化石粉末を造粒して製造する 主成分が35％以上のものをいい，貝化石粉末と区別する
第3グループ	貝がら粉末			$CaCO_3$	各種の貝がらを粉末としたもの
	貝化石粉末	3～53	く溶性 0.2～4.0	$CaCO_3$	古代に生息した貝類が埋没・堆積し，風化または化石化したものを粉砕して製造する

表2　石灰質肥料の土壌酸度中和力の比較

肥料名	アルカリ分(％)（保証・下限）	同一酸度中和に要する資材量比	
生石灰	80	**100**	69
消石灰	60	133	92
炭酸石灰	53	151	96
苦土石灰	55	145	**100**

した状態の肥料である。アルカリ分は六〇～七〇％で生石灰についで大きい。く溶性苦土は五～二〇％含まれている。土壌の同一酸度を中和する必要資材量は苦土石灰の九二％に相当する（表２）。土壌中での反応は生石灰についで激しく、土壌が塩基性（アルカリ性）になることがあるので、施用上の注意は生石灰のばあいと同様である。

炭酸石灰　通常炭カルと呼ばれ、石灰石を粉砕して製造したもので、原料の種類によって副成分の苦土含量が異なる。土壌に対する酸性中和力はグループのなかではやや劣る。

主成分は、$CaCO_3$の形態でアルカリ分は五三～五五％で消石灰よりも劣る。く溶性苦土は三・五～一一％含まれている。土壌の同一酸度を中和する必要資材量は苦土石灰より若干少なく九六％に相当している（表２）。土壌中での中和反応はゆるやかであり、土壌pHの急激な上昇は起きない。

苦土石灰　通常苦土カルと呼ばれるもので、炭酸石灰と炭酸苦土を含むドロマイトを粉砕して製造する。土壌に対する酸性中和力は炭酸石灰と同等のものが多い。なお、ドロマイトを加熱して炭酸ガスを放出させると苦土生石灰となり、さらに水を加えて苦土消石灰を製造することができる。

主成分は$CaCO_3 \cdot MgCO_3$の形態で、アルカリ分は五五～一〇〇％でドロマイトの材料によって変化する。く溶性苦土は一〇～三五％含まれている。土壌の同一酸度を中和する必要資材量は炭酸石灰より若干多く必要とし、また生石灰に比べると一・四五倍の資材量を必要とすることがわかる（表２）。土壌酸度の中和資材として、炭酸石灰と同様に使いやすい資材である。

（二）第２グループの石灰

副産石灰　各種化学工業の副産物として生産される石灰で、肥料形態は水酸化石灰か炭酸石灰である。化学工業の製造分野としては、ジシアンジアミド、アセチレン、カーバイド、水酸化マグネシウム、セメントなどである。

各種製造工業から副生するカルシウム塩であるため、その主成分は$Ca(OH)_2$または$CaCO_3$のいずれかの形態である。アルカリ分は三五～八〇％で、く溶性苦土は一・五～五％含まれている。土壌中での中和反応は、消石灰の形態では激しく、炭酸石灰の形態ではゆるやかであるため、内容成分に応じて使い分けることが大切である。

混合石灰　各種カルシウム塩を主体に混合した肥料で、公定規格は（1）炭酸石灰、生石灰、消石灰、副産石灰の四種のうち二種以上を混合したもの、（2）消石灰または炭酸石灰を含有する泥状物に生石灰を加えたもの、（3）上記四種のおのおのに腐植酸苦土肥料を混合したもの、（4）上記四種のおのおのに土壌中における分散を促進する材料、反応を緩和する材料を使用したものとしている。

各種のカルシウム塩を配合して製造するため、主成分は$Ca(OH)_2$または$CaCO_3$の形態のものがあり、またマグネシウムや腐植酸などを混入した肥料も含まれる。なお、この種肥料のなかには顆粒状に加工したものもある。

貝化石肥料　貝化石を粉末としたのち造粒した肥料で、主成分が三五％以上のものをいい、貝化石粉末と区分する。

貝化石の粉末を造粒加工したもので、後述の貝化石粉末に比べて高品質の肥料である。肥料の主成分は$CaCO_3$の形態であり、その性質は炭酸石灰に類似している。使用法は炭酸石灰に準ずる。

（三）第3グループの石灰

貝がら粉末　各種の貝がらを粉砕して製造する。主成分は$CaCO_3$の形態である。肥料の性質と使用法は炭酸石灰と同様である。

貝化石粉末　古代に生息した貝類が地中に埋没・堆積し、風化または化石化したものの粉末と定義されている。良質の貝化石粉末の主成分は炭酸石灰であるが、アルカリ分は三～五三％と幅があり、うち三五％以上で粉状化したものを貝化石肥料と呼んでいる。

成分の変動幅が大きい。主成分は$CaCO_3$の形態であり、く溶性苦土が〇・二～四・〇％含まれている。肥料の性質と使用法は炭酸石灰と同様である。

以上のほかに石灰を含む肥料をあげれば次のようなものがある（注：％は石灰含量）。

石灰窒素（六〇％）、硝酸石灰（二三％）、塩基性硝酸石灰（四八％）、過燐酸石灰（二九％）、重過石（一八～二〇％）、沈殿燐酸石灰（三九～四二％）、熔成燐肥（二九％）、苦土重焼燐（二〇％）、混合燐肥（一五～二〇％）、ケイ酸石灰肥料（約三五～六五％）、鉱さい（三五～四一％）、石こう（三二％）など。

なお、これらの肥料は土壌酸度を中和する能力に欠けているが、作物の養分としてカルシウムを補給する点で効果を期待できる。

他の肥料養分との関係

苦土・カリ質肥料との関係

石灰質肥料の施用に伴う作物体への養分吸収は、他の塩基質肥料である苦土とカリの土壌中での存在量の影響を大きくうける。

図1は、ホウレンソウの石灰吸収量が苦土の多用で減少し、またカリの多用で減少しており、苦土とカリの交互作用のあることを示している。このことから、養分の円滑な吸収をはかるためには、それぞれの塩基のバランスを適切に保つ必要のあることがわかる。

なお、土壌診断基準値としてはＣＥＣに対して石灰四〇～六〇％、苦土一〇～三〇％、カリ二～一〇％などが広く採用されている。

窒素質肥料との関係

窒素質肥料の効果は石灰質肥料を施したばあいに大きく現れる。表3は、タマネギに

表3　タマネギに対する窒素，カルシウム施用試験
（嶋田永生）

窒素施用量	カルシウム施用量	球　重(株当たり)
0.5g	0g	272.5g
0.5	15	513.8
1.0	0	91.4
1.0	15	467.8
2.0	0	8.4
2.0	15	384.0

図1　石灰の吸収に及ぼす苦土とカリの影響（ホウレンソウ）

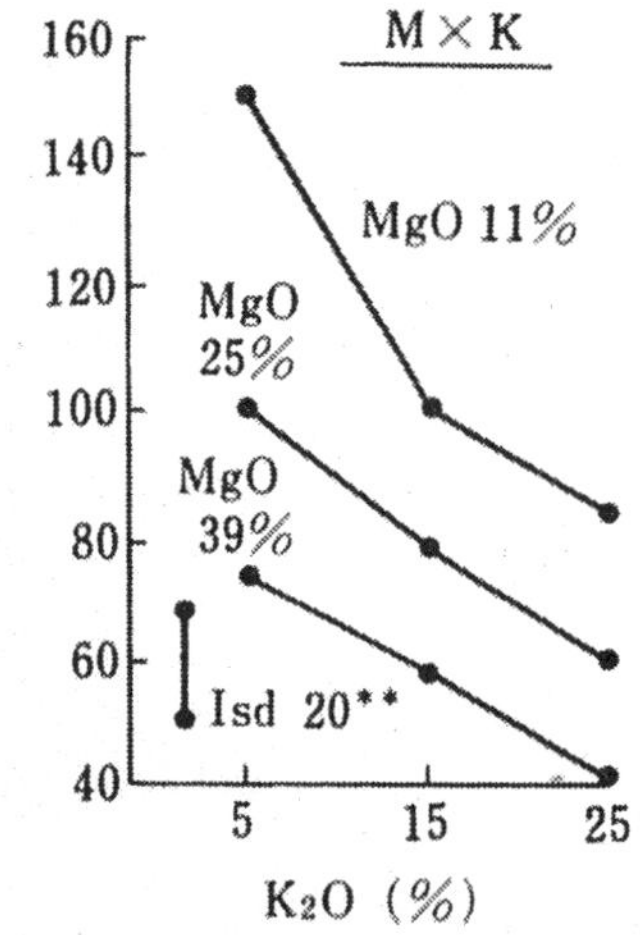

カリと苦土はCECに対する%を示す

図2　トマトに対する窒素施用量とトマトが吸収した窒素とカルシウム
（嶋田永生）

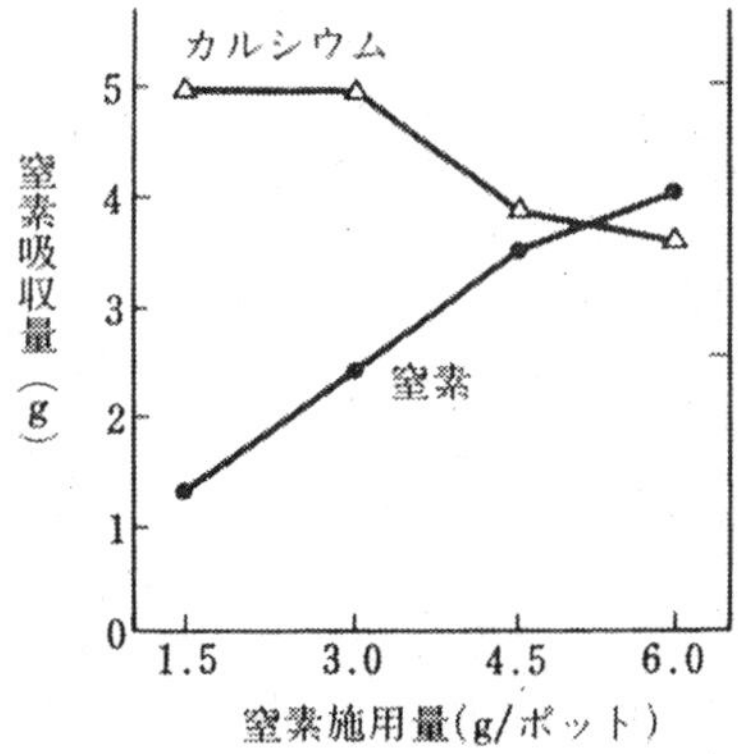

対する窒素と石灰の関係を調査した結果である。土壌が酸性化したばあいには石灰施用効果が大きいこと、同一石灰量では窒素（アンモニア態）に適量のあることを示している。

図2は、石灰量が同じばあいに窒素施用量を増加させると、窒素吸収量は直線的に上昇するが、石灰吸収量は窒素四・五kg以上になると減少することを示している。このように野菜の収量を向上させ、また養分吸収を安定させるためには、それぞれの施用量の調整が必要であることがわかる。

リン酸質肥料との関係

土壌に施用されたリン酸は鉄あるいは遊離のアルミニウムと結合して不可給態となるため、作物が吸収できなくなる。したがってリン酸の肥効を増進させるためには土壌に適量の石灰質肥料を施し、リン酸鉄やリン酸アルミナより溶解性の高い石灰との結合を促進する必要がある。

微量要素との関係

土壌中の微量要素は、石灰質肥料の施用有無によって大きくその効果が異なることがある。鉄は、pHの上昇によって不溶化が進行する。オカボの例では、pH六・〇で欠乏症が発生し、六・五で激甚の状態になるという報告がある。

マンガンは、土壌が酸性のばあいに溶解度が大きく、pHが六・五になると二価マンガンが四価マンガンに変わり（$Mn^{+2} \rightarrow Mn^{+4}$）、作物の利用できない形態となって欠乏症が発生する。

亜鉛はpHが上昇すると不可給態に変わり、pH七以上でその傾向が著しくなる。モリブデンは土壌の酸性が進行すると不可給態に変わり、極端なばあいには欠乏症が発生するおそれもある。

『農業技術大系　土壌施肥編』第七—①巻　石灰質肥料

石灰　資材・病害効果・使い方　早わかり

水口文夫

どんな資材か

●石灰には生石灰、消石灰、炭酸石灰がある。

●生石灰は酸化石灰であって作用は強いが、水にあうと水酸化石灰すなわち消石灰となる。炭酸石灰は石灰岩の粉末である炭カルの主成分で作用は弱い。

●石灰の含有率は原料である石灰岩によって異なるが、生石灰八五～九五％、消石灰六五～七五％、炭カル五〇～五六％くらいである。

●pHは生石灰、消石灰は一三、炭カルは九である。生石灰、消石灰の石灰は水溶性であるが、炭酸石灰は水には溶解しない。

●消石灰の石灰が水溶性であることから、カルシウムの欠乏による生理障害を防止し、また、pH一三とアルカリ性が高く、その作用が強いことを利用して、土壌酸度に敏感に反応する病害防除に使用できる。

効果が上がっている病害とその見分け方

〈アブラナ科野菜の根こぶ病〉

●ハクサイやキャベツなどが根こぶ病におかされると、種まきまたは定植後一・五～二か月ぐらいから日中しおれが激しくなり、根を引き抜いてみると、根に大型のこぶができている。

〈白絹病〉

●スイカ、キュウリ、カボチャ、マクワウリ、トマト、ナス、キャベツ、ダイコン、ラッカセイ、サツマイモ、ジャガイモなどの地ぎわに発生するが、カボチャでは果実をおかす。被害部ははじめ白色の絹糸状のものにおおわれ、のちにそのうえに菜種の種子大の濃茶色の菌核を生ずる。

〈ウリ類のつる割病〉

●スイカ、キュウリ、マクワウリの茎および根に発生する。発病すれば急激に茎葉が萎ちょうし、茎を切断すると導管が褐変している。

〈紫紋羽病〉

●クワ、チャ、ダイコン、ラッカセイ、サツマイモ、ショウガ、ゴボウなどの地ぎわに発生する。幼根は黒変して腐敗し、根の表面には木綿糸のような紫色の菌糸におおわれる。

〈トマトの萎ちょう病〉

●下葉からだんだん黄変して枯れる。太い茎を切断してみると導管は褐色になっている。

〈ゴボウの萎ちょう病〉

●本葉二～四枚のころ葉が黄化したり、萎ちょうしたりして枯れる。葉柄や根を切断すると導管が褐変している。

なぜ効果が上がるのか

●作物がよい生育をするためには、それぞれの作物に適した土壌反応を必要とする。作物に最も適する土壌反応で生育させることにより作物体を健康に育て、病害に対する抵抗性ができる。

●土壌反応の変化は、土壌微生物相に変化を与えることになり、病原菌の生育に直接的な影響をもたらすことになる。

●アブラナ科野菜をおかす根こぶ病は、酸性土壌で繁殖が旺盛になるが、pH七・二～七・四では全く繁殖しなくなる。ウリ類のつる割病菌の発育最適酸度はpH五・六～六・四で、これ以上にpHが上がると活動がにぶくなる。

●消石灰は土壌の酸度を変化させたり、白絹病の菌核に直接接触して発芽能力を失わせたりする作用が強く、施用後急激に土壌はアルカリ性に変化する。

●土壌のpHがアルカリ性に変化し、一時的に土壌中の水溶性窒素化合物や糖類が増加する。土壌中の水溶性窒素化合物や糖類が増加すると、土壌中で休眠状態にあった病原菌の厚膜胞子が、これらに刺激されて発芽する。発芽した胞子の発芽管は消石灰の強い作用により溶解する。こうして土壌中の病原菌数が少なくなるために病気の発生が抑制される。

●白絹病菌の発育最適酸度はpH五・九であるが、これより酸度が高くなるにつれて菌の生育が阻害される。たとえば、ラッカセイの白絹病の発生初期に株もとに消石灰を多めに散布すると病気を抑えることができる。これは菌核に直接消石灰を散布することにより、土壌中の菌核が死滅するためである。

水口文夫さん（撮影　赤松富仁）

●消石灰はこのようにその直接的な殺菌作用と間接的に土壌pHを変えて病菌が発育しにくい環境をつくる効果がある。さらに、作物の生育に最も適する土壌反応に是正することにより作物を健康に育て、作物の抵抗性を増し病害にかかりにくい体質にする効果も見落とすことはできない。

利用の実際と注意点

●消石灰を施用することにより発生が多くなる病害もある。ナス科作物の青枯病やジャガイモのそうか病は、消石灰施用によって増加する。

●ナス科作物の青枯病は細菌によっておこり、ジャガイモのそうか病は放線菌によっておかされ発病するが、細菌や放線菌はアルミナによって生育が抑制されている。ところが、消石灰を施用することによりアルミナは中和されて、その作用が失われるために、細菌や放線菌が増殖しやすくなる。その結果、ナス科の青枯病やジャガイモのそうか病が発生しやすくなる。

●白紋羽病菌のように石灰を非常に好むものがあり、石灰施用により土壌中の病原菌の繁殖が盛んになり、ことに堆肥などの粗大有機物と併用されることにより発病がさらに増大する。

●ラッキョウ白色疫病も消石灰施用土壌に発生しやすい。

●スイカのつる割病を防ぐために消石灰を多く施用したところ、その跡に作付けたラッキョウが白色疫病の被害を受けた例があるから、輪作関係も考えて施用することが重要である。

●ホウレンソウは酸性をきらう代表的な作物であるために、播種前に消石灰を施用して土壌酸度を是正するが、消石灰施用直後に播種して苗立枯病の被害を受けることがよくある。消石灰施用後二〇日くらい放置しておくと苗立枯病の発生がきわめて少なくなる。これは、消石灰施用により一時的にリゾクトニア菌の活動が激しくなるためで、病菌が利用しやすい水溶性窒素化合物や糖類が消石灰施用で一時的に増加したことによるものであろう。

●消石灰の施用量は、土壌酸度によって異なるが、およそ一二〇kg／一〇a程度とし、時により二〇〇kgを必要とする。

●消石灰をあらかじめ畑全面に散布する場合は、施用後放置すると空気中の炭酸ガスを吸収して、炭カルに変化するので、施用後はただちに土壌と混和することが大切である。ただしトマトやラッカセイの白絹病の発生初期に株もとに施用するものはそのままでよい。

（実際家・元愛知県農業改良普及員）

『農業総覧　防除資材編』第一〇巻「消石灰」

2種類の石灰上澄み液のpH変化の割合

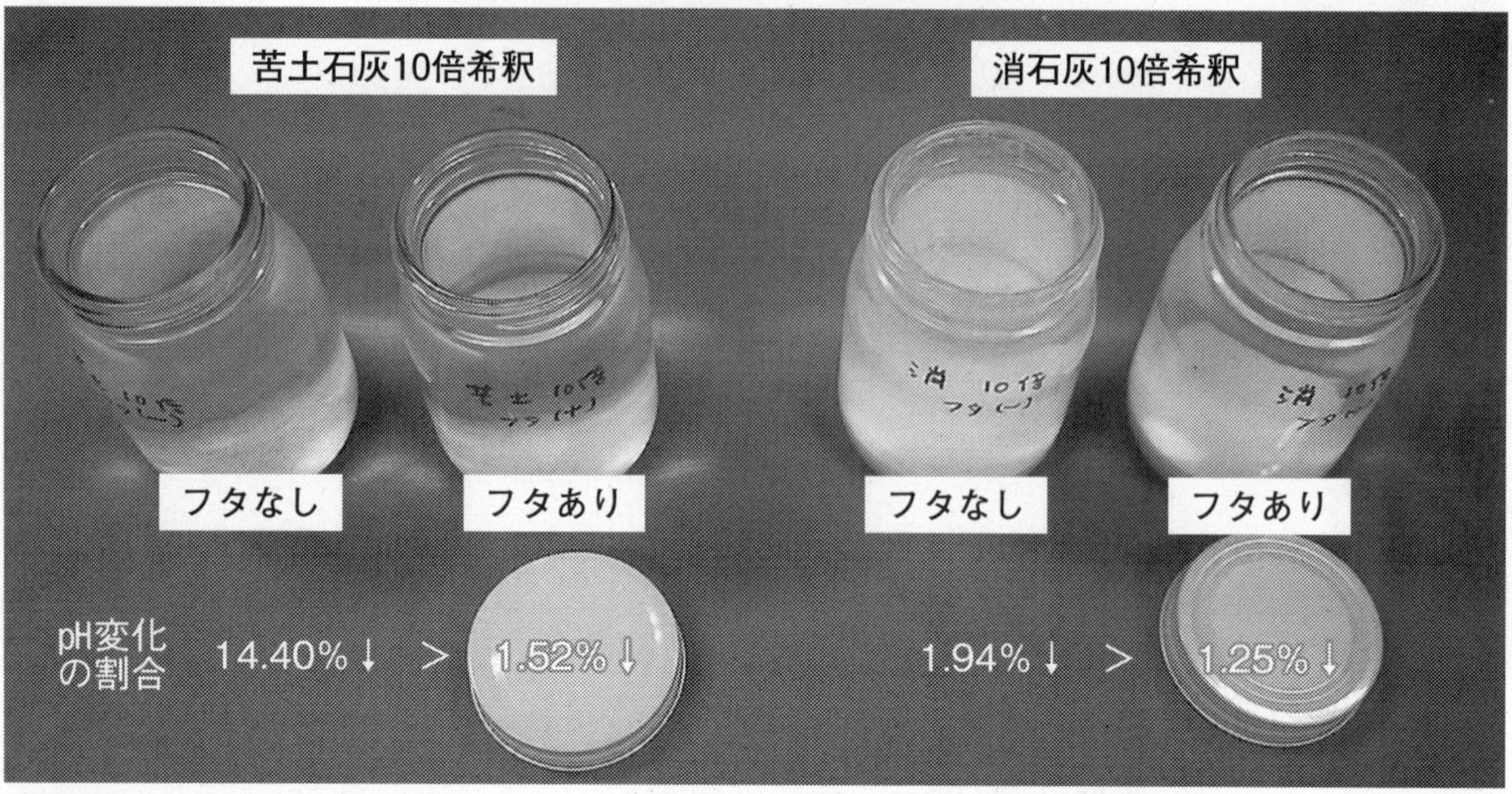

資材を投入後（45g）、容器（450mℓ）一杯まで蒸留水を入れ、フタをした場合としてない場合でpHの変化を測定

石灰散布で業害虫が減ったりするのには、石灰散布による葉面や土壌のpH上昇が関係しているらしい。そこで、「石灰上澄み液のpH」を取り上げ、数種類の石灰資材を用いた結果とその利用方法を紹介する。（編集部）

石灰上澄み液のpHを調べる

杉本琢真
（兵庫県立農林水産技術総合センター）

石灰水のpHは時間とともに下がる
—消石灰は苦土石灰より下がりにくい

まず、消石灰、苦土石灰ともに一〇倍の水で希釈してpHの変化を観察した。

その結果、苦土石灰の上澄み液においては、作成後の時間が経過するにつれてpHが顕著に低下した（図1）。

これは、資材に含まれるカルシウムが空気中の二酸化炭素と反応して炭酸カルシウム（$CaCO_3$）になって沈殿するからである（次ページ化学式）。苦土石灰は、消石灰に比べて溶解しているアルカリ（石灰）分が少ない。空気中の二酸化炭素と反応して生成・沈殿する炭酸カルシウムの量が仮に同じなら、溶液中のアルカリ分は減少幅が大きく、pHが顕著に降下しやすいのだ。

いっぽう、消石灰のほうも図1の通り、二酸化炭素の影響を受けるが、溶解しているアルカリ分に比較すると生成される炭酸カルシウムの量が少ないためpHの低下が観察されにくい。

資材による下がり方の違い

そこで、二酸化炭素が石灰水に及ぼす影響

図1　2種類の石灰上澄み液のpH変化

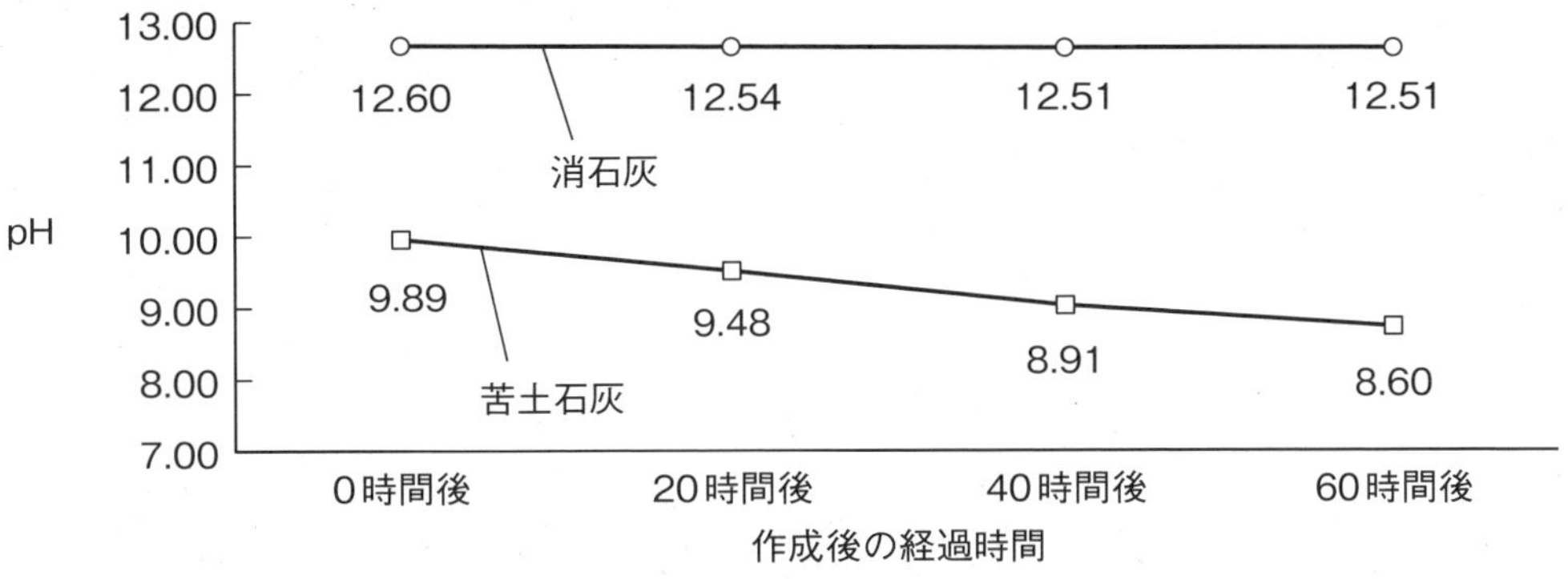

※マヨネーズ瓶（450mℓ用）に石灰資材を30g入れたうえで最終の溶液量を300mℓとした。

化学式

$$Ca(OH)_2 + CO_2 \rightarrow CaCO_3 + H_2O$$

水酸化カルシウム　二酸化炭素　炭酸カルシウム　水

を調べるため、次ページの表の五種の石灰資材（消石灰、苦土石灰、スイカル、ニトラバー、セルバイン）を用いて石灰上澄み液の作成直後にストローで息をブクブクと入れた。

その結果、いずれの石灰資材においてもpHの低下が認められた（図2）。ただ、pHの低下割合は石灰資材の種類によって異なり、消石灰で少なく、苦土石灰とセルバインで大きくなった。

また、一部の例外を除き、高濃度で作成した石灰水のほうが低濃度のものよりもpHの低下の割合が小さい傾向にあり、二酸化炭素による影響が少ないためと考えられた。

作成後すぐに使い、保存は容器にフタをする

以上をふまえて、二酸化炭素によるpH低下の影響を少なくするため、五種類の石灰上澄み液作成直後に瓶にフタをして保存した場合とそうでない場合でpHの変化を毎日調査した（前ページ写真）。

その結果、作成後二週間では、高濃度でフタをして保存した石灰上澄み液は低濃度でフタをしない場合に比べてpHの低下は緩和された。

われわれがダイズ茎疫病に対する抵抗性向上対策に使用しているスイカル（一〇九ページ参照）も、通常はフタをして保存しているため二酸化炭素の影響は少なそうである。

以上のことから、石灰上澄み液の高いpHを期待するのであれば、使用する直前に使う量だけを調整し、万が一保管する場合はできるだけ高濃度で、容器一杯に入れ（空気の量を少なくする）、フタをするなどして二酸化炭素の影響を少なくすることが必要と考えられる。

ただ、有機酸カルシウムなどは、高い希釈倍率で長期間保存した場合は、フタをしても溶液の腐敗が進みやすいため注意が必要である。

低濃度でもpHによる直接効果抵抗性は増強するか？

病害抵抗性を高めるには、高濃度のカルシ

図2　二酸化炭素が石灰上澄み液のpHに及ぼす影響

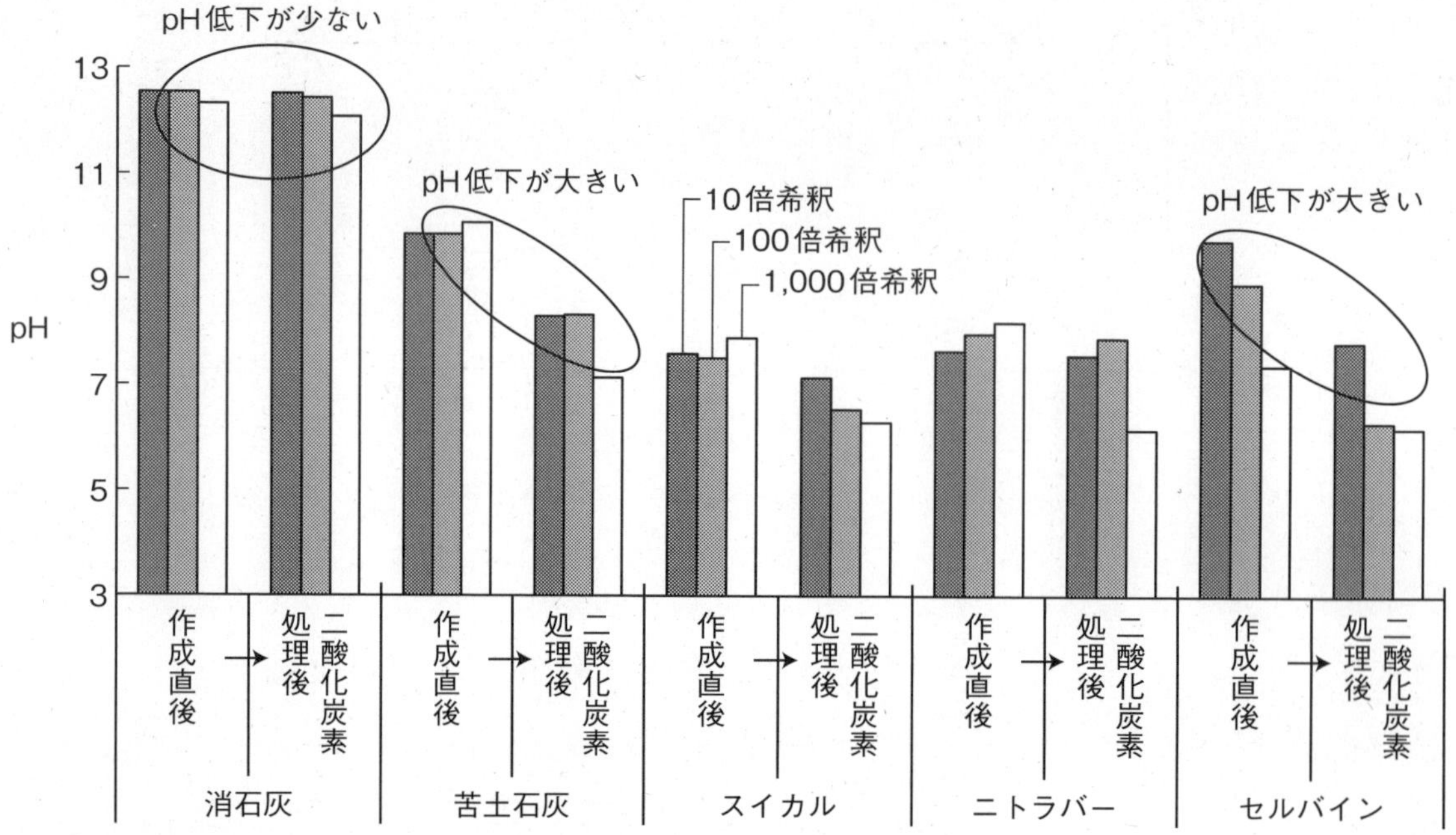

※二酸化炭素処理はストローで溶液に30秒間息を吹き込んで実施した。
※マヨネーズ瓶（450mℓ用）に各種石灰資材を添加し、最終の溶液量を300mℓとした。すなわち10倍希釈では30gの資材が入っていることになる。

表　各種石灰資材

商品名	メーカー	主成分
消石灰	上田石灰製造㈱	水酸化カルシウム　$Ca(OH)_2$
苦土石灰	マルアイ石灰工業㈱	炭酸カルシウム$CaCO_3$、炭酸マグネシウム$MgCO_3$
スイカル	晃栄化学工業㈱	蟻酸カルシウム　$Ca(COOH)_2$
ニトラバー	明京商事㈱	硝酸カルシウム　$Ca(NO_3)_2$
セルバイン	白石カルシウム㈱	硫酸カルシウム　$CaSO_4$

ウムを施用し、作物中のカルシウム濃度を高めることが重要である、と、これまで私は述べてきた。しかし実際の現場では、低濃度の苦土石灰上澄み液（一〇〇〇倍希釈）をダイコン軟腐病発病株に施用し、病害を抑制している例もある。図2でもわかるように、苦土石灰一〇〇〇倍希釈液のpHは一〇程度と高い。

すなわち、この場合の発病抑制効果は、作物中の石灰濃度の上昇によるというよりは、石灰資材によって軟腐病菌の活性が抑制されたか、もしくは石灰資材によって抵抗性が増強されたからと考えられる。

以上のことから、石灰資材による作物の病害抵抗性増強には体内カルシウム濃度の上昇だけでなく、土壌や葉面のpH上昇による菌への直接的効果や作物の抵抗性増強も期待できそうである。

『現代農業』二〇〇八年十月号　石灰上澄み液のpHを調べてみた

石灰こぼれ話

乾燥剤としての石灰

味付け海苔やお菓子の中に入っている乾燥剤。その袋の裏側を見ると、材料として「生石灰」と書かれているものがあります。なぜ、生石灰が乾燥剤に？　と不思議に思われる方も多いことでしょう。

じつは、生石灰（酸化カルシウム、CaO）はシリカゲルとともに最も多く使用されている乾燥剤なのです。普通は白色ないし灰色の小片ですが、水を吸収してくれるのです。消石灰になると体積が約三倍にまでふくれ、粉末になります。さらに、水分を急に吸収すると発熱し、水溶液は強アルカリに。反応式は左です。

$CaO+H_2O \rightarrow Ca(OH)_2+15.2cal$

発熱するために、袋を開けて飲み込んだり目に入ったりすると、のどをやけどしたり失明の危険性もあります。

使い終わったこの乾燥剤、石灰の文字を見るとなんだか捨てるのが惜しくなりませんか？

そこで、集めておいて肥料に使ったり、まだ新しいものなら、その発熱を利用して実験に使ったりすることができるのです。

【生石灰で玉子を焼く】

ぎふ学習倶楽部のホームページに、なんと「生石灰で玉子焼き（一〇分）」という実験が紹介されていました。

①アルミホイルでビーカーに入るぐらいの容器を作る。アルミホイルでガラスのコップを包むようにすれば円筒ができるので、形を作ってからコップを取り除く。

②次に、アルミの容器には生卵を割って入れ、アルミ容器の口元を手でつぶして、しっかり閉じる。

③ビーカーに生石灰を約一〇〇g入れ、その上に②のアルミの容器を置く。

ビーカーとアルミの容器のすき間に温度計をはさみ込んで、温度変化を観察。

④③のビーカーとアルミ容器の間に水を二〇〇mlくらい入れると、すぐに反応が始まり、シューシューという音がしてやがて湯気が出てくる。

⑤④の反応は三分ほどで終わるが、未反応の生石灰を反応させるために、さらに水を加えておき、しばらくしてからアルミの容器を取り出す。

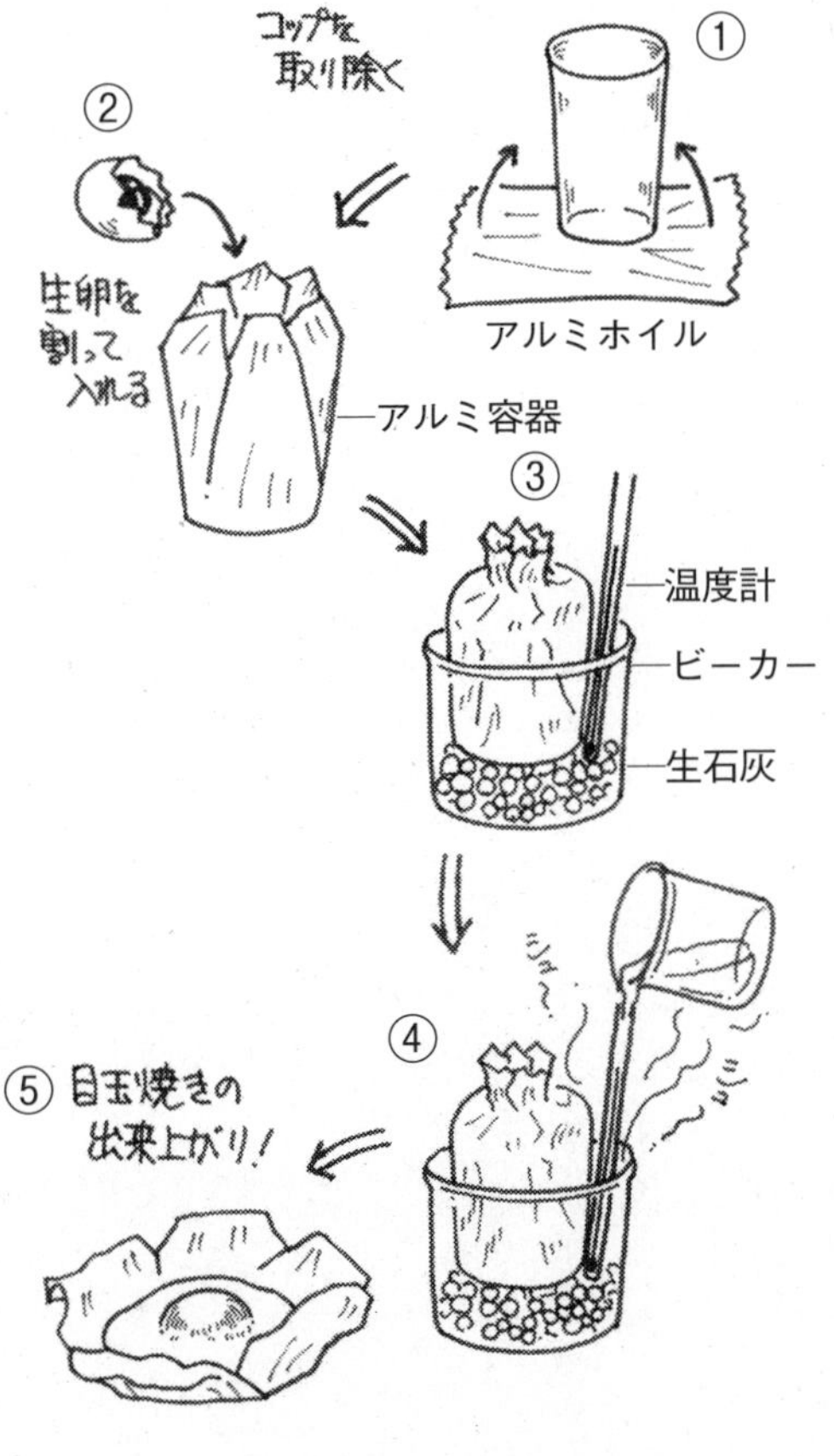

【危険・注意】

1 生石灰や生成した消石灰は強いアルカリ性の物質です。手で触れたり目の中に入ったりすると危険です。安全ゴーグルをし、ゴム手袋をしましょう。

2 この反応による発熱はかなり高く、九〇℃以上になることがあります。やけどには十分注意しましょう。

（編集部）

ベテラン農家が教える

石灰追肥のカンドコロ

◆土壌pHによる石灰資材の使い分け
◆栄養週期理論による石灰追肥の考え方

pHの高い畑は「硫酸石灰」か「過石」、低い畑は「消石灰」
——土壌条件によって石灰資材を使い分ける

水口文夫

品質向上をねらう石灰追肥

昔に比べて今の野菜は風味に乏しく、コクもないといわれる。また、ビタミンやミネラル、カルシウムなど五㎎から三㎎と減少している。

昭和二〇年代前半のころ、収穫中のトマトが風雨で倒れて泥まみれになっているものを水洗いしている光景を何回か見たことがあった。トマトの果実は水に沈んでいた。それ以来、トマトの果実は水に沈むものと思っていた。

それが、いつの頃からか記憶にないが、トマトは水に浮くものに変わった。トマトだけではない。ジャガイモも水に浮くことが珍しくなくなった。

籾の水に浮くものは粃《しいな》といわれ、中身が空であったり、乏しかったりする。トマトもジャガイモも水に浮くのは比重が小さいためで、形はできているのに、中身が乏しい、いわばカラッポトマトでありジャガイモである。

図1は、石灰追肥がトマトの比重に及ぼす影響を示したものである。石灰をある時期に効かせることにより比重が大きくなり、水に沈むようになる。このように石灰追肥は、風味やコクを失ってしまった今の野菜の品質向上に大きな役割を果たすと考えられる。以下、その効果と方法について論じる。

石灰欠に起因する生理障害の防止

昭和三二年頃からハクサイで心腐れ現象が見られるようになった。結球葉を外側から数えて数枚目から一〜三葉位が、葉の縁から細胞の壊死を生じ、その後の降雨などで湿度が高くなるとバクテリアが繁殖して腐敗する。その障害は、秋まきハクサイで一〜三月に収穫するものに多く発生している。ほとんど発生しない年もあれば、多発する年もある。今日まで、多くの防除対策がとられてきたが、成果は上がっていない。

トマトも昔から尻腐れ果は発生していたが、今日ほど多発することはなかった。

これは、最初、トマトの花痕部分から細胞

の壊死が生じ、それが水浸状となり、黒変して尻部が腐敗する現象で、高温、乾燥時に多発生している。いずれも石灰欠乏で、一時的に生じる石灰吸収抑制によって生じるようである。

石灰が吸えなくなる原因としては、土壌中の塩類過剰があげられている。

たとえば、アンモニア態窒素やカリが多いと、拮抗作用により同じプラスのイオンをもつ石灰の吸収が抑制される。また、土壌中の水溶性石灰は、炭酸ガスやリン酸などと結合して不溶性石灰に変化して、作物に吸収されなくなったりする。これらの現象は、作物の生理特性、土壌の緩衝作用や温度、水分などと複雑にからみあった一時的な吸収阻害である。

トマトの尻腐れ果は、品種によって発生程度が大きく異なる。また、長年堆肥を多く投入して熟畑化しているところは発生しないか、発生しても少ないが、開墾地で腐植が乏しく緩衝作用の弱い土壌、乾燥の激しい畑では多発しやすい。

そこで開墾地で腐植の乏しい緩衝作用の弱い、尻腐れ果の発生しやすい畑を選び、尻腐れ果の発生しやすい品種である桃太郎トマトを作付けて、石灰の追肥効果の確認を行なった。

図1　石灰追肥とトマト果実の比重

沈んでいるのが硫酸石灰追肥区のトマト、浮いているのが石灰無追肥区

確認試験は次のようである。

トマト定植三〇日前に、土壌pHの調整をかねて、元肥として一〇a当たり消石灰一五〇kgを全面散布、土と混合する。

定植一五日後に第一花房のホルモン処理を行ない、その三日後に一〇〇kgの消石灰または硫酸石灰、炭酸石灰を追肥した。

その結果、炭酸石灰追肥区と石灰無追肥区は尻腐れ果が多発したが、消石灰追肥区と硫酸石灰追肥区はその発生が大幅に減少した。

徒長防止をねらう石灰追肥

キャベツ、カリフラワー、ブロッコリーなどの機械移植で困るのが、苗の徒長である。

夏の高温期での苗づくりは徒長しやすく、徒長すると、ころび苗となる。機械植えでは、苗が直立していることが重要で、ころび苗ではうまく植えられない。

また、徒長苗を植えると、植付け後も節間伸長が激しく、苗が直立性にならずに茎が横に這うようになるため、中耕、土寄せなどの管理作業がやりにくくなる。管理作業機の車輪やロータリでの中耕などで傷つける株が多くなる。

キャベツなどの苗づくりでは、徒長防止のために播種後一〇日と一六日くらいの二回、苗箱一箱（三〇cm×六〇cm）当たり硫酸石灰で二〇gの追肥が行なわれ、効果を上げている。

筆者がトマトに石灰を追肥したところ、図

2のように無追肥区に比べて、硫酸石灰追肥区、消石灰追肥区は節間が短く、草丈の伸びが抑制されて、石灰追肥一か月後には一六cmの差が生じた。

石灰資材選択の着眼点

ハクサイの心腐れ防止の場合

ハクサイの心腐れ現象は石灰欠乏によるものとされているために、消石灰追肥が試みられている。しかし消石灰追肥は、pH上昇による黄化現象をひき起こすために、実用化されていない。黄化現象の発現した畑のpHはほとんどが七・〇以上である。

前記したトマトを定植した畑の石灰追肥直前のpHは六・五である。このトマト畑に、消石灰追肥区、硫酸石灰追肥区、炭酸石灰追肥区、石灰無追肥区を設けて、それぞれ一〇a当たり一〇〇kgを施用した。施用方法は、うねの片側に施肥溝を幅一二cmに切り、この溝に石灰を施用する。施用後ただちに充分かん水してから覆土した。

その結果は次のようになった。

▼消石灰追肥区は下葉から黄化現象が発生して生育が抑制されたが、硫酸石灰追肥区、炭酸石灰追肥区、石灰無追肥区はいずれも黄化現象がみられなかった。

▼消石灰追肥区は施用後七日で、地下五～六cmの根の付近でpH一〇・〇以上と一時的に急激なアルカリ化が進行した。硫酸石灰追肥区はpH六・八、炭酸石灰追肥区はpH六・〇、石灰無追肥区はpH六・五であった。

スイートコーンの場合

また、スイートコーンについても、pH五・八と六・五の二つの畑に消石灰追肥区、硫酸石灰追肥区、石灰無追肥区を設置し、一〇a換算で各一〇〇kgを降雨直前にうねの片側に施用した。

その結果、pH六・五の畑では消石灰追肥区で生育が抑制されたが、pH五・八の畑では反対に生育が旺盛となった。pH五・八の畑では消石灰追肥区が糖度一六度、石灰無追肥区、硫酸石灰追肥区が一四度と、硫酸石灰追肥で糖度が低くなった。

ところがpH六・五の畑では、スイートコーンの糖度は硫酸石灰追肥区が一六度で、消石灰追肥区、石灰無追肥区は一四度と低くなった。

pH五・八の畑のスイートコーンが、消石灰追肥後に生育がよくなったのは、スイートコーンは酸度に敏感な作物だからである。酸性で生育が抑制されていたが、酸度が矯正されたこと、堆肥などの有機物を多く投入したことから、消石灰施用で有機物が急激に分解して肥効が現われたものと考えられる。

図2　石灰追肥とトマトの生育状況

左2株は硫酸石灰追肥区、右3株は石灰無追肥区
右3株は尻腐れ果が多発している

表1　トマトの尻腐れ果の発生と追肥した石灰の種類

区　分	尻腐れ果の発生と追肥石灰の種類	
	追肥当日から25日まで	追肥当日から26日から35日まで
消石灰追肥区	4個	8個
硫酸石灰追肥区	3	9
炭酸石灰追肥区	15	7
石灰無追肥区	18	8

土壌のpHによる資材使い分け

このような結果から、土壌中の緩衝作用が弱く、pHの高い畑では消石灰追肥がマイナスに働き、反対にpHの低い畑ではプラスに働くようである。

したがって、石灰追肥の効果を高めるために、pHの高い畑では硫酸石灰（石膏《こう》）か、硫酸石灰を六〇％含む過石を追肥に使う。反対に、pHの低い畑では消石灰を用いるのが効果的であると考えられる。

追肥した石灰はどれくらいの期間効きつづけるか

石灰追肥により生育相に変化がみられ、トマトでは石灰追肥後三〇日で草丈に一六㎝の差がみられたが、その後、草丈の差は少なくなった。

石灰が効いた葉は、しまりぎみでピーンとしているのに、石灰無追肥区のトマトは、葉が大きく垂れ下がる傾向があったが、石灰追肥一か月をすぎるころからその差は消え始め、二か月後には判然としなくなった。

尻腐れ果の発生も追肥後二五日間はきわめて大きな差であったが、その後は消石灰追肥区、硫酸石灰追肥区ともに発生数が増加し、石灰無追肥区との差が認められなくなった（表1）。

トマトの生育相の変化や尻腐れ果の発生状況から考えて、追肥した硫酸石灰や消石灰の効力持続期間は一か月くらいではないかと思われる。

施用量、施用時期、施肥法

石灰追肥が作物に及ぼす影響を確認するために、一〇a当たり一〇〇kgを一回に追肥する方法を実施したが、追肥した石灰は予想外に早く作物の栄養素としての効力を失うようで、一回に多量に施用するよりも、少量を回数多く施用することがよいではないかと考えられる。

トマトのように生育期間の長い作物では、一回の一〇a当たりの消石灰または硫酸石灰の施用量は三〇kgくらいとして、二〇～三〇日に一回の割合で追肥したい。スイートコーン、ジャガイモなどの短期作物では一度に三〇～四〇kgくらい施用する。

施用時期は、目的によって異なる。キャベツ、ブロッコリーなどの育苗期の徒長防止としては、第一回施用が遅れないように早めに施用することが重要で、播種後一〇日頃には施用したい。

トマトは第一回施用時期は第一花房の開花期、スイートコーンは雄穂の出穂始め、ジャガイモは開花始めごろがよいと思われる。

施肥方法は、石灰は窒素などと異なり効きにくい物質で、前記したように不溶性になり作物に吸収されにくくなる。したがって、石灰を効かせるためには、降雨直前に施用するか、施用後かん水を行なうかして、空気にふれる時間を少なくする。根の近くに施用する方法として施肥溝を切るか、条施したならば覆土する。

（実際家・元愛知県農業改良普及員）

『農業技術大系　土壌施肥編』第六―①巻　作物別施肥技術　石灰追肥の効果と方法

栄養週期理論による石灰追肥の考え方
―発育の中・後期に作物は石灰をほしがる

恒屋棟介

発育の中・後期に石灰をほしがる

石灰分、つまりカルシウムは植物の健康維持にとって欠かすことのできない要素なのにそれを無視し、単に、チッソ・リン酸・カリを三大要素としてきたこれまでの作りは、今日、目に見えないところに多くの問題点をさらけ出しています。たとえば、必要以上の生理的障害がそうです。

果樹、果菜では、着色や成熟不良、水分と有機酸の過多、糖分不足、果肉の軟化、香気不足。

葉菜類では軟腐病、結球不足、根菜のス入り、糖分不足、花弁類の色彩不鮮明、芳香不足、店持ち不良。

イネムギ類では水分過剰、デンプン質集積の不備、飯米の粘質、光沢芳香不足、そして病虫害への抵抗性減退等々。

数え上げたらきりがありません。農薬多用もまた、そこらへんと関わりなしとは言えません。

石灰は、日本においてはなはだ粗雑に扱われ、その主用途は、酸性土壌の改良といった間接的効果に重点が置かれてきました。しかし養分としての直接的効果は軽く見られてきました。そのためか、栽培植物の収量安定化と質的向上にほとんど役に立たず、右に挙げたような結果を引き出してきているのです。

天候不順、出来すぎの時にも石灰

酸性土壌の改良―これは、無論必要です。しかし、それはあくまで石灰の間接的な利用であって、直接的ではない。そして間接的な用い方だけでは、生産物の質・量の改善には役立たないのです。

カルシウムの生理的効果の一つは、体内に一時的に仮貯蔵したC（炭水化物）等を貯蔵器官に移行集積させるという働きです。これは、着色・成熟期の初めに貯蔵養分を最後の貯蔵器官（果実、子実など）に移し込もうという作用で、天候不順のときなど、また出来すぎのときほど重要な働きです。

「栄週理論」（一四九ページ参照）では、この段階の植物ステージを「蓄積生長」と言いますが、これをいまの大方の栽培では重視しません。ここでのマズさこそ、不安定収量と品質不良に大きく関係します。

つまりカルシウムの効かせ所をハズしているのです。

Ca吸収時期は発育の中・後期に集中

石原正義氏（元国立園芸試験場技官）の葉分析でも、カルシウムはブドウでもナシでも、リンゴ、ミカン類でも発育中・後期に急上昇すること。イネでも、後期の吸収が高い

カルシウムの吸収は後半に上昇する
——チッソとほとんど正反対（ツネヤ）

結実がブドウ（デラウエア）葉成分に及ぼす影響　（1951，石原正義）

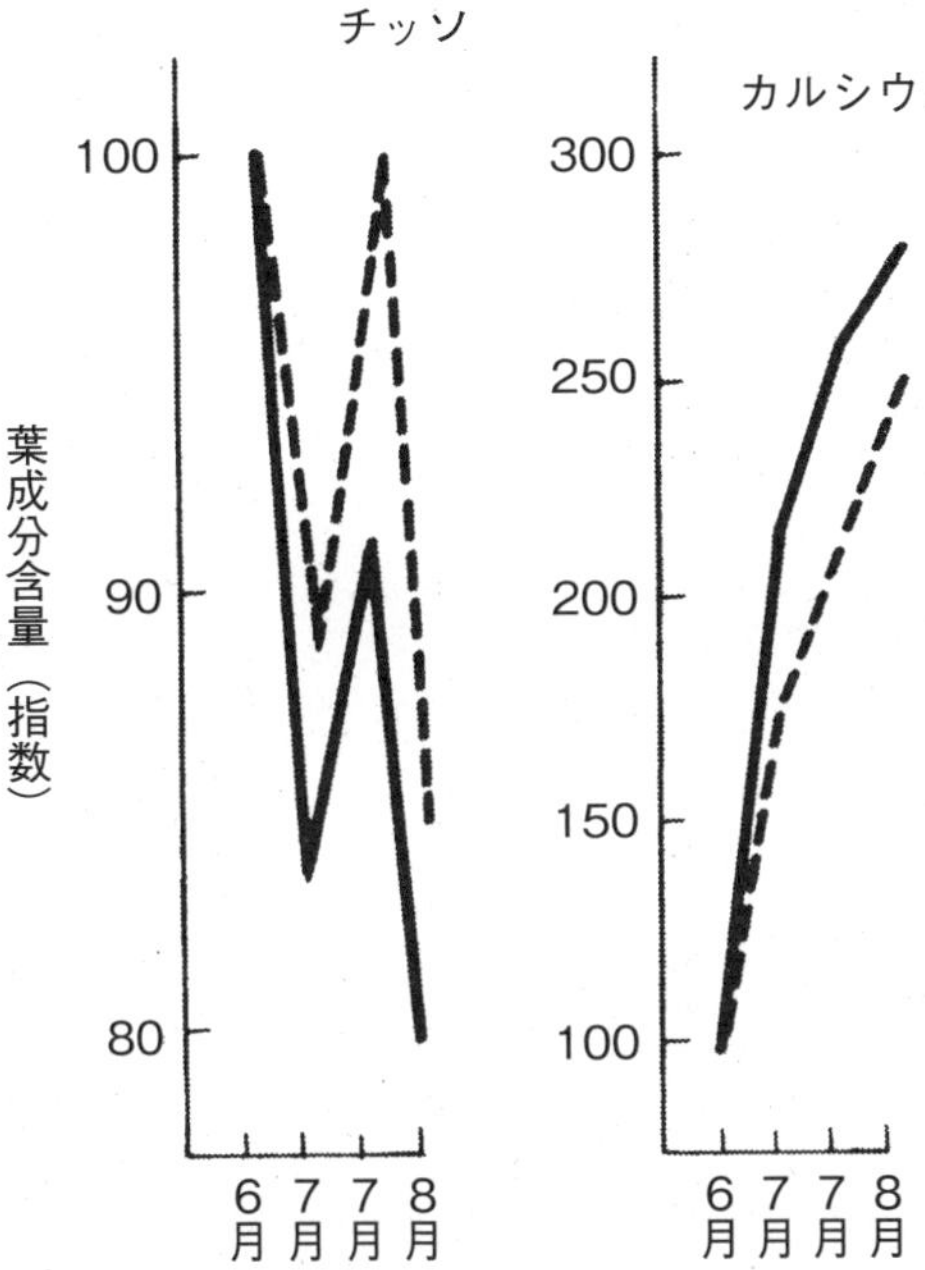

ミカンの時期別養分吸収　（1952，石原正義）

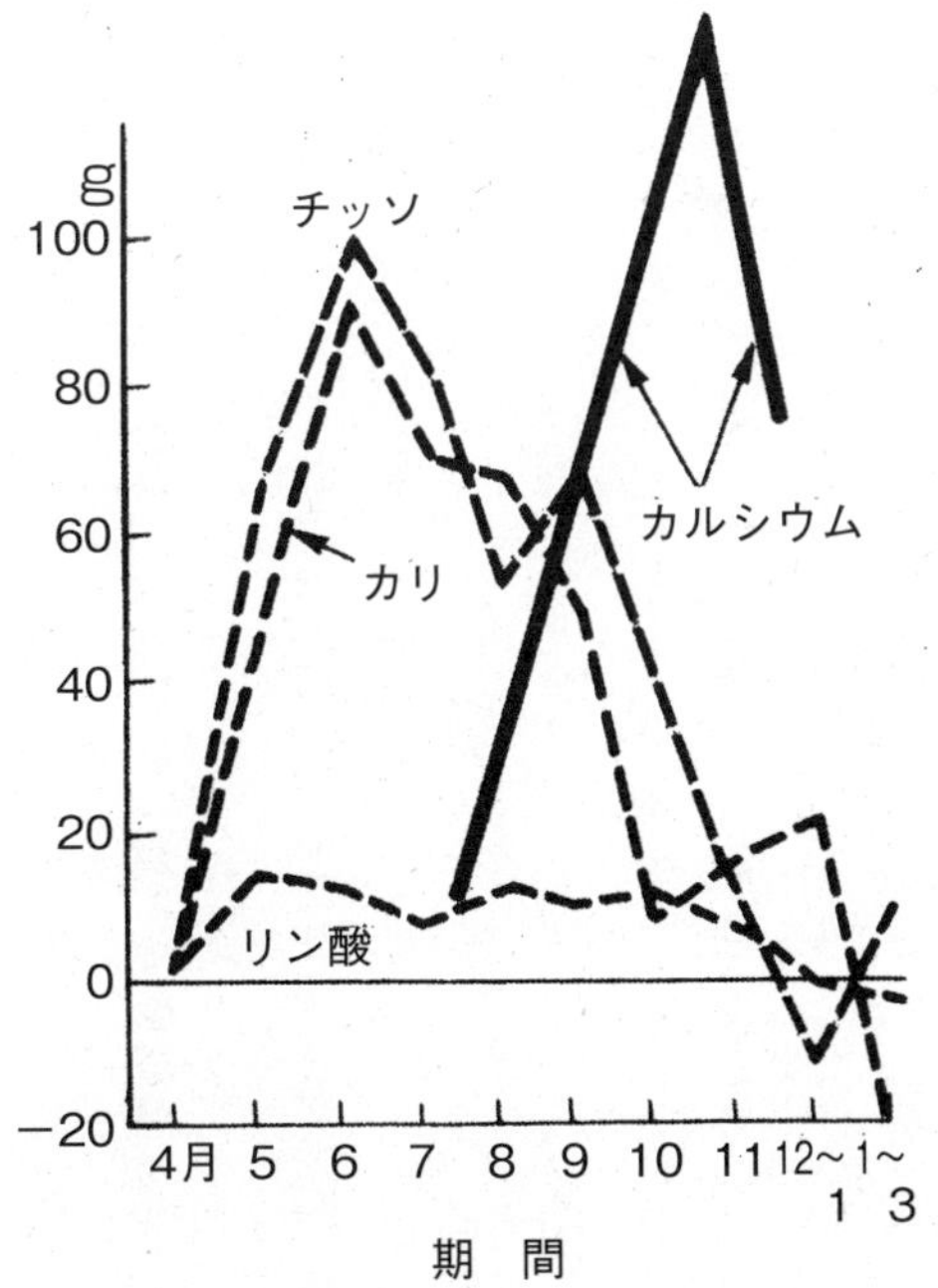

リンゴ（デリシャス）葉のカルシウムの季節的変化　（1978，Westwood）

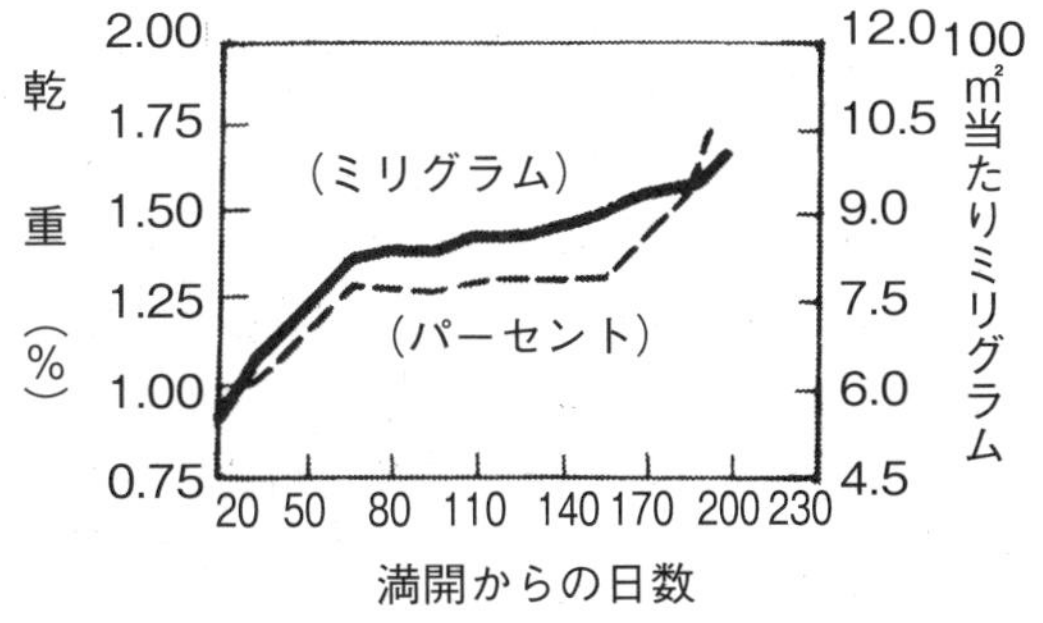

発育の初期にはチッソ吸収が高く，後期にはカルシウム（石灰）が急上昇する　（1957，野本）

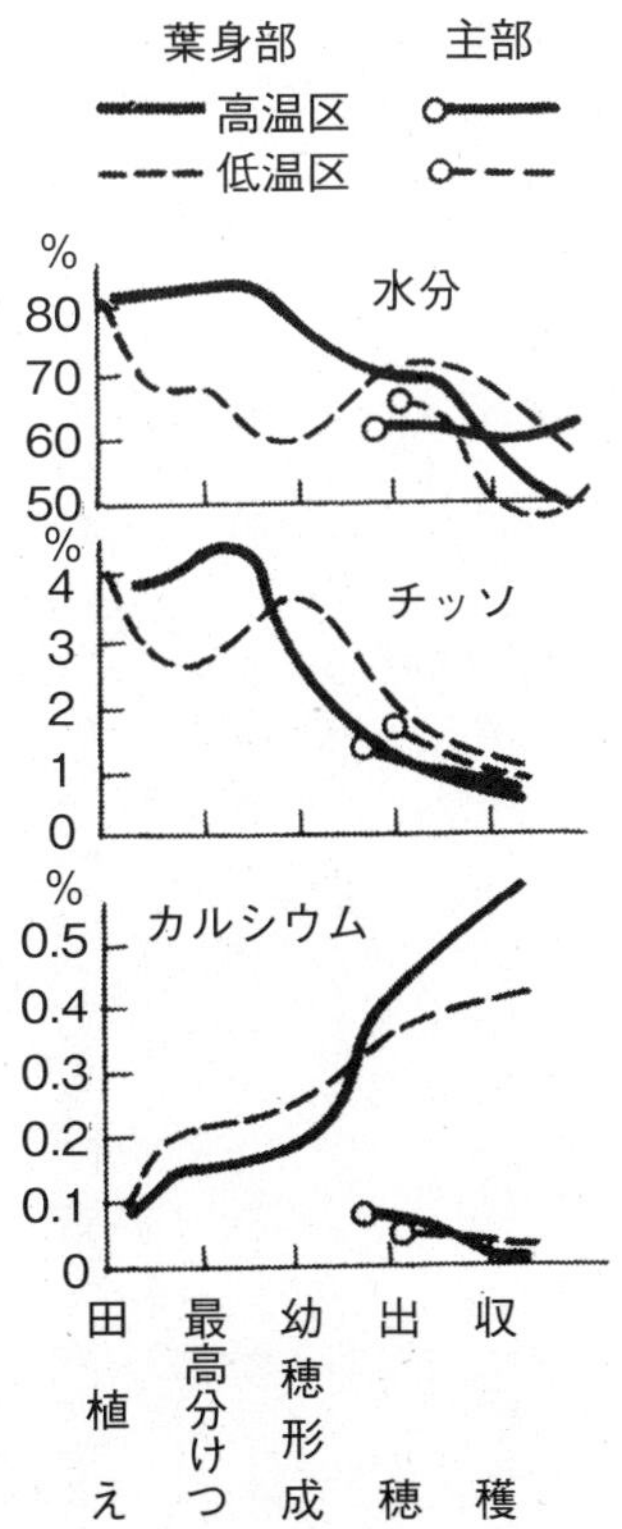

こと（石塚喜明北大名誉教授）。そのほか、多くの果樹、野菜、花弁、ムギ、芋類で、カルシウムは中・後期にこそ吸収が上昇しているものが大半なのです。

だとすれば、この発育生理に従うことこそ、施肥管理のポイントなわけです。すなわち、カルシウム施肥の要諦は、「掛け肥」と私たちは言っていますが、追肥にあります。発育生理に従った発育中・後期に向けての追肥によって、石灰（カルシウム）の「直接的」な効果が得られるのです。

消石灰を二〇～三〇kg　出来すぎのときはホウ酸を加用

私たちは、全国等しく、次のように石灰施肥して秀品生産を実現してきています。カルシウム（消石灰）の掛け肥（追肥）適期は、次のように考えます。

果菜類、果樹—果実の着色初期

根菜類—主根の上部が、直径八～一〇㎜になった頃

葉菜類—結球初期（非結球野菜は葉の伸びきり直前）

花弁類—開花初期（花が開き始めた頃）

イネ、ムギ—出穂約二〇日前（穂ばらみ中期）

消石灰施肥の量ですが、平均的な健康な作柄では一〇a当たり二〇～三〇kgくらいです。これがもし、葉色が濃緑の出来すぎの場合は三〇～五〇%ほど多めに、黄緑色の出来不足のときは二〇kg前後とします。

また、とくに出来すぎのときにはホウ酸（極細微粒）を、一〇a当たり三〇〇g内外、消石灰に混ぜます。

このホウ酸は過剰な栄養生長を抑えるとともに、炭水化物の合成、移行にも関わるので、天候不順の年や出来すぎの作柄になったときは、とくに重要です。

「効かせどき」なら土は痩せない

カルシウムは植物にとって必要不可欠な栄養素で、これなくして作物の健康と秀品生産はないと考えます。

ただ、いまだにこの石灰施肥に対する恐れが日本には少なくありません。土壌が痩せる等々がそれです。しかし私など、数十年これを使ってきて何ら問題はありませんでした。

もっとも、発育診断もせず、やたら機械的に、不必要なときにまで用いれば、それは問題なしとは言えないでしょうが。要は、カルシウムが発育生理的に必要な時期があり、それに対し施すべき適期が当然あるということです。

必要最少量のチッソで光合成産物をより多く

栽培の原則は、植物そのものを健康に育てること。それには発育初期、元肥に速効性チッソを用いないこと。栄養生長の初・中期はチッソ、リン酸、カリをほぼ同量にして一～二回施し、花芽分化の交代初期にリン酸を、そして着色・成熟期にカリとカルシウムを効かせること、が重要です。

これは、つまりC/Nの値を次第に高めていくという「栄養週期理論」の本筋に立ち入る話で、詳述できないのが残念ですが、簡単に言うと、C/Nとは、各発育段階でチッソは最適必要量にとどめ、それに対してC（光合成産物）はより多くするという考えです。したがって、C/Nの値は栄養生長期（消費生長期）から交代期、さらに生殖生長期（蓄積生長期）へと進むにつれて高まるようにすることが何としても必要ということです。

生産コスト低減のため、安定収量と秀品生産のため、ご研究のほどを。

（日本巨峰会・理農協会代表）

『現代農業』一九九三年十月号　石灰は追肥で効かせよ！　これまでの施肥法では一面的だ

「栄養週期理論」ってなに?

恒屋棟介（日本巨峰会・理農協会代表）

作物の育ちは、その一生で、あるいは一周年で同一ではなく、生理的に質的に違っている。栄養（素）の要求もまた違う。

人で言えば、子供から青年へ、さらに大人へと育っていくように、作物にも段階的育ちの特質があり、栄養状態の変化がある。作物は、その一定の育ちをそれらしく育っていくことが育ちの正しさであり、健やかさである。「栄養週期理論」では、この作物のそれぞれの育ちの段階で要求される栄養、生理条件をきちっと決め（発育診断して）、その歪みをなお、人の手で最適にしていこうとする。作物の発育生理の、一定の週期性（段階性）に則した栄養管理の理論だ。したがって、作物の生活史を最重視する。

たとえば、下図の左、栄養生長はC（炭水化物）をn（無機チッソ）によってN（有機チッソ）に消費する段階（消費生長）であり、右の生殖生長はCをnによって過度に消費せず、Cをより多く子実、果実、その他貯蔵器官に貯蔵する段階（蓄積生長）といえるが、こうした一定の発育は、一定の栄養条件でもっとも良く育つから、発育に週期があれば、それは取りも直さず栄養の面でも週期性があるということになる。つまり「栄養週期」なのだ。

そしてこのとき、栄週理論では、C/Nmという表記がキーワードになる。C/NのNをNm（最小必要量）とすることで、各ステージにおける育ちの尺度（Cとの関わり）を動的に捉えようとするのだ。

図　作物の栄養週期

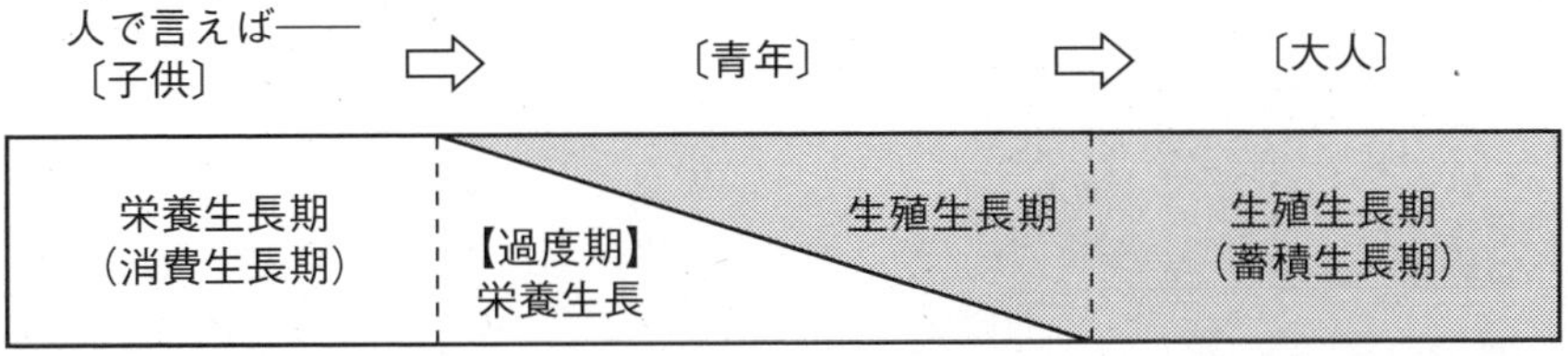

- 栄養体（葉／茎／根）が育つ
- 光合成でできたCは根から吸収されたn（無機チッソ）と結びついてN（有機チッソ）をつくるからCの消費時代といえる

- 栄養体生長はおもむろに弱まっていくが，生殖体生長（花器，花芽の分化と発達）の充実の時代
- 2つの生長が混在するが，次第に生殖生長に必然的に傾く
- Cは高まり，N（蛋白）はやや下降する時代

- Cが消費されず，より蓄積される
- 果実，果菜，子実類そして花卉類も貯蔵養分が高まり，種族維持に備える
- C及びCの化合物が人間の食生活，文化に貢献

〈無機養分の要求〉
▶N，P，Kはほぼ等量　▶Nは少なくなり，Pが高まる　▶Kは中量，Caが最高

資材メーカーと農家が協力して確かめた

消石灰の表面施用が土に有効菌を増やし、夏の地温を下げる

編集部＋潮田　武（筑西アグリ）

消石灰表面施用でネギ小菌核腐敗病を防いだ

群馬県太田市の栗原栄さんは去年の六月上旬、「もう、この畑はダメだ」と思った。五月下旬に定植したネギ（坂東）が、いよいよ根を張り、上に伸び始めようとする頃、二日間しっかり雨が振り込んで畑が水浸しに。その一七aの畑はいつも舗装路からの雨水が流れ込んでたまるところだった。そして翌日、今度はカラリと晴れて急に温度が上昇。

「こんなふうにウダッてしまった年は必ずキンカク（小菌核腐敗病）が出る」。小菌核腐敗病は、見た目に変化が現われるのは涼しくなる秋になってから、目立って枯れっ葉がからんでくるので「おかしいな」と思って株を抜くと、根が張っていない。「もしかして」と軟白部の皮をむくと、タテに黒いスジが走っている。こうなったら土寄せしてもネギは伸びないし、売りモノにもならない。やがて、そのスジのところからネギは腐り始め、葉が黄色くなっていく。

それでも、今はまだ何の変化も見えないネギを前にして、栗原さんは、「せめて半分くらい掘り取りできれば」と思った。八月に生石灰を一〇a当たり二〇〇kg表面施用。高いpHで病気が広がるのを抑えつつ、カルシウムで根を活性化しようと考えた。さらに九月、追い討ちのつもりで粒状消石灰「サラットCa《シーエー》」を六〇kg表面施用。いずれも一〇日間そのままにしてから土寄せした。

小菌核腐敗病のネギ。根が張らず、軟白部が黒くスジ状に腐る

さて、掘り取り――。一〇a当たり目標収量九〇〇箱に対して出荷は七〇〇箱、うち六～七割がL・2Lの太モノだった（単価目安一箱一〇〇〇円）。産地では六〇〇箱出て太モノ半分なら文句なしの上出来。結局、一〇a当たり生石灰五〇〇〇円と消石灰三七八〇円、合計九〇〇〇円足らずの追加出費で、難病・小菌核腐敗病を防いだ。

粒状消石灰サラットCaはpH12、酸化カルシウム73％、粒度1～3mm。10a当たり45～75kg（畑の周囲にも15kg）を表面施用

サラットCaを施用している太田市の正田栄司さん（72歳）。無施用畑（左）よりも施用畑（右）のほうが青みがかかって若々しく、葉の枯れも少ない

表面施用後しばらく土寄せしない

　栗原さんらネギ農家にサラットCaの表面施用を勧めているのは太田市の（有）群馬農機商会・茂木《もてぎ》和雄さん。茂木さん自身も面積は一〇aと小さいものの、機械屋のかたわら、ネギを一四年間栽培・市場出荷してきた。本当に表面施用で、いいモノがとれるのを実感したからこそ、販売に力を入れる。「ネギの糖度は普通なら一〇度くらいなのに、サラットCaを使うと一二度になる」という。

　茂木さんは涼しくなってネギが再び伸び始める九～十月の施用を勧めている。販売元（後述）のいう通り、防除を優先させるなら梅雨に施すべきかもしれないが、その時期はまだネギが伸びている。「梅雨はチッソで伸ばし、秋はカルシウムで充実」が茂木さんの考え方。それでも秋雨時期の施用で防除効果を持たせるため、一～二週間そのままにし、雨に一～二回あてる。「ネギ農家は肥料をくれたら、すぐにでも土寄せしたくなるが、そこは少しくらいネギが倒れてもガマンしてもらう」

超高pHの膜で有効微生物を優勢に

　サラットCaを開発し、茂木さんらに卸している茨城県筑西市の（有）筑西アグリ・潮田武さんはいう。「ポイントは地表面に散布し、土と混和しないこと。それで土の表面に超高pHの膜を作ってやる」（次ページの図参照）。日本の土は火山灰由来の土が多く、カルシウムも雨で流れるので、もともとpHが低い。さらに最近は家畜糞が大量に投入されて畑が酸性に傾いている。そのため、酸性を好むフザリウムなどの有害微生物が優勢になる――。そのように潮田さんは考えている。

　そこで播種後は高pHのサラットCaを畑の全面に、定植後はウネ間と株間に表面施用し、アルカリ性を好む放線菌や硝化菌などの有効微生物を優勢にする。施されたカルシウムはやがて作物に吸われて細胞どうしの接着剤となり、病気が入りにくくなる。また、基本的に土と混和しないので、表面が長期にわたって白色のせいか、害虫もまぶしがって寄ってこない。

　そして「もう一つのポイントは、畑の周りにも散布すること」。土壌改良で畑のpHを矯正している農家であっても、畑の周りの土のpHは低いまま。最近は雨のpHも低い。ここで繁殖している有害微生物が長靴や機械を介して絶えず畑の中に持ち込まれる。それをモトから断ち、ここにも有効微生物を増やすわけである。

作物の生育に大きな影響を及ぼす微生物は有害・有効いずれも土の表面にいる!?　少なくとも泥ハネによる罹病が石灰の表面施用で防げそうではある。

カルシウムは表面のほうが効く!?

潮田さんは「ネギは小菌核腐敗病だけでなく、一回目の土寄せ前（梅雨時期）の施用で軟腐病、白絹病、さび病が防げる。水稲は出穂二〇日前～出穂直前の畦畔施用で紋枯病、カメムシが防げる。キャベツは播種後の苗床施用、定植後の本畑施用で黒腐病が防げる。イチゴでは炭そ病もうどんこ病も防げる」という。さらにジャガイモでは「pHが上がるとそうか病が出る」といわれるが、今のところ出ていない。

農家には以前、サラットCaを作付け前に表面施用し、二週間おいてから元肥とともに耕耘・混和してもらっていた。しかし、今では作付け後施用の農家がほとんど。超高pHになるのは土の表面だけで、作物根圏のpHはそれほど上がらない。しかも、念のためあらかじめ畑のpHは測定するものの、年間一〇a当たり六〇kg程度の消石灰なら作物に過剰害を及ぼす危険性は低い。

サラットCaは表面施用で病気や害虫が防げるだけでなく、秀品率が上がって日持ちもよくなり、アクが少なく、爽やかな味になる。現在、年間の販売量は五〇〇tまで増えた。潮田さんは農家での効果の表われ方を見て「カルシウムは土の中よりも表面にあるほうが、よく効くんじゃないかな?」とも感じている。

表面施用で夏場の温度低下に一役

群馬県太田市大原町のホウレンソウ名人・松井敏雄さんは、毎年気温が高くなる夏の時期になると、ホウレンソウの播種後に消石灰を全面散布する。

太田市は平地なので、夏場の気温が高く、三七～三八℃になることも度々。ホウレンソウの発芽適温は二〇℃くらいだから、温度が高いと発芽不良になる。発芽しても病気や害虫が多発するので、この条件で栽培するのは非常に難しい。温度を低くするために五〇%の遮光ネットを使用しても発芽適温にはならない。

そこで、松井さんは消石灰を表層施用する。地表面が白くなるので、太陽の光を反射するおかげか、地表面温度が約二℃低くな

図　消石灰表面施用による病害虫防除のしくみ

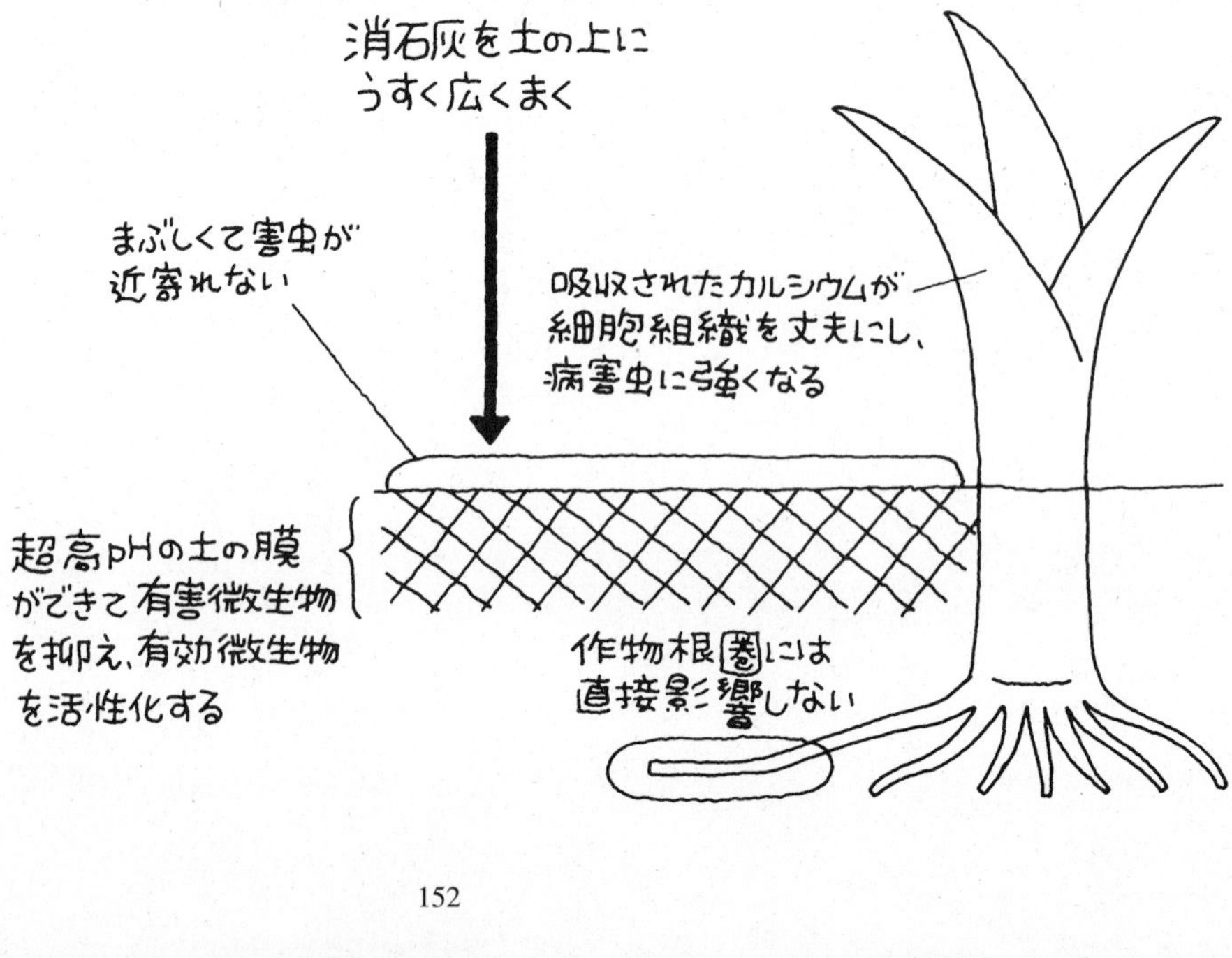
消石灰を土の上に
うすく広くまく
まぶしくて害虫が
近寄れない
吸収されたカルシウムが
細胞組織を丈夫にし、
病害虫に強くなる
超高pHの土の膜
ができて有害微生物
を抑え、有効微生物
を活性化する
作物根圏には
直接影響しない

ハウスでも中の全面だけでなく周囲にも表面施用

苗箱下の施用で根がよく張り、立枯れも防ぐ

る。そのおかげで、発芽揃いもいい。松井さんが使う消石灰は（有）筑西アグリが製造する「サラットCa」だが、一〜三㎜の顆粒状消石灰で形が不定形なので、光がより乱反射して、蓄熱しにくく地表面の温度が下がるようだ。また、土と混和しないので、地表面が長期間白くキラキラと光り、害虫もまぶしがって寄ってこない。

松井さんは、圃場とハウスの外側へも散布するのだが、それ以来、立枯病・べと病・アブラムシが少なくなった。とにかく、気温が高い夏でも松井さんのホウレンソウは軟弱徒長せず、葉肉が厚く生育がよい。

六〇kgの消石灰散布でも、pHはあまり上がらない

松井さんがサラットCa（pH一二）を散布するのは、夏場の気温が高い時期に土壌改良を兼ねて三作ほど。一回の散布量は一〇a当たり六〇kg（四袋）で、播種後に表層施用し、たっぷりとかん水。

施用直後の土壌表面pHは一〇以上になるのだが、根が張っていく地中は高pHにはならないので、生育に問題はないようだ。収穫後にpHを測ると七くらいまで下がっている。

松井さんのホウレンソウは、石灰がよく効いているからか、葉肉が厚くて重いので増収する。石灰の働きによりチッソの過剰吸収を抑えるので硝酸が少なく味もよい。また、鮮度が長続きするので、店もちもよく、スーパー等では大変喜ばれている。

※サラットCaの問い合わせ先　（有）筑西アグリ　TEL〇二九六—二八—二〇〇〇

『現代農業』二〇〇七年六月号　消石灰の表面施用が土に有効菌を増やす?　二〇〇七年八月号　消石灰の表面施用で地温が二度下がり病気も出ない

今さら聞けない　石灰Q&A

石灰をやるとなぜ土の酸性が矯正できるの？

編集部

土壌のpHが七以下だと酸性、以上だとアルカリ性ということはご存じだと思います。それに、このpHという指標は、土の中の水素イオン濃度（本来は水素イオン活量）を表したもので、水素イオン濃度が高ければpHの値は小さくなり「酸性」、低ければ逆にpHの値は大きくなり「アルカリ性」と教わったことでしょう。

酸性の土はなぜダメか？

では、なぜ「酸性の土」はよくないといわれるのでしょう？　酸性がよくないというのは、雨によって土の中の肥料分が洗い流され、水素イオンが肥料分に置き換わってしまい、土に肥料分が無くなってしまうからです。また、アルミニウムが溶け出して、作物に害を与えるからです。日本のように温暖で雨の多い国ではその影響が大きいため、土壌の「酸性矯正」がすすめられることになります。

では、土壌の酸性矯正に、なぜ石灰が使われるのでしょう？　原理的には、アルカリ性の物質であれば何でもよいわけですが、酸性の土には作物が必要とするカルシウムやマグネシウムが不足しているため、多くの場合は、酸性を矯正するアルカリ性の資材として、いろいろなカルシウム資材、とくに炭酸カルシウム（炭カル）や苦土石灰などが用いられるようになりました。

土から溶脱する石灰の量はものすごく、鹿児島県の調査では、三年半で、黒ボク土壌の場合で一ha当たり一八一kgにも及んでいるそうです。

石灰施用でなぜ酸性が治るか？

酸性を矯正するのによく使用される炭酸カルシウム（炭カル）を土に施した場合を例に、なぜ酸性が治るか（pHの上昇）を考えてみましょう。

pHの上昇は、次の三つの段階を経て考えることができるとされています（図）。ポイントは水素イオン（H^+）の動きです。

第一段階　これは、施した炭カルが水に溶ける過程（溶解過程）です。

第二段階　炭カルの溶解過程でできた重炭酸カルシウム（炭酸水素カルシウムともいう）が、カルシウムと重炭酸に解離する過程です。

第三段階　ここは第二段階でイオン化したカルシウムが土の粒子に吸着されていた水素と置き換わって水素イオン（H^+）を追い出し、その水素イオンが重炭酸と反応して、土壌溶液中の二酸化炭素（溶存二酸化炭素）となり、さらに水と気体状の二酸化炭素（炭酸ガス）へと変化する過程です。つまり、pHが測っている水素イオン（H^+）の濃度が減ることになり、酸性の矯正（pHの上昇）が達成されることになるわけです。

つまり、第三段階の反応で、土の酸性の改良が達成されることになります。

と同時に、作物の栄養分となるカルシウムやマグネシウムが豊富な土に変わっているわけです。

この三段階の反応をいかにスムーズに進めるかが、石灰を施用して酸性矯正を行なうポイントになります。

ポイントは石灰を水に溶かし、生成物を拡散させること

重要なのは、第一段階の、施した炭カルをいかに溶かすかです。炭カル自体は、水にはほとんど溶けません。しかし、炭酸ガスを含んだ水には溶けます。それは空気中の二酸化炭素が溶け込んだ雨水によって土壌中のカルシウムが溶け出し、土壌圏外に流亡して酸性になっていったことからもわかります。

土に炭カルを施して酸性を矯正しようとする場合も同様で、施した炭カルを溶かすには、土壌中に水分があって、土壌溶液中の炭酸ガス濃度が高いほうがいいということになります。また、水分が多いと炭カルが溶けてできる重炭酸カルシウムの濃度が薄まって低くなるため、平衡関係にある第一段階は右方向に進むわけです。

もう一つが、第一段階、第二段階でできた重炭酸カルシウムをできるだけ遠くに拡散させて、反応する相手となる土の粒子のそばの濃度を下げて反応を進め、同時に拡散によってより多くの土の粒子と出会わせること。

施した炭カルは、まずその炭カルのそばの土壌粒子や土壌溶液と反応しますから、pH矯正の目的のために施す炭カルなどの資材の粒径は、大きな粒のものより、細かい粒径のほうがむいているということになります。

この記事は、『農業技術大系　土壌施肥編』第一巻「石灰（養分の動態）」をもとに、編集部でまとめたものです。

図　石灰施用で酸性矯正できる仕組み

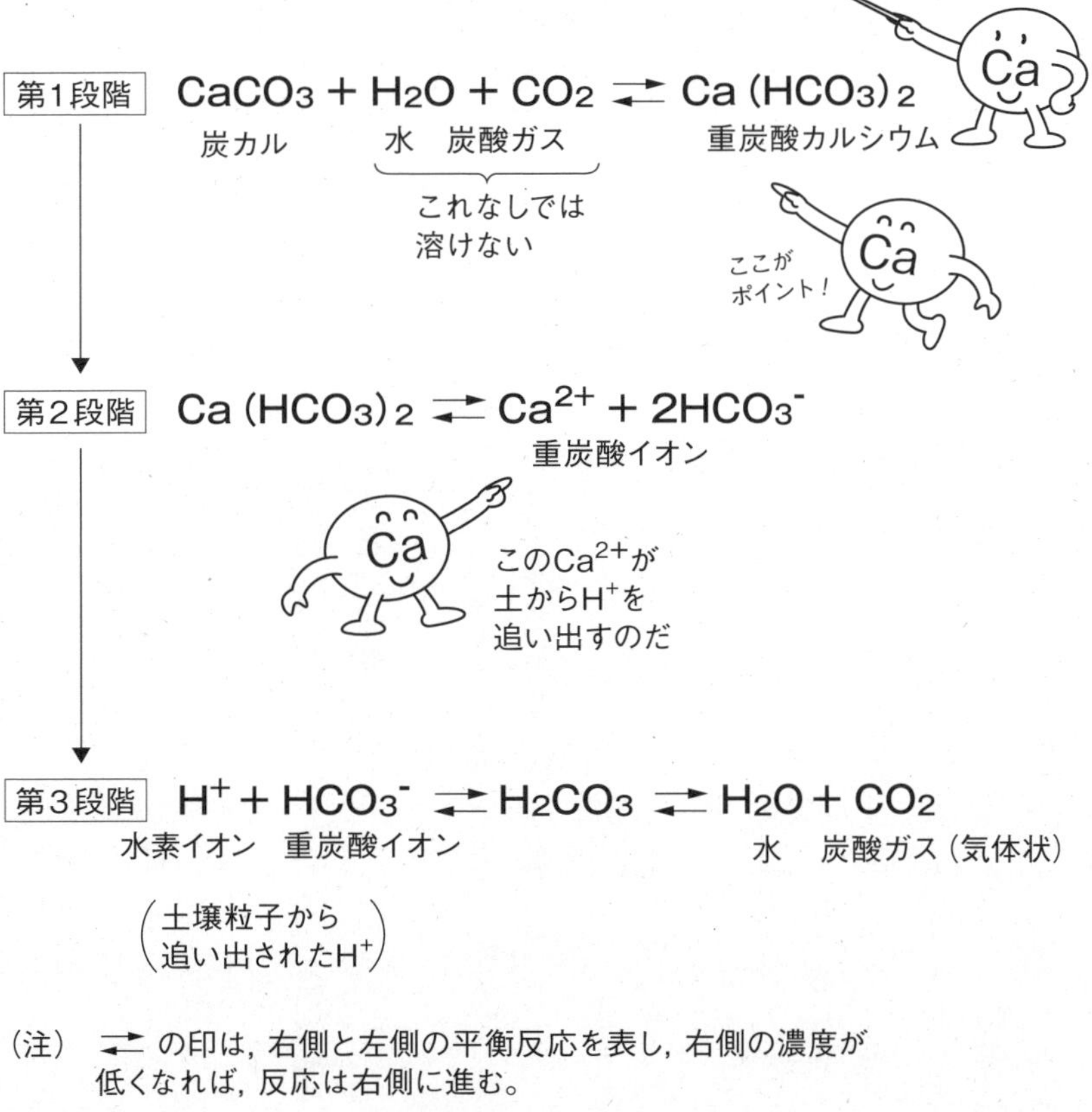

（注）　$\rightleftarrows$ の印は，右側と左側の平衡反応を表し，右側の濃度が低くなれば，反応は右側に進む。

石灰質資材添加で家畜ふん堆肥の電気伝導度を下げる

西尾道徳（元筑波大学）

家畜ふん堆肥のEC低下の必要性

一九九四年十二月に、農林水産省農蚕園芸局長通達「たい肥等特殊肥料に係る品質保全推進基準について」で、家畜ふん堆肥の電気伝導度（EC）の望ましい基準値が五mS／cm以下とされた。しかし、当時においても、流通している家畜ふん堆肥の大部分のECがこの基準値を超えていた。

「家畜排泄物法」が二〇〇四年十一月から完全施行されて、畜産経営体において家畜ふん堆肥を野積みすることが全面禁止された。この結果、雨水を遮断して行なう一次堆積の後、雨水に当てながら行なう二次堆積（後熟）で、塩類を雨水によって流亡させることができなくなった。このため、家畜ふん堆肥のECが以前よりも上昇し、施設園芸を初めとする集約的作物栽培では、土壌のEC上昇による作物生育障害への懸念が高まっている。

家畜を飼養していない耕種農家が、畜産経営体などから購入した家畜ふんや家畜ふん堆肥を自分の耕地に野積みして、脱塩することは法律違反ではない。しかし、非農家の住宅が近くに存在する都市近郊などの耕種農家では、近隣住民から苦情が寄せられて、家畜ふん堆肥を野積みできないケースが少なくない。

そこで、家畜ふん堆肥を野積みして雨水で脱塩することなく、家畜ふん堆肥のECを下げる方法が渇望されている。

嫌気貯留した豚ぷんの消石灰添加による堆肥化促進

石川県畜産総合センターの高橋正宏氏らは、養豚経営体には、労力の関係から豚ぷんを毎日きちんと堆肥化できず、豚ぷんを一週間程度貯留してから堆肥化しているケースが多いことに注目した。そして、そうしたケースでは堆肥化過程がどのようになっていて、きちんと堆肥化するにはどうすれば良いかを検討し、次の結果を得た。

実験的に生豚ぷんを切り返さずに一週間程度貯留すると、嫌気性となって揮発性脂肪酸が増加し、豚ぷんのpHが当初七強の弱アルカリ性から約六の弱酸性に低下した。こうなった豚ぷん（嫌気豚ぷん）に、水分が六〇％になるようにモミガラを混合して

図1　消石灰を添加した嫌気豚ぷんの堆肥化過程における品温の変化（図は高橋氏提供）

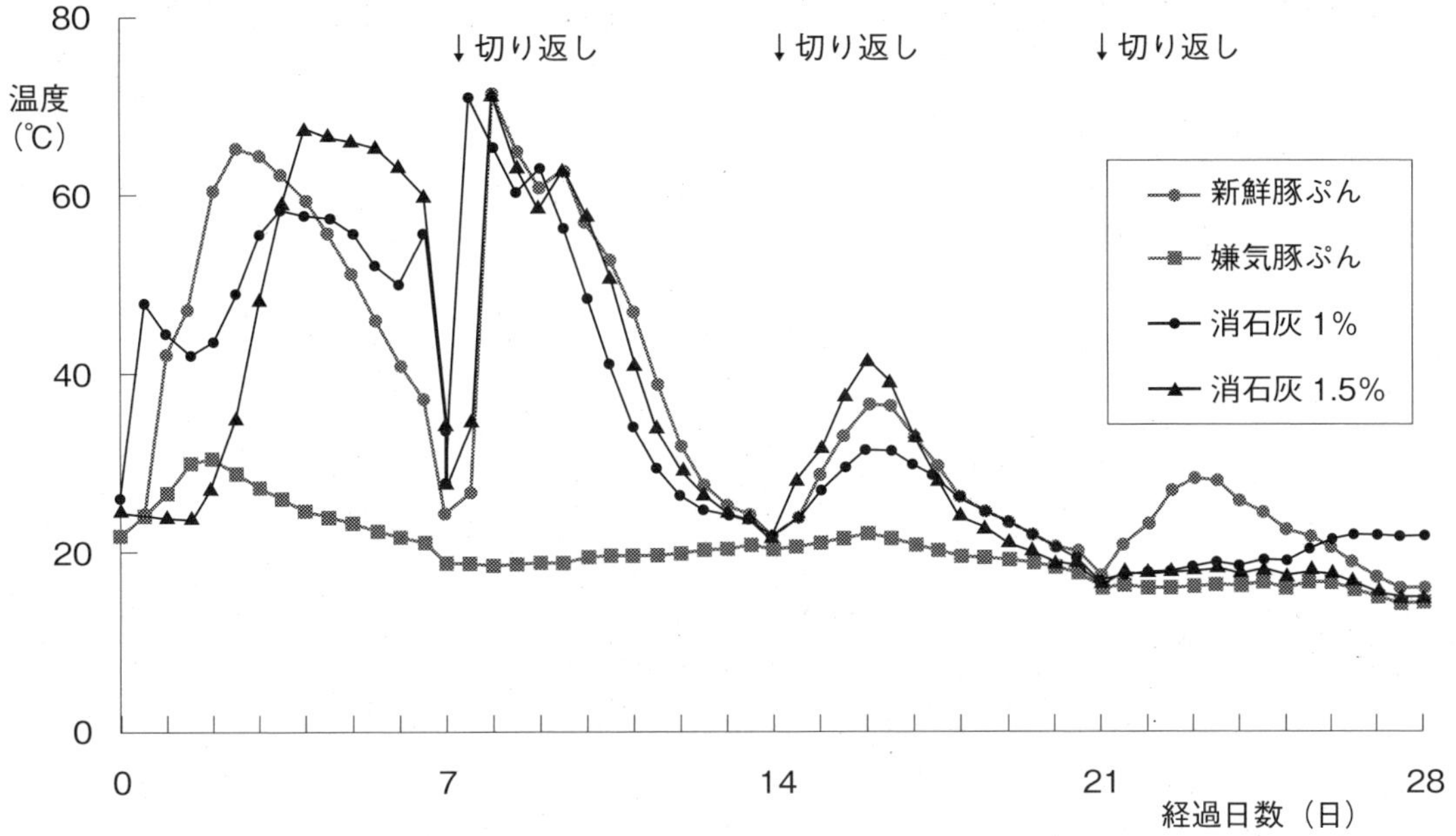

表1　嫌気豚ぷんの堆肥化によるEC、pH、低級脂肪酸の変化

（石川県畜産総合センター、2001）

	EC(mS/cm)		pH		低級脂肪酸(%)	
	詰込時	完了時	詰込時	完了時	詰込時	完了時
新鮮豚ぷん	5.15	4.97	7.41	7.99	2.50	0.10
嫌気豚ぷん	5.43	6.78	6.15	5.21	6.76	9.78
嫌気豚ぷん＋消石灰 1.0%添加	6.31	3.94	8.84	8.06	6.63	0.27
嫌気豚ぷん＋消石灰 1.5%添加	6.60	3.63	9.46	8.52	6.56	0.19

から小型堆肥化実験装置に入れて、常時通気しつつ、七日ごとに撹拌して切り返しながら好気的条件で二八日間堆肥化処理をした。

この間に嫌気豚ぷんでは、品温が二日後に約三〇℃に上昇しただけで、揮発性脂肪酸もさらに増えてしまった。しかし、嫌気豚ぷんに一%ないし一・五%の消石灰（水酸化カルシウム）を混和して同様に堆肥化処理をすると、揮発性脂肪酸によって低下したpHが改善され、品温がすぐに約七〇℃まで上昇し、揮発性脂肪酸も激減して、通常の堆肥化処理を行なうことができた。しかも、堆肥のECが四mS／cm未満にまで低下した（図1、表1）。

そして、詳しくは後述するが、その後の実験で、消石灰添加によって堆肥化期間の二八日間における有機物の分解も促進された。なお、一・五%の消石灰ではアンモニアガスの発生量が多くなって、作業者に危険が生ずることも懸念されるので、一・〇%の消石灰添加が適当と判断された。

消石灰添加による豚ぷん堆肥の電気伝導度の低下

前記の実験と同様に、生豚ぷんと、七日

間嫌気的に貯留した嫌気豚ぷんに、水分がそれぞれ六五％と六〇％になるようにモミガラを混合した後、それぞれ〇～一・五％の消石灰を混合した。混合物を小型堆肥化実験装置に入れて七日ごとに攪拌して切り返しながら、好気的条件で二八日間堆肥化処理をした。生豚ぷんと嫌気豚ぷんの双方で基本的には同じ傾向の結果が得られ、一・五％までの範囲だが、消石灰の添加割合が高いほど、ＥＣが低くなった。本稿ではデータを割愛したが、例えば、生豚ぷんの場合、当初のＥＣは六・九mS／cmだったが、四週間後のＥＣは、消石灰の添加割合がゼロで五・六、〇・五％で四・八、一・〇％で四・五、一・五％で四・二mS／cmに低下した。

では、消石灰の添加によってなぜＥＣが低下したのだろうか。高橋正宏氏らはこの点を解析して、次の結果を得た。

その一つの原因は、前項で紹介した報告で認められたように、消石灰添加によって豚ぷんのpHがアルカリ性となって、アンモニウムがアンモニアガスとなって揮散して、その分のＥＣが低下することである。

それに加えて、豚ぷん中のミネラルの多くの部分が消石灰添加によって、水に溶けにくい形態に変わってしまうため、豚ぷん堆肥を水に分散させたときのＥＣが低下したことが確認された（図2）。すなわち、消石灰を一・〇～一・五％添加した豚ぷん堆肥では、水溶性のリン、カルシウム、マグネシウムが存在量の一〇％未満に激減し、カリウムやナトリウムでも七〇％未満に減少した。ＥＣは水に溶けているイオン量の指標なので、水溶性のイオン量が減れば、低下することになる。

消石灰施用による有機物分解の促進

前述したように、消石灰添加によって堆肥化処理二八日間における嫌気豚ぷん堆肥中の有機物の分解が促進された（高橋・柾木、二〇〇四）。高橋氏はこの点をさらに解析した。すなわち、生豚ぷんと七日間嫌気的に貯留した嫌気豚ぷんに、水分がそれぞれ六五％と六〇％になるようにモミガラを混合した後、〇～一・五％の消石灰を混合して、上記の実験と同様に、混合物を小型堆肥化実験装置に入れた。七日ごとに攪拌して切り返しながら、好気的条件で二八日間（四週間）堆肥化処理をした後、その内容物を広口ポリビンに移し替え、隙間ができるように口にふたをずらして乗せて、わずかな換気ができる状態で、三か月目と六か月目に内容物を攪拌（切り返し）して一二か月目まで放置した。そして、界面活性剤を用いた飼料分析法（デタージェント分析法）を用いて、堆肥化 過程における有機性成分の動向を分析した。

生豚ぷんと嫌気豚ぷんとも基本的には類似した結果を示したが、消石灰無添加系に比べて、一％および一・五％の消石灰添加系では、四週間までの有機物の分解率が明らかに高まった。ただし、無添加系ではその後の分解率が添加系よりもがむしろ高く、一二か月後の有機物分解率には差がなくなった（図3）。これは豚ぷん中のヘミセルロースのほぼ全量と、一部のリグニンの分解が消石灰添加で促進されたためと推定された。

●肥料取締法で石灰資材添加家畜ふん堆肥の販売は可能

消石灰の添加によって家畜ふん堆肥のＥＣが低下し、有機物分解が促進されることは、上述の豚ぷん堆肥に加えて、牛ふん堆肥でも観察されている。こうした研究成果に基づいて、野積みして雨水で塩類を洗浄しなくても、消石灰などの石灰資材を添加して、ＥＣの低い家畜ふん堆肥を製造して販売することが考えられる。

だが、肥料取締法は、石灰肥料などの普

図2　生豚ぷんに消石灰を添加して製造した堆肥におけるミネラルの存在形態

（高橋・梅本（2005）から作図）

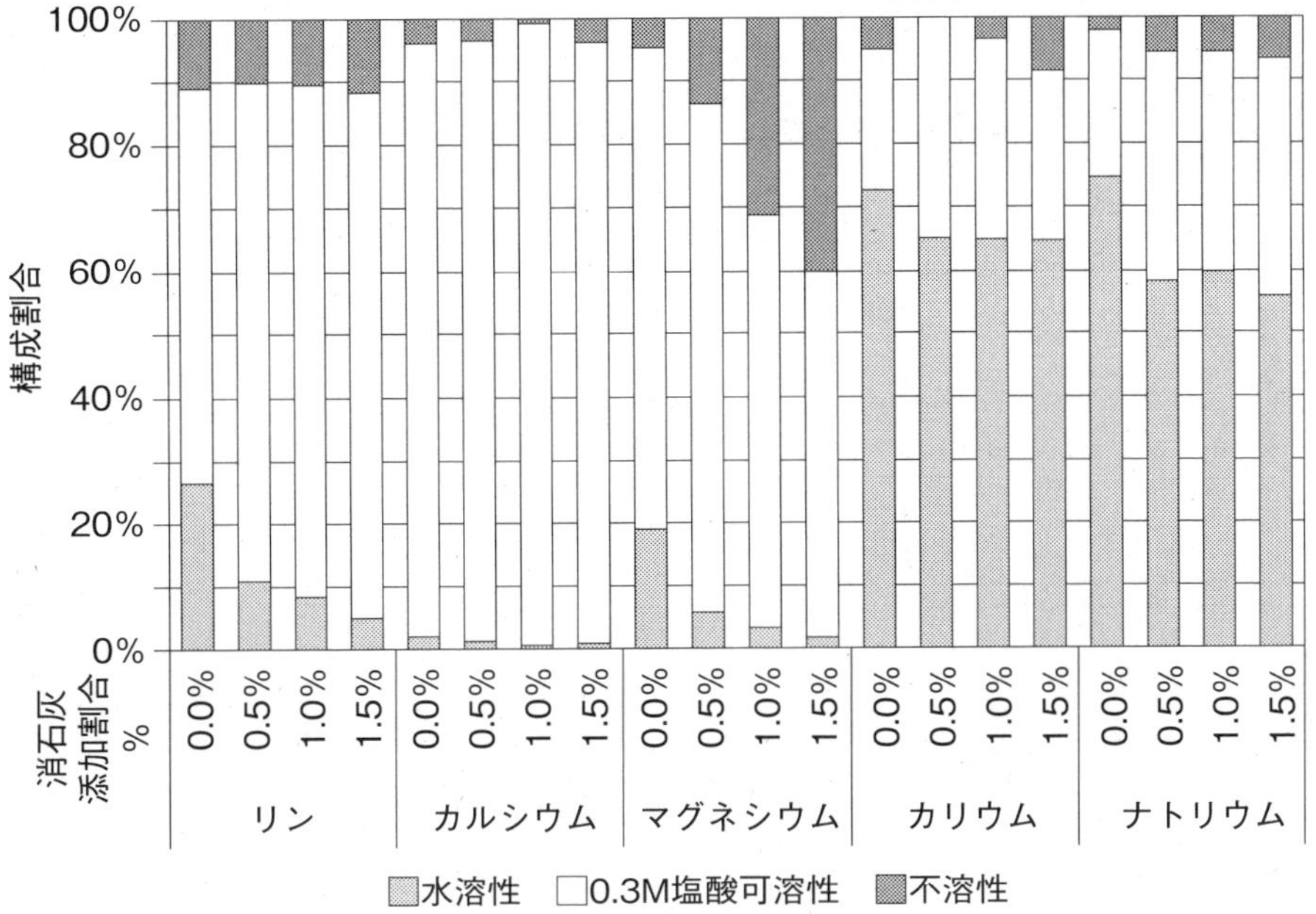

水溶性：EC測定用の堆肥：水＝1：10の懸濁ろ液に溶解してきたミネラル。
0.3M塩酸可溶性：0.3M塩酸に溶解したミネラルと水溶性ミネラルの差
不溶性：100 －（水溶性ミネラル＋0.3M塩酸可溶性ミネラル）

図3　生豚ぷん堆肥化過程における有機物の分解率に及ぼす消石灰添加の影響

（高橋、2004から作図）

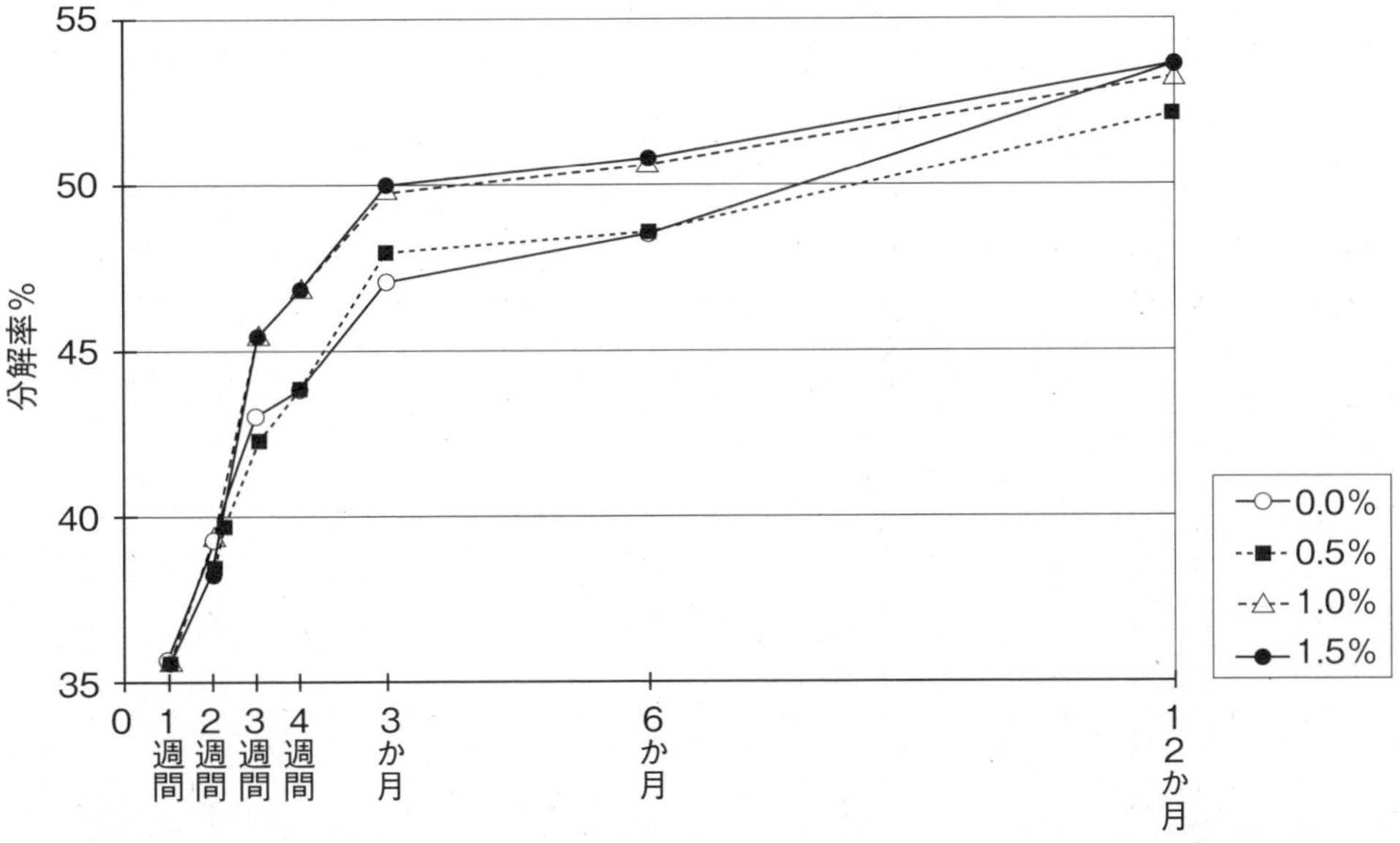

通肥料と、家畜ふんや堆肥などの特殊肥料とを厳然に区別して運用されている。普通肥料と特殊肥料の両者を混合したもので、公定規格の定められていないものはできなかった。

二〇〇三年に愛知県が、田原市と渥美町

を対象に、家畜ふん堆肥と化学肥料を混合した肥料の販売を容認する「渥美半島バイオリサイクル農業特区」を内閣府に申請した。この問題について内閣府と農林水産省の間でやりとりが行なわれた結果、二〇〇四年十月二五日付けで、農林水産省消費・安全局から農林水産省告示を変更することの通知文書「肥料取締法に基づく特殊肥料の品質表示基準等の一部改正について」が発行され、「特殊肥料の品質表示基準」（二〇〇〇年三月三一日農林水産省告示第一一六三号）の一部が、「生産に当たって腐熟を促進する材料が使用されたたい肥を販売する際は、当該肥料にその材料の名称を表示することとする。」に改正され、「特殊肥料等の指定」（一九五〇年六月二〇日農林省告示第一七七号）の一部に、堆肥の定義として「尿素、硫酸アンモニアその他の腐熟を促進する材料を使用したものを含む。」が追加された。これによって腐熟を促進させる窒素肥料や石灰資材を添加した堆肥の販売が認められた。

●消石灰によるワラの腐熟促進は戦前からの公知の事実

一九三二年（昭和七年）八月に旧農林省農事試験場が促成堆肥製造方法講習会を開催し、その講習資料が残されている。この資料を高橋正宏氏らが研究報告のなかで引用している。

この促成堆肥の製造方法は、一九三四年に刊行された齋藤道雄著『本邦厩肥の研究』（明文堂、東京）にも「葵式石灰堆肥製造法」と題してその概要が紹介されている（二九〇～二九九ページ）。「葵」とは農事試験場の技師であった葵見丸氏のことである。家畜ふん尿を使用しないで、ワラに化学肥料窒素を添加して分解を促進して製造した堆肥が促成堆肥である。

葵氏は、イギリスなどの文献を参考にして、化学肥料窒素の添加に先立って、まず切断したワラに強アルカリ性の消石灰懸濁液をかけて、ワラ組織をアルカリ分解によって崩壊させる。消石灰は間もなく水に溶けている炭酸イオンと反応して炭酸石灰（炭酸カルシウム）に変化して、弱アルカリ性にpHを下げ、微生物の増殖が可能になる。そうなってから化学肥料窒素を添加する堆肥製造方法を、葵氏は推奨したのである。とくにムギワラの組織は硬いので、化学肥料窒素を添加しただけでは堆肥化がスムースに進行しないが、消石灰添加でワラ組織を部分的に崩壊させることによって堆肥化がスムースに進行することを利用したのである。

促成堆肥の製造方法として、昔から研究者は農業者に化学肥料の窒素や石灰の混和を推奨してきた。しかし、そうして製造した堆肥を特殊肥料として販売してはならないとしてきた肥料取締法は、農業現場を無視してきた悪法であったといわざるを得なかった。ただし、ワラ堆肥に比べて窒素濃度の高い家畜ふん堆肥製造に際しては、消石灰添加によってアンモニアガスが高濃度で発生するので、作業に細心の注意を払うとともに、揮散するアンモニアガスを捕集して、大気に逃がさないことが必要である。

さらに、窒素、リン酸、カリの組成のバランスが悪い家畜ふん堆肥に、普通肥料の化学肥料や有機質肥料を添加・混合して、作物生育に合うように養分バランスを整えたものも特殊肥料として認めることも、農業における物質循環を促進するためにも必要である。

農文協ホームページ（ルーラル電子図書館）『環境保全型農業レポート』№.一一三
http://lib.ruralnet.or.jp/libnews/nishio/nishio123.htm

石灰活用資料集

資料①　おもな作物と花の好適土壌pH

〈作物〉

おもな作物の好適土壌pH（H_2O）の範囲

作　物	好適範囲	作　物	好適範囲	作　物	好適範囲
オオムギ	6.5 ～ 8.0	キャベツ	6.0 ～ 7.0	ニンジン	5.5 ～ 7.0
テンサイ	6.5 ～ 8.0	トマト	6.0 ～ 7.0	タマネギ	5.5 ～ 7.0
ブドウ	6.5 ～ 7.5	ハクサイ	6.0 ～ 6.5	キュウリ	5.5 ～ 7.0
アルファルファ	6.0 ～ 8.0	ナス	6.0 ～ 6.5	カブ	5.5 ～ 6.5
コムギ	6.0 ～ 7.5	イネ（水稲）	6.0 ～ 6.5	リンゴ	5.5 ～ 6.5
エンドウ	6.0 ～ 7.5	トウモロコシ	5.0 ～ 7.5	ラッカセイ	5.3 ～ 6.6
ダイコン	6.0 ～ 7.5	ハタバコ	5.5 ～ 7.5	ソバ	5.0 ～ 7.0
ホウレンソウ	6.0 ～ 7.5	ダイズ	5.5 ～ 7.0	イチゴ	5.0 ～ 6.5
シロクローバ	6.0 ～ 7.2	カンショ	5.5 ～ 7.0	ミカン	5.0 ～ 6.0
ナシ	6.0 ～ 7.0	エンバク	5.5 ～ 7.0	チャ	4.5 ～ 6.5

（鬼鞍豊編『土壌・水質・農業資材の保全』昭和60年による）

〈花〉

土壌酸度（pH）に対する花の適応性（奈良農試、1999 作成）

酸　性（pH4.5 ～ 5.5）	汎用性（pH5.5 ～ 6.5）	弱酸性（pH6.0 ～ 7.0）
アザレア	カーネーション	ガーベラ
アジアンタム	キク	キンセンカ
サツキ・ツツジ	シクラメン	ジニア
スズラン	シンビジウム	シネラリア
パンジー	チューリップ	スイートピー
プリムラ類	バラ	ゼラニウム
ブルーベリー	ベゴニア類	
	ペチュニア	
	ポインセチア	

資料②　土のpHと微量要素の溶け出し方

土壌の反応（pH）ならびに反応に影響をうける因子と植物の養分元素の有効性の関係　（トルオーグ、1948）

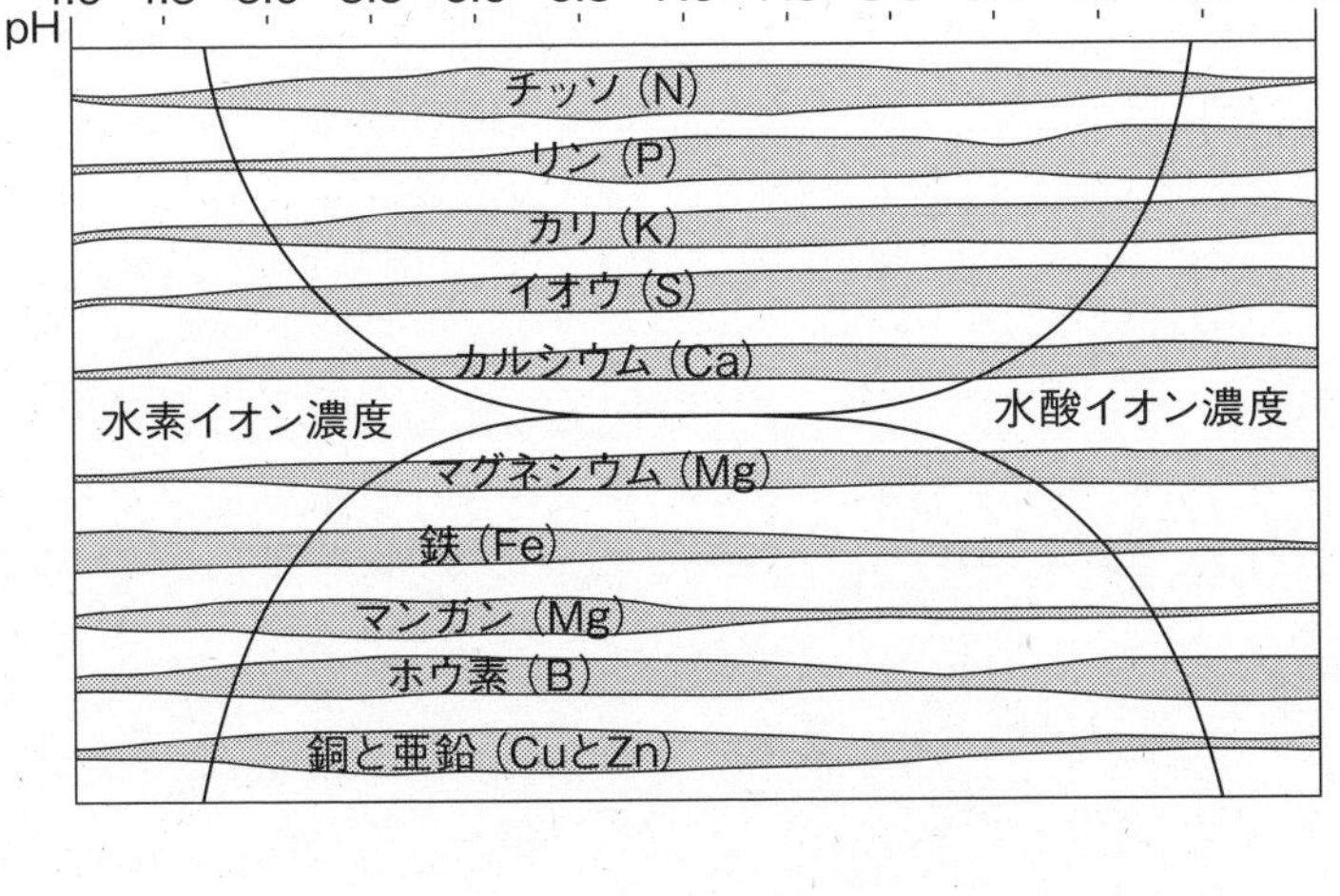

土壌pH（H_2O）の適正値は土壌の種類に関係なく、果菜・葉菜類は六・〇～六・五、根菜は非火山灰重粘質土だけ六・〇～六・五と同値であるが、それ以外は五・五～六・五と適正値の範囲がやや広くなっている。

しかし、果菜類のうちでも、種類によって土壌pHに対する生育反応は異なる。最もすぐれた生育を示すpHは、キュウリ、トマト、ピーマンいずれもpH五・〇であったが、トマトはpH四とpH七の生育低下が比較的小さいのに、ピーマンは低下がはなはだしいというように、種類によってpHの好適幅が異なっている。また、生育低下度合は酸性が強くなると増大し、pH上昇はその影響が比較的小さいようだ。これらの野菜に対するpH（H_2O）は六程度に目標値を設定するのが妥当のようだ。

微量要素は土壌のpHによって溶け出し方に変化が出る。酸性側に傾くとリンは溶けにくくなる。反対にアルカリ側に傾くと鉄、マンガン、ホウ素、亜鉛などが溶けにくくなり、各種の微量要素欠乏が発生しやすくなる。

（編集部）

作物名　さくいん

病害虫名　さくいん

石灰資材名　さくいん

石灰資材商品名　さくいん

■石灰資材の入手・問合せ先

資材商品名	入手・問合せ先	所在地	TEL・FAX
ＩＣボルドー	井上石灰工業㈱	高知県南国市稲生3163-1	TEL：088-865-0155 FAX：088-865-0158
カルクロン	日本曹達㈱	東京都千代田区大手町2-2-1	TEL：03-3245-6178 FAX：03-3245-6084
カルゲン	吉野石膏販売㈱	東京都豊島区巣鴨1-8-3	TEL：03-3944-6571 FAX：03-3944-6577
カルテックCa	㈱カルテック	兵庫県篠山市郡家 876-1	TEL：0795-54-2212 FAX：0795-54-2213
カルハード カルプラス	大塚化学㈱	大阪市中央区大手通3-2-27	TEL：06-6943-7701 FAX：06-6946-0860
グリーンパワー	コツワルドジャパン㈱ （資材提供の余裕なし）	東京都中央区日本橋室町4-5-1	TEL：03-5201-3290 FAX：03-5201-1325
サーフクラムカルシウム	㈲やまがたスリートップ	山形県南陽市鍋田1134	TEL：0238-40-3575
サラットCa	㈲ワールドカルゲン販売	茨城県下館市大字女方139	TEL：0296-28-2279 FAX：0296-28-2000
スイカル	晃栄化学工業㈱	名古屋市中区錦1-7-34	TEL：052-211-4451 FAX：052-211-4579
スミライム	住友化学㈱	東京都中央区新川2-27-1 大阪市中央区北浜4-5-33	TEL：03-5543-5500 FAX：03-5543-5901 TEL：06-6220-3211 FAX：06-6220-3345
セルバイン	白石カルシウム㈱	大阪市北区同心2-10-5	TEL：06-6358-1181 FAX：06-6358-9036
トーシンCa	エーザイ生科研㈱	熊本県阿蘇郡西原村鳥子312-4	TEL：096-279-3133
ハーモニーシェル	㈱ジャパン バイオ ファーム	長野県伊那市美篶1112	TEL：0265-76-0377 FAX：0265-76-9005
ベストカル	朝日化工㈱	富山県小矢部市泉町7-1	TEL：0766-67-2600 FAX：0766-68-1354
まぐかる	白石カルシウム㈱	大阪市北区同心2-10-5	TEL：06-6358-1181 FAX：06-6358-9036
ミネカル	JFEミネラル㈱	東京都港区芝3-8-2	TEL：03-4455-2210 FAX：03-4455-2266
ミネラックス	エーザイ生科研㈱	熊本県阿蘇郡西原村鳥子312-4	TEL：096-279-3133
ラミカル プラスパワー	㈱エム・エー興業 大衡営業所	宮城県黒川郡大衡村大衡字河原51-14	TEL：022-345-0030 FAX：022-345-8088
ロングショウカル	ジェイカムアグリ㈱	東京都千代田区神田須田町2-6-6	TEL：03-5297-8900 FAX：03-5297-8908

本書は『別冊 現代農業』2010年7月号を単行本化したものです。
編集協力　西村良平

著者所属は、原則として執筆いただいた当時のままといたしました。

農家が教える
石灰で防ぐ　病気と害虫

2011年2月20日　第1刷発行
2024年6月5日　第24刷発行

農文協　編

発行所　一般社団法人　農山漁村文化協会
郵便番号 335-0022 埼玉県戸田市上戸田2-2-2
電 話 048(233)9351(営業)　048(233)9355(編集)
FAX 048(299)2812　振替 00120-3-144478
URL https://www.ruralnet.or.jp/

ISBN978-4-540-10288-2　DTP製作／ニシ工芸㈱
〈検印廃止〉　印刷・製本／TOPPAN㈱

Printed in Japan　定価はカバーに表示
乱丁・落丁本はお取りかえいたします。

植物エキスで防ぐ病気と害虫

八木晟監修、農文協編

1552円＋税

身近な植物を活かす手づくり防除剤の材料選択・つくり方を、実例と漢方研究者の監修で詳述。

天恵緑汁のつくり方と使い方

趙漢珪監修・日韓自然農業交流協会編

1429円＋税

ヨモギ、タケノコなどの生長促進成分を黒砂糖で発酵・抽出した液で、作物も家畜も人間も元気に。

植物ホルモンを生かす
生長調節剤の使い方

太田保夫著

1457円＋税

植物ホルモンの生理機能を解明。タネ播きから品質保持までそのはたらきを生かす方法を解説。

施肥で体質強化

堆肥のつくり方・使い方

藤原俊六郎著

1429円＋税

堆肥の効果、作り方、使い方の基礎から実際までをわかりやすく解説。堆肥活用のベースになる本。

発酵肥料のつくり方・使い方

薄上秀男著

1600円＋税

連作障害・病害虫に強い作物を育て、品質向上まちがいなし！ 発酵化成のつくり方・使い方も。

土着微生物を活かす

趙漢珪著

1552円＋税

山・竹林・稲・自然の植物にすむ微生物で作る堆肥・ボカシ肥、活性化資材などを栽培に活用。

新版 緑肥を使いこなす

橋爪健著

1762円＋税

土壌病害や雑草抑制、農薬飛散防止や景観美化など、新世代緑肥の利用のすべてを最新事例で解説。

ボカシ肥・発酵肥料とことん活用読本

農文協編

1800円＋税

生ごみ、くず、かす、落ち葉など身近な有機物をボカシ肥・発酵肥料、堆肥に。天恵緑汁も収録。

環境保全型農業大事典① 施肥と土壌管理

農文協編

14286円＋税

環境への負荷削減と、生産力維持を両立させるための肥料・有機物の効率的な利用法を集大成。

肥料 土つくり資材大事典

農文協編

19048円＋税

環境に配慮し高品質を実現する、化学肥料、有機質肥料、土壌改良材、堆肥素材、用土選びのバイブル。

自然力を活かす農法

農家が教える 混植・混作・輪作の知恵

農文協編

1800円＋税

異なる作物を一緒に栽培したり、後作にすると生育がよくなり病虫害も減る。農家の実践技術と最新科学。

野菜の輪作栽培

窪吉永著

1714円＋税

土の活力に見合った配置・作付け、つくりまわしで、省力・省資材、減農薬・有機の野菜づくり。

家庭菜園ビックリ教室

井原豊著

1800円＋税

無農薬のための間作・混作技術、自然農薬、不耕起栽培、肥料選びなど常識破りのアイデアてんこ盛り。

大判 家庭菜園コツのコツ

水口文夫著

1600円＋税

コンパニオンプランツ、ボカシ肥、輪作・混作の手順などの工夫を図解。主要野菜52種の作業便利帳。

野菜の自然流栽培

古賀綱行著

1267円＋税

酵素堆肥のつくり方、病害虫の防ぎ方から野菜別テクニックまで豊富なイラストで解説。

月と農業

J・R・リベラ著

3000円＋税

穀物の病虫害の被害を避けるには下弦の月の時に収穫する…など、月齢に合わせた農業と暮らしの技術。

（価格は改定になることがあります）